QUANCAI SHIPIN XIANGJIE
DIANGONG QINGSONG RUMEN

全彩视频详解
电工轻松入门

乔长君　李东升 编著

U0194452

化学工业出版社
·北京·

图书在版编目（CIP）数据

全彩视频详解电工轻松入门 / 乔长君，李东升
编著 . 北京：化学工业出版社，2018.3
ISBN 978-7-122-31294-5

Ⅰ.①全… Ⅱ.①乔… Ⅱ.②李… Ⅲ.①电工
技术－基本知识 Ⅳ. ①TM

中国版本图书馆 CIP 数据核字 (2017) 第 330926 号

责任编辑：高墨荣　　　　　　　　　　　　文字编辑：孙凤英
责任校对：边　涛　　　　　　　　　　　　装帧设计：王晓宇

出版发行：化学工业出版社（北京市东城区青年湖南街13号　邮政编码100011）
印　　装：高教社(天津)印务有限公司
787mm×1092mm　1/16　印张16¾　字数406千字　　2018年5月北京第1版第1次印刷

购书咨询：010-64518888（传真：010-64519686）　售后服务：010-64518899
网　　址：http://www.cip.com.cn
凡购买本书，如有缺损质量问题，本社销售中心负责调换。

定　　价：68.00元　　　　　　　　　　　　　　　　版权所有　违者必究

随着国民经济的快速发展，社会电气化程度日益提高，各行各业对电工的需求越来越多，电工领域的就业空间越来越大，新电工不断涌现，新知识也需要补充，为满足广大就业人员学习电工技术的要求，我们组织编写了本书。

电工的工作任务决定了其以实践为主的工作属性，怎样把书本上的知识应用于生产实践，如何在最短时间内快速掌握电工从业基本知识与技能是每个初学者经常遇到的难题，因此，电工初学者必须不断加强基本知识的学习和操作技能的训练，在实践中练就过硬的本领，迅速提高电工的技术水平。

本书以大量的彩色操作图配合视频讲解形式，全面介绍了电工基本知识和基本技能，如果断续的照片不够明白，还可以用手机扫一扫书中的二维码，通过视频加深理解；为了方便读者理解，三相异步电动机控制电路图部分的PDF文件中，包括对照符号图和元件动作过程，扫一下二维码就可下载阅读；另外本书电工识图部分也把电气安装图和电子电路图识读方法也做成PDF文件，如果你需要这些知识，扫一下二维码就可使用。本书二维码文件和视频内容与书中内容完全匹配，不仅有助于读者轻松学习，而且也提升了本书的价值。总之本书采用新科技手段，把更多的知识和内容奉献给读者，真正实现一看就懂、一读就通的理念。

本书有以下特点。

1.配置二维码文件和视频，对重要的知识点和操作技能进行讲解，有助于读者理解和掌握。

2.采用全彩图解的形式，内容直观易懂。

全书内容包括电工基础知识、电子基础知识、电工识图知识、电工工具与仪表、低压电器使用与维修、电动机的使用与维修、变压器、三相异步电动机的控制电路、配线与照明工程、变频调速基本知识、可编程序控制器、电气安全共12章，涵盖了电工的方方面面。

本书不仅可供电工和工程技术人员阅读，也可用于职业院校学生学习参考，尤其适用于初学者入门。

本书由乔长君、李东升编著。王书宇，双喜、刘海河、罗利伟、乔正阳、杨春林、孙泽剑、马军、朱家敏、于蕾、武振忠、杨滨宇等为本书的出版提供了帮助。

由于水平有限，不足之处在所难免，敬请读者批评指正。

编著者

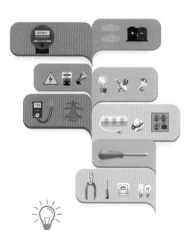

目 录
Contents

目 录
Contents

第二章

电子基础
知识

/013

目 录
Contents

目 录
Contents

第五章 05 Chapter
低压电器使
用与维修

093

目 录
Contents

目 录
Contents

第八章 08 Chapter

三相异步电
动机控制电
路

目 录
Contents

目 录
Contents

第九章 09 Chapter

配线与照
明工程

/180

目 录
Contents

视频二维码目录

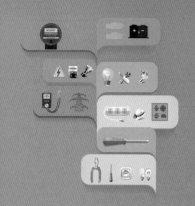

第一章

电工基础知识

1.1 电路的基本概念

1.1.1 电路

（1）电路的组成

电流通过的路径，称为电路。一个完整的电路由电源、负载（用电器）、输电导线和控制设备组成，如图1-1所示。对电源来讲，负载、输电导线和控制设备等称为外电路。电源内部的一段电路称为内电路。

① 电源　把其他形式的能量转变成为电能的装置叫做电源。常见的直流电源有干电池、蓄电池和直流发电机等。

② 用电器　把电能转换成为其他形式能量的装置称为用电器，也常把它称为电源的负载，如电灯、电铃、电动机、电炉等利用电能工作的设备。

③ 导线　连接电源与用电器的金属线称为导线，它把电源产生的电能输送到用电器，常用铜、铝等材料制成。

④ 控制设备　它起到把用电器与电源接通或断开的作用。

（2）电路的状态

电路的工作状态分为通路、断（开）路和短路三种，如图1-2所示。

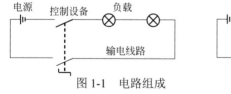

图 1-1　电路组成

(a) 通路　　(b) 短路

(c) 断路

图 1-2　电路三种状态

① 通路　电路各部分连接成闭合回路，有电流通过。

② 断路　电路断开，电路中没有电流通过。

③ 短路　电源输出的电流不经过用电器，只经过连接导线直接流回电源。

1.1.2 电流

（1）电流的形成

导体内的自由电子或离子在电场力的作用下，有规律的流动叫做电流。

（2）电流

单位时间内通过导体截面积的电量即为电流强度，习惯上简称为电流。用字母 I 表示，$I = \dfrac{Q}{t}$，单位为安培（A），实际使用中还有 kA、mA、μA。

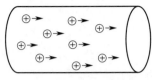

图1-3　电流的方向

大小和方向都不随时间变化的电流叫恒定电流，也叫直流电流，又称直流电。大小和方向都随时间变化的电流叫交流电流，也称交流电。

在单位横截面积上通过的电流大小，称为电流密度。用 J 表示，$J = \dfrac{I}{S}$，单位为安倍/平方毫米（A/mm²）。

习惯上规定正电荷运动的方向（即负电荷运动的反向）为电流的方向。如图1-3所示。

电流的正方向在电路图中，一般用箭头表示，箭头的方向就是电流的正方向。也可用双下标表示，例如 I_{ab} 表示电流的正方向由 a 点指向 b 点。

电压、电动势和电流一样，也同样具有方向，电压的方向规定为由高电位端指向低电位端，也就是电位降低的方向。电源电动势的方向规定为电源内部由低电位端指向高电位端，也就是电位升高的方向。在电路分析中，电压、电动势的正方向也是可以任意规定的，正方向的表示方法与电流的正方向表示方法完全相同。

1.1.3　电阻

（1）电阻概念

导体能导电，同时对电流也有阻力作用，这种阻碍电流通过的能力称为电阻，用字母 R 或 r 表示，单位为欧姆（Ω）。常用单位还有千欧（kΩ）、兆欧（MΩ）。

当温度一定时导体的电阻不仅与它的长度和横截面积有关，而且与导体材料自身的电阻率有关，电阻率又称为电阻系数，是衡量物体导电性能好坏的一个物理量，用字母 ρ 表示，单位为欧姆·米（Ω·m）。其数值是指导体的长度为1m、截面积为1mm²的均匀导体在温度为20℃时所具有的电阻值，可见 $R = \rho \dfrac{L}{S}$。

图1-4　欧姆定律

（2）电阻与温度关系

表示物质的电阻率随温度而变化的物理量，称为电阻的温度系数。其数值等于温度每升高1℃时，电阻率的变化量与原来的电阻率的比值，用字母 d 表示，单位为1/℃。

1.1.4　部分电路欧姆定律

在一段电路中，流过该段的电流与电路两端的电压成正比，与该段电路的电阻成反比，如图1-4所示。表示为 $I = \dfrac{E}{R}$。

1.1.5　电能和电功

（1）电能

电场力在推动自由电子定向移动中要做功，设导体两端电压为 U，通过导体截面的电荷

量为Q，电场力所做的功W为

$$W=QU=UIt$$

W单位是焦耳（J）。常用的单位还有千瓦时（kW·h），也就是常说的度，$1kW \cdot h=3.6 \times 10^6 J$。

（2）电功率

单位时间内电流通过用电器所做的功，叫电功率。用P表示，$P = \dfrac{W}{t} = UI$，单位是千瓦（kW）。用电器上通常标明它的电功率和电压，叫做用电器的额定功率和额定电压。

（3）焦耳定律

电流通过导体产生的热量与电流的平方、导体电阻和通电时间成正比，这就是焦耳定律。表示为

$$Q=I^2Rt$$

1.2 直流电路

1.2.1 电动势和全电路欧姆定律

（1）电动势

电源的作用是把电荷从一极移到另一极，在移送过程中就要克服静电引力，我们把这个力称为非静电力。非静电力把电荷从一极移到另一极所做的功与被移送的电荷量的比值叫做电源电动势，用字母E表示，即

$$E = \frac{W}{Q}$$

E的单位是伏特（V）。

（2）全电路欧姆定律

部分电路欧姆定律是不含电源的电路情况，在实际工作中电源E的内电阻r_0有时是不可忽略的，这时欧姆定律可以写为$I = \dfrac{E}{R+r_0}$。

我们把这个公式称为全电路欧姆定律。

1.2.2 电池组

（1）电池串联

把第一个电池的负极和第二个电池的正极连接，第二个电池的负极与第三个电池的正极连接，如此依次连接就构成了串联电池组。如图1-5所示，串联电池的总电动势$E_总$为

$$E_总=nE$$

总内阻$r_总$为

$$r_总=nr$$

图1-5 电池的串联

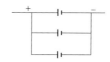

图1-6 电池的并联

（2）电池并联

把电动势相同的电池正极和正极相连，负极和负极相连就组成了并联电池组。如图1-6

所示，并联电池的总电动势 $E_{总}$ 为

$$E_{总}=E$$

总内阻 $r_{总}$ 为

$$r_{总}=r/n$$

1.2.3　电阻连接

（1）电阻的串联

把电阻元件顺序地连接在一起，构成一条无分支的电路，称为串联电阻电路。如图1-7所示。

在串联电阻电路中有以下特点：

① 串联电阻电路中的等效电阻等于各个串联电阻之和，即

$$R=R_1+R_2$$

② 串联电阻电路中流过每个电阻的电流都是相等的，并且等于总电流，即

$$I=I_1=I_2$$

③ 串联电阻电路的总电压等于各个串联电阻两端电压之和，即

$$U=U_1+U_2$$

④ 串联电阻电路中的各个电阻上所分配的电压与各自的电阻值成正比，即

$$U_i=IR_i$$

（2）电阻并联

将两个以上的电阻元件都连接在两个共同端点之间，构成一条多分支的电路，称为并联电阻电路。如图1-8所示。

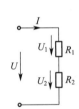

图 1-7　串联电阻电路

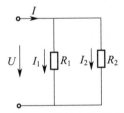

图 1-8　并联电阻电路

在并联电阻电路中有以下特点：

① 并联电阻电路中各个电阻两端的电压都是相等的，并且等于总电压，即

$$U=U_1=U_2$$

② 并联电阻电路的总电流等于各个并联电阻电流之和，即

$$I=I_1+I_2$$

③ 并联电阻电路中的等效电阻的倒数等于各个并联电阻的倒数之和，即

$$\frac{1}{R}=\frac{1}{R_1}+\frac{1}{R_2}$$

④ 并联电阻电路中的各个电阻上所分配的电流与各自的电阻值成反比，即

$$I_i=\frac{U}{R_i}$$

（3）电阻的混联

既有电阻串联又有电阻并联的电路，叫电阻的混联。

1.2.4 电位与电压

（1）电位

电荷在电场中要受到电场力的作用而发生运动，因此我们可以认为电荷在电场中具有电位能。单位正电荷在电场中某点所具有的电位能叫做这一点的电位。单位是伏特（V）。

也就是说：在电场中任意选择一点作为参考点，单位正电荷从某一点移动到参考点时，电场力所做的功也就是电场中该点的电位。而参考点本身的电位则为零。

（2）电压

电场中任意两点之间的电位之差叫做电位差，也叫电压，用字母 U 表示，单位是伏特（V）。

参考点的选择是任意的，而参考点的选择对各点电位的大小是有影响的，但却不影响电压的大小。在理论研究时，通常取无穷远处作为电位的参考点，在实际工作中，通常取大地作为电位的参考点，在电子设备中，通常取设备外壳作为电位的参考点。

1.2.5 基尔霍夫定律

（1）支路、节点和回路

由一个或几个元件首尾相接构成的无分支电路叫支路。在同一支路内，流过所有元件的电流相等。图1-9(a)中的AB、AC、AD都是一个支路。

三条或三条以上支路汇聚的点叫节点。图1-9中的三个A点，都是节点。

任意的闭合电路叫回路。图1-9(c)中FABG、ACDB和FCDG都是回路。

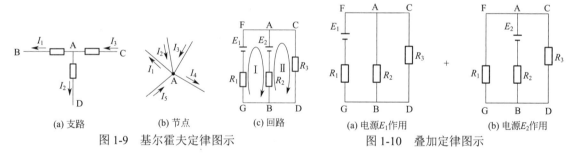

图1-9　基尔霍夫定律图示　　　　图1-10　叠加定律图示

（2）基尔霍夫电流定律

在任一瞬时，流向某一结点的电流之和恒等于由该结点流出的电流之和。表示为

$$\Sigma I_{入}=\Sigma I_{出}$$

对图1-9(b)就有 $I_1+I_4=I_2+I_3+I_5$。

但在分析较为复杂的电路时往往难于事先判断某支路中电流的实际方向，为此，常可任意假定一个方向作为电流的正方向，或者称为参考方向。当电流的实际方向与其正方向一致时，则电流为正值。当电流的实际方向与其正方向相反时，则电流为负值。

（3）基尔霍夫电压定律

在任一瞬间，沿电路中的任一回路绕行一周，在该回路上电动势之和恒等于各电阻上的电压降之和。表示为 $\Sigma U_{RI}=\Sigma U_S$。

对图1-9(c)电路 I 就有 $U_{R2}+U_{R1}=E_1+E_2$。

（4）叠加定理

由线性电阻和多个电源组成的线性电路中，任何一个支路中的电流（或电压）等于各个电源单独作用时，在此支路所产生的电流（或电压）的代数和。

图1-9(c)就可以看做是图1-10两个电源单独作用的效果。

1.3 磁场和磁路

1.3.1 磁场与磁力线

（1）磁现象

凡具有吸引铁、镍、钴等物质的性质称为磁性。而具有磁性的物质叫磁体。

在磁体的两端各有一个磁性最强的区域，这个区域叫磁极。并且同一磁体的两个磁极有着不同的性质，即磁南极（S极）、磁北极（N极）。在磁极之间具有"同性相斥、异性相吸"的特性。

（2）磁场

磁体之间相互吸引或排斥的力称为磁力。

把磁体周围存在磁力作用的区域称为磁场。

（3）磁力线

为了直观、形象地描述磁场的方向和强弱而引出磁力线的概念，并规定在磁体的外部，磁力线由N极指向S极；在磁体内部，磁力线由S极指向N极，使磁力线在磁体内外形成一条条闭合的曲线。在曲线上任何一点的切线方向就表示该点的磁力线方向，也就是小磁针在磁力作用下静止时N极所指的方向。如图1-11所示。通常用磁力线方向来表示磁场方向。用磁力线的疏密程度表示磁场的强弱。磁力线越密，磁场越强。磁力线越疏，磁场越弱。

1.3.2 磁场的主要物理量

（1）磁通

垂直穿过磁场中某一截面的磁力线条数，反映了磁场中这一截面上磁场的强弱。把垂直穿过磁场中某一截面的磁力线条数叫磁通或磁通量。用字母Φ表示，单位韦伯（Wb）。

（2）磁感应强度

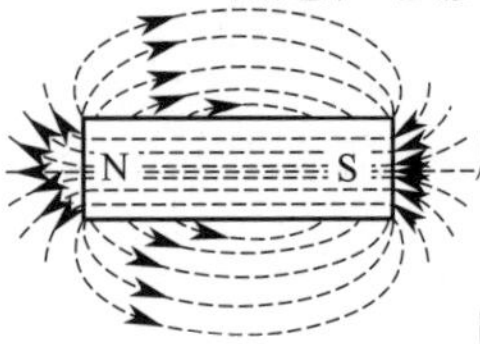

单位面积上垂直穿过的磁力线条数，称为磁通密度，也叫磁感应强度，用字母B表示，$B=\dfrac{\Phi}{S}$，单位特斯拉（T）。

磁感应强度不仅有大小，而且有方向。磁感应强度的方向就是磁场的方向，也就是小磁针北极在该点的指向。

图1-11 磁力线

（3）磁导率

磁导率是一个用来表示物质磁性的物理量，也就是用来衡量物质导磁能力的物理量，用字母μ表示，单位亨利/米（H/m）。

真空的磁导率为：$\mu_0=4\pi\times10^{-7}$H/m。

任何一种物质的磁导率与真空的磁导率的比值，称为该物质的相对磁导率。用字母μ_r表示，没有单位。

（4）磁场强度

磁场中磁感应强度的大小不仅与产生磁场的电流有关，还与磁场中的介质有关，为了使计算简便，通常用磁场强度来表示磁场。用字母H表示，$H=\dfrac{B}{\mu}$，单位安培/米（A/m）。

磁场强度的大小与磁场中的介质无关，方向和所在点的磁感应强度方向一致。

1.3.3　磁场对电流的作用

（1）磁场对电流的作用力

处在磁场中的通电导体会受到力的作用，这种作用称为电磁力。用字母F表示，如果导线长度为L，导线与磁场夹角为α，那么$F=BIL\sin\alpha$。电磁力的方向由左手定则判定。

（2）左手定则

伸开左手，让拇指与其余四指垂直并在同一平面内，让磁力线穿过手心，四指指向电流方向，拇指所指方向就是通电导体所受到的电磁力的方向，如图1-12所示。

1.3.4　电流的磁场

在电流的周围存在着磁场，这种现象称为电流的磁效应。通电导体周围产生的磁场方向可以用安培定则来判断，螺旋管内部磁场的方向由右手螺旋定则判断。

（1）安培定则

用右手握住通电导体，让拇指指向电流方向，则弯曲四指的指向就是直导线周围的磁场方向，如图1-13所示。

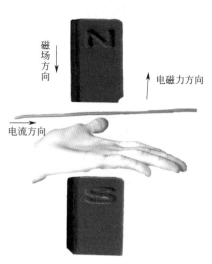

图1-12　左手定则

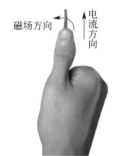

图1-13　安培定则

图1-14　右手螺旋定则

（2）右手螺旋定则

用右手握住通电线圈，让弯曲四指指向线圈电流方向，则拇指所指方向就是线圈内部的磁场方向，如图1-14所示。

应该注意的是如果导线中流入的是直流电，那么导线周围的磁场方向是固定不变的，如果导线中流入的是交流电，则磁场大小和方向将随电流方向的变化而变化。

1.4　电磁感应

1.4.1　电磁感应定律

（1）电磁感应现象

当穿过闭合回路所包围的面积中的磁通量发生变化时，回路中就会产生电流，这种现象叫电磁感应现象。回路中所产生的电流叫感应电流。另一种现象是：当闭合回路中的一段导线在磁场中运动，并切割磁力线时，导体中也会产生电流，直线导体感应电动势的方向可用右手定则来判定。

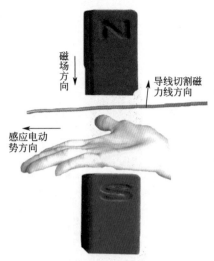

图 1-15 右手定则

（2）感应电动势的方向

① 右手定则　用于判定直线导体中感应电动势的方向。伸开右手，让拇指与其余四指垂直并在一个平面内，使磁力线穿过掌心，拇指指向切割磁力线的运动方向，四指的指向就是感应电动势的方向。如图 1-15 所示。

② 楞次定律　用于判定线圈中感应电动势的方向。感应电流产生的磁通总是阻碍原磁通的变化。也就是说当线圈中的磁通增大时，感应电流产生的磁通与原磁通方向相反。而当线圈中的磁通减少时，感应电流产生的磁通与原磁通方向相同。

（3）感应电动势的大小

直线导体与磁场相对运动而产生的感应电动势 e 的大小与导体切割磁力线的速度 v、导体的长度 L 和导体所处的磁感应强度 B 有关，若导体运动方向与磁力线之间的夹角为 α，则感应电动势为 $e = BLv\sin\alpha$。

线圈中磁通变化而产生的感应电动势 e 的大小与穿过线圈的磁通变化率有关，若线圈的匝数为 N，则感应电动势为 $e = \left| N\dfrac{\Delta\Phi}{\Delta t} \right|$。

1.4.2　自感

（1）自感现象

当导体中的电流发生变化时，导体本身就产生感应电动势，这个感应电动势总是阻碍导体中原来电流的变化，这种由于导体本身的电流发生变化而产生的电磁现象，叫做自感现象，简称自感。在自感现象中产生的感应电动势，叫做自感电动势。

（2）自感系数

如果线圈匝数为 N，平均周长为 $l(\mathrm{m})$，截面积为 $S(\mathrm{m}^2)$，那么自感系数 L 为：

$$L = \frac{\mu N^2 S}{l}$$

L 的单位为 H（亨），常用的还有 mH（毫亨）、μH（微亨）。

1.4.3　互感

（1）互感现象

两个相互靠近的线圈，当一个线圈中有电流 i 流过时，它所产生的自感磁通，必然有一部分穿过另一个线圈，这部分磁通叫互感磁通，如果磁通是变化的，在另一个线圈中将要产生感应电动势，这种现象叫互感现象。

（2）互感系数

两个有磁交链（耦合）的线圈中，互感磁链与产生此磁链的电流比值，叫做这两个线圈的互感系数（或互感量），简称互感，用 M 表示，单位为 H。

通常把自感和互感统称为电感。

1.5 单相交流电

1.5.1 正弦交流电

（1）交流电的产生

图1-16为两极交流发电机模型图，在定子上固定有磁极N和S，转子上安放线圈abcd，线圈两端分别与相互绝缘的滑环相连。

合上开关Q，用原动机带动线圈旋转，观察电压表的指针图示位置时为零，然后逐渐增大，转到90°时达到最大，然后逐渐减小，当线圈转到180°时为零，然后反向增大，转到270°时，反向达到最大，转过360°时，指针回零。电动势的数学表达式为$e=2BLv\sin\omega t$（参见楞次定律部分）。

由于$\alpha=90°$时，电动势最大$E_m=2BLv$。如果起始位置圈与磁场夹角为ϕ，那么

$$e = E_m \sin(\omega t + \phi)$$

这种按正弦规律变化的交流电，我们称为正弦交流电，通常所说的交流电就是指正弦交流电。

（2）交流电的波形图

交流电的变化规律可以用波形图直观表现出来，图1-17表示出了$e=E_m\sin\omega t$的波形。图1-18表示出了$e=E_m\sin(\omega t+\phi)$波形。

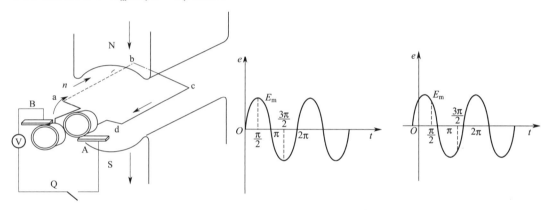

图1-16 交流电的产生　　　图1-17 正弦交流电波形$\phi=0$　图1-18 正弦交流电波形$\phi>0$

1.5.2 表征交流电的物理量

（1）周期和频率

把交流电完成一次周期性变化所需的时间，称为交流电的周期，用T表示，单位为s。

交流电流在1s内完成周期性变化的次数称为交流电的频率，用字母f表示，单位为Hz（赫兹）。我国工频交流电的频率为50Hz，根据定义就有

$$\omega = \frac{2\pi}{T} = 2\pi f$$

（2）最大值和有效值

交流电在一个周期内所能达到的最大数值叫交流电的最大值（电流或电压）。它可以用来表示交流电的电流强弱或电压高低。

交流电的有效值是根据电流的热效应来规定的。让交流电和直流电通过同一个纯电阻R，如果它们在同一时间内所发出的热量相等时，则就把这个直流电的数值叫做这个交流电

流的有效值。用大写字母表示。最大值是有效值的 $\sqrt{2}$ 倍。

（3）相位和相位差

在交流电表达式中，$\omega t + \phi$ 对于确定交流电的大小和方向起着重要作用，ϕ 叫做交流电的相位。ϕ 是 $t=0$ 时的相位角叫做初相位。

两个交流电的相位之差叫做它们的相位差。两个频率相同的交流电，相位差就是它们的初相差。如果两个交流电频率相同、相位差为零，就称这两个交流电同相；如果相位差是180°，就称这两个交流电反相。

1.5.3 正弦交流电路

（1）纯电阻电路

交流电路中只有电阻的电路叫纯电阻电路，如白炽灯、电炉、电烙铁等。在纯电阻电路中电流瞬时值为

$$i = \frac{u}{R} = \frac{U_m}{R}\sin\omega t = I_m\sin\omega t$$

有效值表达式为 $I = \frac{U}{R}$。

这与直流电路的欧姆定律完全相同。

（2）纯电感电路

在交流电路中只有电感的电路叫纯电感电路，当电感线圈两端加上交流电压时，电感线圈中将产生自感电动势，从而阻碍电流的变化，电感阻碍交流电流通过的这种作用称为感抗。用字母 X_L 表示，$X_L = 2\pi fL$，单位欧姆（Ω）。由于电感的阻碍作用，纯电感电路中交流电流的变化总是滞后交流电压（90°）变化。

纯电感电路中，电流与电压同样满足欧姆定律。

（3）纯电容电路

在交流电路中只有电容的电路叫纯电容电路，当电容两端加上交流电压时，电流并不通过电容器，而是给极板交替充放电，从而在负荷侧产生电流。

电容阻碍交流电流通过的作用称为容抗。用字母 X_C 表示，$X_C = \frac{1}{2\pi fC}$，单位为欧姆（Ω）。

纯电容电路中，电流与电压同样满足欧姆定律。

（4）阻抗串联

由电阻、电感和电容相串联所组成的电路，叫做 R-L-C 串联电路，如图1-19所示。

串联电路的阻抗

$$Z = \sqrt{R^2 + (X_L - X_C)^2}$$

当 $X_L > X_C$ 时电路呈感性，称为电感电路；当 $X_L < X_C$ 时电路呈容性，称为电容电路；当 $X_L = X_C$ 时电路呈电阻性，电路的这种状态称为串联谐振。

（5）阻抗并联

由电阻、电感和电容相并联所组成的电路，叫做 R-L-C 并联电路，如图1-20所示。

并联电路的阻抗

$$\frac{1}{Z} = \sqrt{\frac{1}{R^2} + (\frac{1}{X_L} - \frac{1}{X_C})^2}$$

当$X_L > X_C$时电路呈容性；当$X_L < X_C$时电路呈感性；当$X_L = X_C$时电路呈电阻性，电路的这种状态称为并联谐振。

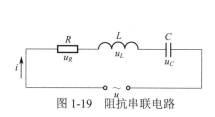

图 1-19　阻抗串联电路

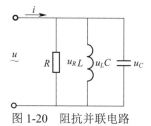

图 1-20　阻抗并联电路

1.5.4　交流电路的功率

瞬时功率：$p = ui$。

在纯电阻电路中：$p = ui = U_m \sin\omega t I_m \sin\omega t = U_m I_m \sin^2\omega t$。

在纯电容电路中：$p = ui = U_m \sin\omega t I_m \sin(\omega t + 90°) = U_m I_m \sin 2\omega t$。

在纯电感电路中：$p = ui = U_m \sin(\omega t + 90°)I_m \sin\omega t = U_m I_m \sin 2\omega t$。

从上面三式可以看出在纯电阻电路中，由于电压、电流同相，功率始终是正值，表明电阻是消耗功率的，而纯电容或纯电感电路中，由于电压、电流不同相，功率是正弦函数，平均值为零，也就是说它们不消耗功率。

把交流电通过纯电阻负载的功率，叫有功功率。而把交流电通过电感或电容的功率，叫无功功率。

交流电通过阻抗性负载时并不完全用来做有用功，我们把这时电流与电压的乘积称为视在功率，用S表示，$S = UI$。

在 R-L-C 串联电路中，只有电阻消耗功率，而电抗是不消耗功率的，如果电阻与阻抗夹角为φ，那么有功功率$P = UI\cos\varphi$，$\cos\varphi$称为功率因数。而把$UI\sin\varphi$称为无功功率，用Q表示，单位乏（var）。

能量在转换或传递的过程中总要消耗一部分，即输出小于输入，输出能量与输入能量的比值叫做效率，用字母η表示。

1.6　三相对称正弦交流电路

1.6.1　三相交流电源

（1）对称三相交流电的产生

三相交流发动机三相交流发动机绕组在空间按120°排列，那么如果把L_1相电压初相定义为零，则三相对称正弦电压的函数表达式为：

$$u_1 = U_m \sin\omega t$$
$$u_2 = U_m \sin(\omega t - 120°)$$
$$u_3 = U_m \sin(\omega t + 120°)$$

这样的三相电压叫对称三相电压，三相对称电压的相量和为零。

三个相电压达到最大值的次序称为相序。按$L_1 \to L_2 \to L_3 \to L_1$的次序循环下去称为顺序（正序），按$L_1 \to L_3 \to L_2 \to L_1$的次序循环下去称为逆序（反序）。一般不加说明均认为采用顺序。

（2）三相电源的连接

三相发动机中每一相都是一个单独电源，可以单独给负载供电，但这需要六根导线。实际上把发动机的三相绕组末端连接在一起，始端分别与负载连接，这种连接方式称为星形连接。

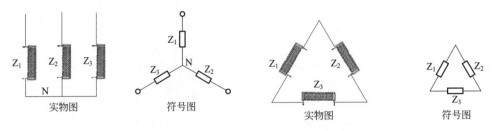

图 1-21　三相电路 Y 形连接　　　　图 1-22　三相电路△形连接

由三根相线和一根中性线（地面上电站常将中性线接地，所以也称零线，俗称地线）。所组成的输电方式称为三相四线制；只由三根相线所组成的输电方式称为三相三线制。

相线与地线之间的电压（流）称为相电压（流）；相线与相线之间的电压（流）称为线电压（流）。

1.6.2　三相电路的连接

在三相负载中，如果每相负载的电阻、电抗都相等，这样的负载称为三相对称负载。我们把三个负载的末端连接在一起而形成的连接方法，称为负载星接（Y接），末端的共同点称为星点。而把三个负载的每个首端分别与另一个的末端顺次连接在一起而形成的连接方法，称为角接（△接）。

1.6.3　三相负载的参数

（1）Y 形连接

如图 1-21 所示，此时相与线的关系为：

$$U_{L} = \sqrt{3}U_{P}$$

$$I_{L} = I_{P}$$

（2）△形连接

如图 1-22 所示。此时相与线的关系为：

$$U_{L} = U_{P}$$

$$I_{L} = \sqrt{3}I_{P}$$

（3）三相电功率

视在功率

$$S = \sqrt{3}U_{L}I_{L}$$

有功功率

$$P = \sqrt{3}U_{L}I_{L}\cos\varphi$$

φ 为电阻与电抗之间的夹角。$\cos\varphi$ 称为功率因数。

无功功率

$$P = \sqrt{3}U_{L}I_{L}\sin\varphi$$

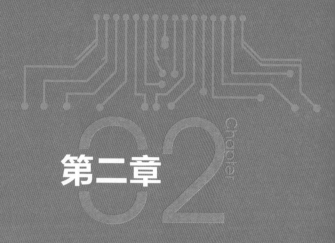

第二章

电子基础知识

2.1 常用电子元件

2.1.1 电阻器

电阻器按结构形式可分为固定式和可变式两大类，外形及图形符号如图2-1所示。

固定电阻器主要用于阻值不需要变动的电路。它的种类很多，主要有碳质电阻、碳膜电阻、金属膜电阻、线绕电阻等。

可变电阻器即电位器主要用于阻值需要经常变动的电路。它可以分为旋柄式和滑键式两类。半调电位器通常称为微调电位器，主要用于阻值有时需要变动的电路。

2.1.2 电容器

电容器的分类及应用如下。

按结构不同，可分为固定电容器和可变电容器。可变电容器又分可变电容器和半可变电容器两类。

按介质材料的不同，可分为空气（或真空）电容器、油浸电容器、云母电容器、瓷介电容器、玻璃釉电容器、漆膜电容器、纸介电容器、薄膜电容器和电解电容器等。部分电容器外形和图形符号如图2-2所示。

<table>
<tr><td align="center">外形</td><td align="center">图形符号</td><td align="center">外形</td><td align="center">图形符号</td><td></td><td align="center">外形</td><td align="center">图形符号</td></tr>
<tr><td align="center" colspan="2">(a) 固定电阻</td><td align="center" colspan="2">(b) 可变电阻</td><td></td><td></td><td></td></tr>
<tr><td align="center" colspan="4">图 2-1　线性电阻器的外形及图形符号</td><td></td><td align="center" colspan="2">图 2-2　电容器的外形及图形符号</td></tr>
</table>

2.1.3 电感器

在交流电路中，电感器有阻碍交流电流通过的作用，而对稳定的直流却不起作用，所以电感器在交流电路里作阻流、降压、交连负载用。当电感器与电容器配合时，可以作调谐、滤波、选频、分频、退耦等用。

电感器按用途分为高频阻流圈、低频阻流圈、调谐线圈、退耦线圈、提升线圈、稳频线

外形　　　　　　　　　　　图形符号

图 2-3　电感外形和图形符号

圈等。常见电感器外形如图 2-3 所示。

2.1.4　半导体二极管

（1）普通半导体二极管

普通半导体二极管是由 P 型半导体和 N 型半导体组成的 PN 结，并放置在一个保护壳内。

二极管的外形如图 2-4 所示。由管芯、管壳和两个电极构成。管芯就是一个 PN 结，接 P 端的电极为正极，接 N 端的电极为负极。按材料不同可分为点接触型、面接触型和平面型。

（2）稳压二极管

稳压管也叫齐纳二极管，这种二极管与普通二极管不同的是可以工作在反向击穿状态，而且为了具有电压稳定性能，它还必须工作在反向击穿状态。

（3）发光二极管

发光二极管主要用于指示电路。

（4）光敏二极管

光敏二极管是当其反偏置 PN 结受光照后，电流随光通量成线性变化，当光照不断变化时，光敏二极管两端便产生相应变化的电信号。

2.1.5　双极型晶体管

双极型晶体管内有两种载流子——空穴和电子，通常称为晶体三极管或晶体管。

晶体管的基本结构是由两个 PN 结组成，两个 PN 结是由三层半导体区构成，根据组成形式不同，可分为 NPN 型和 PNP 型两种类型晶体管。按选用的本征半导体材料不同，分为硅晶体管和锗晶体管。

NPN、PNP 型晶体管是不能互换的。

晶体管可根据应用场合不同，分为金属壳封装晶体管和塑料封装晶体管；根据工作功率不同，可分为小功率晶体管、大功率晶体管；根据工作频率不同，可分为高频晶体管、低频晶体管；根据工作特性的不同，可

外形　　图形符号　　　　外形　　　图形符号

(a) 二极管　　　　　　(b) 整流桥

图 2-4　整流元件的外形及图形符号

分为普通晶体管和开关晶体管，还有一些特殊的晶体管，例如光敏晶体管等等，常见各类晶体管的外形及图形符号如图 2-5 所示。

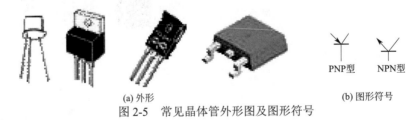

(a) 外形　　　　　　　　　　　　(b) 图形符号

图 2-5　常见晶体管外形图及图形符号

2.1.6　场效应管

场效应晶体管是用电场效应来控制电流的半导体器件，常见的有结型场效应晶体管和绝

缘栅场效应晶体管。

结型场效应管按导电沟道不同分为N沟道和P沟道两种。绝缘栅型场效应晶体管的栅极处于绝缘状态，大大提高了输出电阻。由于这种半导体器件是用金属、氧化物和半导体材料制成的，按各材料的英文缩写，可以简称为MOS晶体管。这两种结型场效应管的外形如图2-6所示。

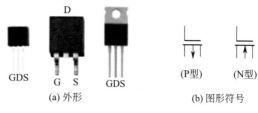

图2-6　几种场效应管

2.1.7　集成运算放大器

集成电路是半导体电路制造的一种工艺，简单地说，就是经过氧化、光刻、扩散、外延、蒸铝等工艺过程，把电路中的各元件（晶体管、电阻、电容等）及元件间的连接线做在同一小块的单硅晶片上，封装并引出管脚，成为具有特定功能的器件。

在模拟电子技术领域，常用的集成电路有很多，如运算放大器、模拟乘法器、宽频放大器、模拟锁相环、稳压电源及音像设备中的集成电路等单元或系统集成电路。其中，集成运算放大器是应用最广泛的单元电路，广泛地用来实现各种各样的模拟电路，已成为模拟电路中最基本的单元器件。集成运算放大器早期主要用来实现模拟量的数学运算而得名运算放大器，简称运放。常用的NE555型集成块外形如图2-7所示。

2.1.8　普通晶闸管

普通晶闸管是一个四层三端的功率半导体器件。外形有塑料封装（小功率）、金属螺形封装（中功率）、平板形封装（大功率），如图2-8所示。冷却方式有自然冷却、强风冷却、液体介质循环冷却等方式。

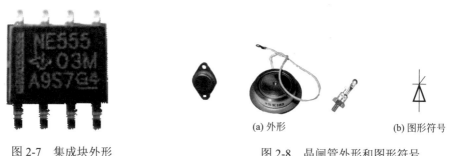

图2-7　集成块外形　　　　　图2-8　晶闸管外形和图形符号

2.2　放大电路

2.2.1　三极管基本放大电路

三极管构成的放大电路，主要有电压放大电路和电流放大电路。按信号频率不同可以分为低频放大电路、中频放大电路和高频放大电路。

单管电压放大电路是由若干电阻、电容、三极管组成的，单三极管基本放大电路共有三种（注意，PNP管的集电极接 $-U_{CC}$），如图2-9所示，其中最常见的是共射形态的放大电路。

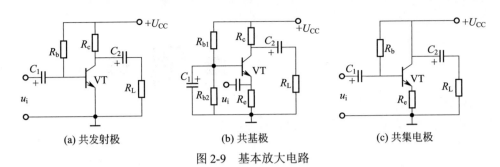

图 2-9　基本放大电路

共发射极基本放大电路分析：

图 2-9(a) 中基极偏置电阻 R_b 可以使三极管有一个固定电位和偏置电流 I_b，集电极负载电阻 R_c 可以将 I_c 电流的变化转为电压的变化输出，耦合电容 C_1、C_2 是在多个三极管构成放大电路时，作前后极通交隔直流用的，R_L 是负载。

（1）静态工作 Q 点分析

三极管放大电路在静态时，只有直流电源接通，没有交流信号输入。这时三极管的各极电流电位值是静态值。其中 I_{BQ}、I_{CQ}、U_{CEQ} 三个值称为静态工作点，即 Q 点。对于图 2-9 中的电路可以用以下公式计算静态工作点。

静态基极电流为

$$I_{BQ} = \frac{U_{CC} - U_{BEQ}}{R_b} \qquad 其中 \begin{cases} U_{BEQ}=0.7V(硅管) \\ U_{BEQ}=0.3V(锗管) \end{cases}$$

静态集电极电流为

$$I_{CQ} = \beta I_{BQ}$$

静态集电极发射极电压为

$$U_{CEQ} = U_{CC} - I_{CQ}R_c$$

其中，U_{CC}、R_c、R_b 都是电路已知的，在电源一定时，R_b、R_c 的取值应使 Q 点处于图 2-10 管共射极输出特性曲线的中间位置。

在实际电路中，往往由于各种因素影响，如电流电压不够、温度变化、管子老化等，会使电路 Q 点变化，使电路工作不正常，这时可以通过调整基极偏置电阻 R_b 的大小来改变 I_{BQ}

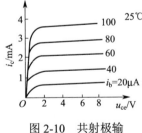

图 2-10　共射极输出特性曲线

的大小，从而改变 I_{CQ}、U_{CEQ} 的大小，达到改变 Q 点位置的目的。

（2）放大电路动态分析

输入信号一般很弱，是 mA 级，波形可以不规则，为了便于分析，假设输入的是正弦波，信号 u_i 经电容 C_1 输入到 b~e 之间便与原来静态的直流量 U_{BEQ} 叠加，形成 U_{BE} 输入电压，从而产生 i_b 基极电流。由于三极管的放大作用，$i_c \approx i_b$，并且 i_c 与 i_b 同相。i_c 在 R_c 上产生压降，i_c 越大，i_cR_c 越大；i_c 越小；i_cR_c 压降越小。而集电极对地电位，也就是 u_{ce}，则等于 U_{CC} 减去 i_cR_c，表示为 $u_{ce}=U_{CC} - i_cR_c$。可见，i_cR_c 越大，u_{ce} 越小；i_cR_c 越小，u_{ce} 越大，i_c 与 u_{ce} 同相。而将 u_0 与 u_i 相比较就能发现，u_0 与 u_i 相位相反，u_0 幅值比 u_i 大，这就是三极管放大电路的放大作用。

由以上分析可知，单管共射极放大电路既有电流放大作用又有电压放大作用，输出信号电压与输入信号电压相位相反。需要注意的是，三极管放大作用，并不是将输入信号本身放大，而是输入信号的电压波形在三极管产生电流，利用电源提供的能量，产生按i_b变化规律的i_c电流，从而转换成放大电压输出。

（3）放大电路主要性能指标

指电路在交流状态下的放大倍数、输入电阻和输出电阻，它们是电路的主要特性。

① 输入电阻　是从输入端向右看进去的电路输入等效电阻，用r_i表示。$r_i=R_{b1} /\!/ R_{b2} /\!/ r_{be}$，其中$r_{be}$是三极管的输入电阻。由于$r_{be} \ll R_{b1}$，$r_{be} \ll R_{b2}$，因此，$r_i \approx r_{be}$。

② 输出电阻　是从输出端向左看进去的等效电阻，用r_0表示。$r_0=r_{ce} /\!/ R_c$，其中r_{ce}是恒流源的内阻，理想恒流源的内阻是无穷大的，因此$r_0 \approx R_c$。

③ 电压放大倍数　表示电路在不失真时输出电压有效值和输入电压有效值的比值，用A_u表示，即

$$A_u = \frac{U_0}{U_i}$$

其中$U_i=I_b r_{be}$，不带负载时$U_0=-I_c R_c=-\beta I_b R_c$，$A_u=-\beta \dfrac{R_c}{r_{be}}$；带负载时$R'_L=-R_c /\!/ R_L$，$A_u=-\beta \dfrac{R'_L}{r_{be}}$。

由此可知，放大电路的电压放大倍数由元件的参数β、r_{be}和R_c决定，并且受有无负载R_L的影响。

2.2.2　三极管多级放大电路

（1）基本电路

① 直接耦合放大电路　如图2-11所示。阻容耦合两级放大电路是利用电容C_2耦合的，并且后级放大电路的输入回路都具有输入电阻。为了使信号都能顺畅通过，一般耦合电容都采用电解电容，其连接极性与直流电源U_{CC}的极性相对应。

静态时，由于电容器具有"隔直"的作用，两个单管放大电路之间互相没有影响，而在动态时，交流信号可以通过。但是耦合电容在传递交流信号的过程中会产生一定的压降，尤其是对较低频率信号更是如此。

② 变压器耦合放大电路　如图2-12所示。两级之间的输入、输出回路均用变压器耦合，以级间变压器T_2为例，三极管VT_1的交流输出电压通过变压器T_2的耦合传递到三极管VT_2的基极，而VT_2的集电极上的直流电位被变压器T_3隔离。图中R_1、R_2、R_3、C_3和R_4、R_5、R_6、C_4分别构成前后级的"偏流稳定电路"，C_1和C_3使输入信号加在管子的基极和发射极之间，以免被电阻R_2和R_5所衰减。

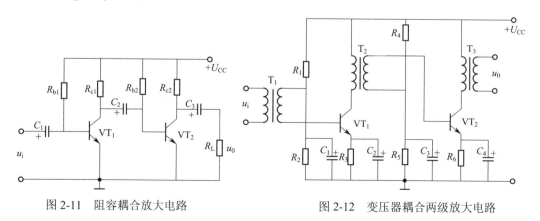

图2-11　阻容耦合放大电路　　　　图2-12　变压器耦合两级放大电路

这种耦合方式的优点是直流损耗小（因为变压器内阻小，而阻容耦合是R_C阻值较大，消耗功率），隔直效果也较好（没有耦合电容的漏电问题），还可以利用一次、二次匝数的不同进行阻抗变换使输入与输出达到阻抗匹配。

③ 直接耦合放大电路　如图2-13所示。直接耦合就是把前一级三极管VT_1的集电极直接与后一级三极管VT_2的基极连接起来，让VT_1集电极直流电压的变化直接传送到三极管VT_2的基极，这样就避免了信号在耦合电容或变压器上的损耗。

（2）性能分析

这里以目前使用最广泛的阻容耦合放大电路为例，讨论多级放大器的基本性能。包括电压放大倍数、电路输入电阻、输出电阻以及频率特性。

在图2-11中，两级之间由电容C_2进行耦合，C_2具有通交隔直作用，可以将前级的放大信号送到后级，又可将前级和后级的静态工作点隔开互不影响，因此，对交流信号来说，C_2看成短路，这样，前级的输出电压就是后级的输入电压，后级电路就是前级的负载，前级则是后级的信号源。

① 多级放大电路的电压放大倍数　因为第一级放大电路的输出电压U_{01}就是第二级的输入电压U_{i2}，即$U_{01}=U_{i2}$，因此

$$A_u = \frac{U_{01}}{U_i}\frac{U_0}{U_{i2}} = A_{u1}A_{u2}$$

A_{u1}、A_{u2}分别是第一级与第二级放大电路的电压放大倍数，依此类推，多级放大电路的总电压放大倍数等于各级电压放大倍数的乘积，即

$$A_u = A_{u1} = A_{u2}A_{u3}\cdots A_{un}$$

上式中，n表示多级放大电路的级数，如果放大电路级数多，则电压放大倍数很大，为了表示和计算方便，常采用另一种增益表示方法来表示电路放大能力，这样单级放大电路的增益表示为

$$G_u = 20\lg\frac{U_0}{U_i} = 20\lg A_u$$

多级放大电路总增益就是各级电压增益之和，即

$$G_u = 20\lg(A_{u1}A_{u2}A_{u3}\cdots A_{un}) = G_{u1} + G_{u2} + G_{u3} + \cdots + G_{un}$$

② 多级放大电路的输入电阻、输出电阻　对于多级放大器，它的输入电阻就是第一级放大电路的输入电阻。输出电阻就是最末级放大电路的输出电阻。因此

$$r_i = r_{be}$$
$$r_0 = R_{c2}$$

③ 多级放大电路的功率放大倍数　放大电路既有电压放大作用，又有电流放大作用，所以也有功率放大作用，放大输出的功率是由直流电源的功率转换而来的。因此，功率放大倍数为

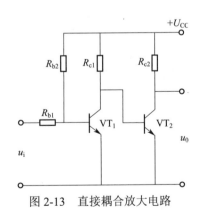

图 2-13　直接耦合放大电路

$$A_P = \frac{P_0}{P_i} = \frac{U_0}{U_i}\frac{I_0}{I_i} = A_u A_i$$

也就是说，功率放大倍数等于电压放大倍数和电流放大倍数的乘积，其中电流放大倍数为

$$A_{\mathrm{i}} = \frac{I_0}{I_{\mathrm{i}}} = \frac{U_0 / R_{\mathrm{L}}}{U_{\mathrm{i}} / R_{\mathrm{i}}} = A_u \frac{R_{\mathrm{i}}}{R_{\mathrm{L}}}$$

因此，功率放大倍数为

$$A_P = A_{u1} A_{u2} = A_u{}^2 \frac{R_{\mathrm{i}}}{R_{\mathrm{L}}}$$

④ 频率特性　电压放大倍数的大小与信号频率的关系称为幅频特性。相位的大小与频率的关系，称为相频特性。两者合称放大电路的频率特性或称频率响应，又称频响。阻容耦合多级共射极放大电路中一级频率特性如图2-14所示。

由幅频特性可以看出，在较宽一段频率范围内，各种电容的容抗的影响是可以忽略的，放大电路的中频段内各种频率信号的放大倍数A_u基本相同。共发射极放大电路的输出和输入电压的相位相反，相位差－180°。当频率较低时，耦合电容、射极旁路电容的容抗就不可忽略了，在这些电容上的交流电压降将使电压放大倍数减小，频率越低，电压放大倍数减得越多，表现为幅频特性曲线倾斜下降。输出电压与输入电压的相位差也由－180°变到－90°。当频率较高时，三极管的极间电容也起作用，β值会随频率的升高而下降。频率特性也随频率升高逐渐减小，输出电压与输入电压的相位差由－180°变到－270°。通常把频率低端和高端电压放大倍数下降到中频电压放大倍数的$1 / \sqrt{2}$倍时对应的频率，分别称为下限频率f_{L}和上限频率f_{H}。上限频率与下限频率之差，称为放大电路的通频带，用BW表示，BW=$f_{\mathrm{H}} - f_{\mathrm{L}}$。

2.2.3　三极管功率放大电路

功率放大器有早期的甲类功率放大器和新近普及的乙类功率放大器两种，由于甲类功率放大器效率低，在大功率设备中使用很不经济，目前已很少采用，乙类功率放大器有OTL、OCL等功率放大器。

（1）单电源供电的乙类功率放大器OTL电路

如图2-15所示的基本互补对称电路。VT_1为PNP型管，VT_2为NPN型管。从导电特性来看，两只三极管是完全相反的，PNP管在负信号输入时导通，而NPN管则在正信号输入时导通，它们彼此互为补偿。从电路上看，上下两三极管的电路是完全对称的，因此称为"互补对称"。当信号正半周时，对PNP的VT_2管而言，基极为正、发射极为负，发射结有正向电压，因此VT_2导通，其集电极电流i_{c2}随信号变化，流过负载R_{L}，在R_{L}上得到相应的正半周信号。但对PNP的VT_1管来说，发射结加的是反向电压，所以这个管子截止，$i_{c1}=0$。反之，当信号负半周时，对PNP型的VT_1管加的是正电压，VT_1导通，其电流i_{c1}随信号变化而变化，而对NPN型的VT_2管来说加的是负向电压，VT_2截止，$i_{c2}=0$，这时只有i_{c1}流过负载，在R_{L}上得到相应的负半周信号。这样两管轮流工作，结果在负载R_{L}上就可以得到一个完整的信号电压了。

由于三极管的输入特性的非线性，在曲线起始部

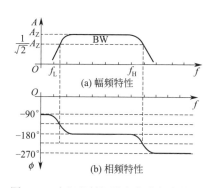

图2-14　多级共射极放大电路频率特性

分弯曲处存在"死区电压"问题。因此实际输出波形在正负半周底部交界处会出现严重的失真，称为"交越失真"，波形如图2-15(b)所示。为了克服"交越失真"现象，往往在电路的设计上给发射结一定的偏置电压，也就是在无信号输入时，先给管子一定的起始电流，这种状态称为甲乙类工作状态。

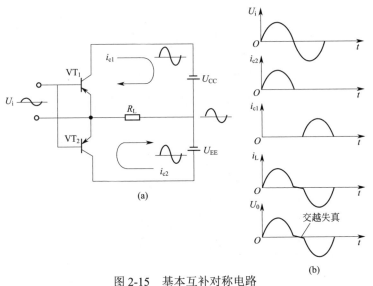

图 2-15　基本互补对称电路

（2）双电源供电的乙类互补功率放大器OCL电路

OCL是在OTL电路基础上发展起来的一种直接耦合功率放大电路，典型电路如图2-16所示。图中三极管VT_1、VT_2是差分放大输入级，VT_3是激励级，VT_4、VT_5是复合互补输出级。信号由VT_1的基极输入，经放大后，由VT_1集电极输出，并送到VT_3再次放大，VT_3集电极输出激励信号去推动功率输出级VT_4、VT_5。

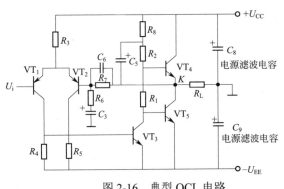

图 2-16　典型 OCL 电路

（3）BTL功率放大器

BTL功率放大器可以在电源电压较低的情况下输出较大的功率，在同样的电压和负载下，BTL电路的实际输出功率是OTL、OCL电路的2～3倍，其电路输出端与负载之间没有电容器，它们是直接耦合的，因而频响效果比较好。BTL电路只需一组电源，这比需要两组电源的OCL电路更为优越。图2-17就是BTL电路的原理图。

2.2.4　场效应管放大电路

（1）共源极放大电路

类似三极管共射极放大电路，共源极放大电路的输入回路与输出回路的公共端是源极。由于场效应管是电压控制的非线性器件，为使电路处在不失真的放大工作状态，除必须对放大电路设置静态工作点外，还必须设置合适的栅极偏压。

① 自给偏压共源极放大电路　如图2-18所示。图中R_G的作用是使源极有一定的偏置电压，也给电容C_1充放电提供通路。源极电阻R_S的作用是当漏极电流I_D流过时，产生静态栅极偏压。适当调整R_S可以使放大电路建立合适的静态工作点。电路其他元件的作用和三极管共射放大电路相似。

a.静态分析。静态时$U_i=0$。由于N沟道结型场效应管D、G之间的PN结处于反偏，R_G上近似认为没有电流流过，因此G点电位为零。另外，在漏极电源作用下产生的漏极电流等于源极电流，即$I_D=I_S$，源极电流I_S流过R_S时形成栅偏压，这个偏压是靠场效应管自身产生的，所以称为自给偏压，其值为

$$U_{GS}=U_G - U_S= - I_D R_S$$

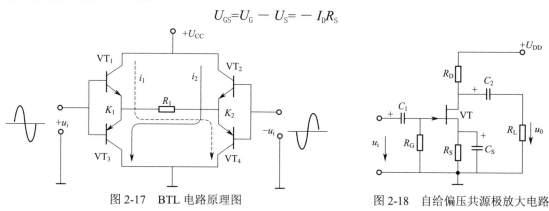

图 2-17　BTL 电路原理图　　　　　图 2-18　自给偏压共源极放大电路

静态时U_{DS}值可由下式求得

$$U_{DS}=U_{CC} - I_D(R_D+R_S)$$

b.动态分析。因为场效应管的输入电阻很大，它的输入电路就可以等效为开路。场效应管的输出电流I_D是受栅源电压U_{GS}控制的，因此它的输出电路等效于受栅源电压U_{GS}控制的电流源，其电流$I_D=g_m U_{GS}$。另外，电路中的电容C_S容量较大，将R_S交流旁路。因此该电路电压放大倍数A_u为

$$A_u = -\frac{U_0}{U_i} = -\frac{I_D(R_D /\!/ R_L)}{U_{GS}} = -\frac{g_m U_{GS} R_L'}{U_{GS}} = g_m R_L'$$

式中，$R_L' = R_D /\!/ R_F$；输入电阻为$R_I=R_G$；输出电阻为$R_0=R_D$。

② 分压式偏置共源极放大电路　由N沟道绝缘栅场效应管构成的分压式偏置共源极放大电路如图2-19所示。这种电路的静态工作点的估算和自给偏压电路有所不同，应先求出直流电压U_G

$$U_G = \frac{R_{G2}}{R_{G1} + R_{G2}}U_{DD}$$

接着联立下列方程求出U_{GS}、I_D并求U_{DS}的值

$$U_{GS} = U_G - U_S = \frac{R_{G2}}{R_{G1} + R_{G2}}U_{DD} - I_D R_S$$

$$I_D = I_{DSS}(1 - \frac{U_{GS}}{U_P})^7$$

$$U_{DS} = U_{DD} - I_D(R_D + R_S)$$

电压放大倍数

$$A_u = -g_m R_L'$$

式中，$R_L' = R_D // R_L$；输入电阻为 $R_I \approx R_G + R_{G1}//R_{G2}$；输出电阻为 $R_0 \approx R_D$。

（2）源极输出器

场效应管源极输出器与三极管射极输出器相似，如图2-20所示，该电路的静态工作点估算和分压式偏置电路相同 $A_u \approx 1$。

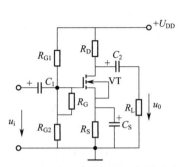

图 2-19　分压式偏置共源极放大电路

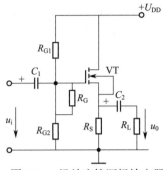

图 2-20　场效应管源极输出器

2.3　整流滤波电路

2.3.1　不可控整流电路

（1）单相整流电路

① 单相半波整流电路　如图2-21所示，电路由变压器二次绕组、整流二极管V和负载R_d组成。变压器二次电压u_2为

$$u_2 = \sqrt{2}U_2 \sin \omega t$$

其波形如图2-22(a)所示。在交流电压u_2的正半周内（$0 \sim \pi$），变压器二次电压u_2极性为a正b负，二极管正偏导通，产生电流由$a \rightarrow V \rightarrow R_L \rightarrow b$，波形如图2-22(b)所示，忽略二极管的正向压降时，则负载R_d获得的电压$u_0 = u_2 = \sqrt{2}U_2 \sin \omega t$，波形如图2-22(c)所示，在$u_2$的负半周（$\pi \sim 2\pi$），$u_2$的极性为$a$负$b$正，二极管反偏截止，负载上电流电压均为零。$u_2$成为二极管的反偏电压，下一个周期到来，重复上述过程。可见，利用二极管的单向导电作用，将交流电压变换成单

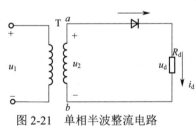

图 2-21　单相半波整流电路

向脉动的大小随时间变化的直流电压，这就是半波整流的含义。此时负载电压的平均值为

$$U_d = \frac{\sqrt{2}}{\pi}U_2 = 0.45U_2$$

负载上电流的平均值为

$$I_d = I_F = \frac{U_d}{R_d} = 0.45\frac{U_2}{R_d}$$

② 单相全波整流电路　图2-23(a)与图2-22相比，说明全波整流电路是两个半波整流电路的合成，只是应用了同一个负载。负载上电压波形如图2-23(b)所示。

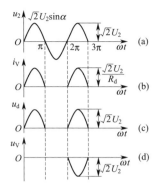

图 2-22 单相半波整流电路输入输出波形

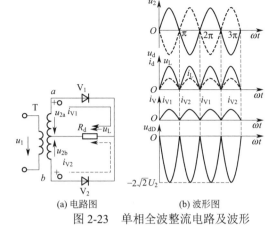

(a) 电路图   (b) 波形图

图 2-23 单相全波整流电路及波形

由此可以得出如下关系：

负载电压的平均值为

$$U_{\mathrm{d}} = \frac{2\sqrt{2}}{\pi}U_2 = 0.9U_2$$

负载上电流的平均值为

$$I_{\mathrm{d}} = \frac{U_{\mathrm{d}}}{R_{\mathrm{d}}} = 0.9\frac{U_2}{R_{\mathrm{d}}}$$

流过二极管的电流为负载电流的一半，即

$$I_{\mathrm{F}} = \frac{1}{2}I_{\mathrm{d}} = 0.45\frac{U_2}{R_{\mathrm{d}}}$$

全波整流电路的特点是整流效率高，输出电压高，且脉动小，但变压器有两个抽头，制造工艺复杂，利用率仍然低。

③ 单相桥式整流电路 单相桥式整流电路及图形符号如图2-24所示，它使用四只二极管，克服了全波整流电路的缺点，保留了它的全部优点。

设在交流电压 $u_2 = \sqrt{2}U_2\sin\omega t$ 的正半周内，变压器二次电压 u_2 极性为 a 正 b 负，二极管 V_1、V_3 正偏导通，负载 R_{L} 得到单向脉动电流，电流流向为 $a \rightarrow V_1 \rightarrow R_{\mathrm{L}} \rightarrow V_3 \rightarrow b$，此时 V_2、V_4 反偏截止。负载电压上正下负。在 u_2 的负半周，电压的极性为 a 负 b 正，二极管 V_2、V_4 正偏导通，电流流向为 $b \rightarrow V_2 \rightarrow R_{\mathrm{L}} \rightarrow V_4 \rightarrow a$，此时 V_1、V_3 反偏截止。负载电压仍上正下负。可见，桥式整流仍在全波整流范围，负载上的电压、电流波形和大小与全波整流完全相同。

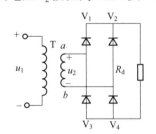

图 2-24 单相桥式整流电路

（2）三相整流电路

① 三相半波整流电路 三相半波整流电路如图2-25(a)所示。三相变压器的一次侧接成三角形，二次侧接成星形，并在二次侧的三相分别接二极管，图中二极管的负极接在一起，称为共阴极接法；也可以把二极管的正极接在一起，称为共阳极接法，其不同之处在于输出电压极性相反。

在 $0 \sim \dfrac{\pi}{6}$，三相交流电压的W相电压瞬时值 u_{W} 最大，所以 V_5 导通，V_1、V_3 截止，输出

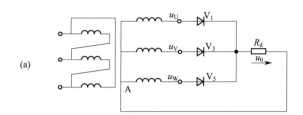

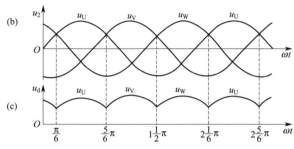

图 2-25 电阻性负载的三相半波整流电路及工作波形

电压波形就是 u_W 的波形。变压器二次侧为 W 相电流，流通路径为 $u_W \rightarrow V_5 \rightarrow R_b \rightarrow A$。

在 $\dfrac{\pi}{6} \sim \dfrac{5\pi}{6}$，U 相电压 u_U 最大，V_1 导通，V_3、V_5 截止，输出电压波形为 u_U 的波形。

同样的在 $\dfrac{5\pi}{6} \sim 1\dfrac{1}{2}\pi$，V 相电压 u_V 最大，V_3 导通，V_1、V_5 截止，输出电压波形就

是 u_V 波形，在 $1\dfrac{1}{2}\pi \sim 2\dfrac{1}{6}\pi$，三相电压经过一个周期，又回到 W 相电压 u_W 最大，V_3 导通，就这样三只二极管轮流导通，它们在交流电的一个周期内各导通 1/3 周期，负载上的电压 u_d 波形如图 2-25(c) 所示。

输出电压平均值负载电压的平均值为

$$U_d = \frac{3 \times \sqrt{3} \times \sqrt{2}}{2\pi} U_2 = 1.17 U_2$$

② 三相桥式整流电路 三相桥式整流电路如图 2-26(a) 所示。三相变压器的一次侧接成三角形，二次侧接成星形，使用两组共阴极接法二极管。

在 $0 \sim \dfrac{\pi}{6}$，三相交流电压的 W 相电压瞬时值 u_W 最大、V 相电压瞬时值 u_V 最小，所以 V_5 和 V_6 导通，其他二极管截止，输出电压波形就是线电压 u_{WV} 的波形。电流路径为 $u_W \rightarrow V_5 \rightarrow R_b \rightarrow V_6 \rightarrow u_V$。在 $\dfrac{\pi}{6} \sim \dfrac{\pi}{2}$ 期间，U 相电压最大，V 相电压最小，V_1 和 V_6 导通，其他二极管截止，输出电压波形为 u_{UV} 的波形。同样的在 $\dfrac{\pi}{2} \sim \dfrac{5\pi}{6}$，$V_1$ 和 V_2 导通，输出电压波形就是 u_{UW} 波形，在 $\dfrac{5\pi}{6} \sim 1\dfrac{1}{6}\pi$，$V_3$ 和 V_2 导通，输出电压波形就是 u_{VW} 波形，在 $1\dfrac{1}{6}\pi \sim 1\dfrac{1}{2}\pi$，$V_3$ 和 V_4 导通，输出电压波形就是 u_{VU} 波形，在 $1\dfrac{1}{2}\pi \sim 1\dfrac{2}{3}\pi$，$V_5$ 和 V_4 导通，输出电压波形就是 u_{WU} 波形，在 $1\dfrac{2}{3}\pi \sim 2\dfrac{1}{6}\pi$，三相电压经过一个周期，又回到 W 相电压 u_W 最大，V_5 和 V_6 导通，就这样六只二极管轮流导通，它们在交流电的一个周期内各导通 1/6 周期，负载上的电压 u_d 波形如图 2-26(c) 所示。

负载电压的平均值为

$$U_d = \frac{3 \times \sqrt{3} \times \sqrt{2}}{\pi} U_2 = 2.34 U_2$$

③ 六相桥式整流电路 六相桥式整流是利用变压器的移向作用，将三相交流电变换为两个三相交流电，而两个三相交流电对应相之间存在相位差，分别采用桥式整流，并将输出电压并联起来，就可得到相当平滑的直流输出电压。电路如图 2-27(a) 所示。

两个二次绕组一个采用星接一个采用角接,是为了保证经过桥式整流后的直流电压平均值一样。例如AB两点之间的线电压为$\sqrt{3} \times \sqrt{2}U_2$,而DE两点之间的线电压也是$\sqrt{3} \times \sqrt{2}U_2$。

由于二次星接绕组与三相桥式整流相同,因此单独作用时负载电压波形如图2-27(b)所示,角接时也是三相桥式整流,相位相差30°,所以单独作用时电压波形如图2-27(c)所示,两组同时作用时,为两组电压波形的叠加,所以负载电压波形如图2-27(d)所示。

负载电压的平均值为

$$U_d = \frac{3 \times (\sqrt{6} - \sqrt{2}) \times \sqrt{6}}{\pi} U_2 = 2.42U_2$$

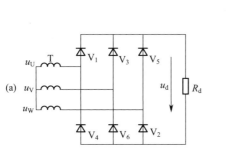
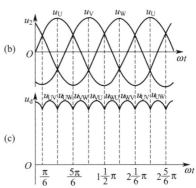

图 2-26　电阻负载的三相桥式整流电路

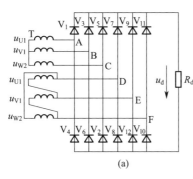
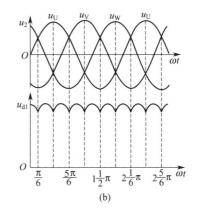
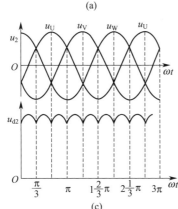
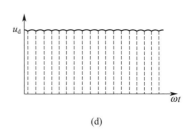

图 2-27　电阻性负载的六相桥式整流电路

2.3.2 半控整流电路

（1）单相半控整流电路

电阻负载半波可控整流电路如图2-28所示。在晶闸管V_1的门极与阴极之间有整流器的触发脉冲u_g，其波形如图2-28(c)。脉冲u_g是一个与u_2同频率的、以2π为周期的周期函数，且在稳态时脉冲u_g前沿与u_2之间有确定的相位关系，即通常所说的u_g与u_2同步。

在u_2的负半周内，晶闸管V_1所承受的电压u_{v1}为负，晶闸管不可能导通，电路处于开路状态。在u_2的正半周内，当晶闸管尚未导通前，晶闸管所承受的电压u_{v1}为正，满足V_1导通条件之一。如果这时门极不加脉冲，则V_1同样不能导通，电路仍处于开路状态。晶闸管V_1阻断时，整流电路的输出电压u_0、输出电流i_0都为零。

在ωt_1时刻，晶闸管门极上施加触发脉冲u_g，若ωt_1是在u_2正半周范围内，则晶闸管V_1将被触发导通，V_1导通后电源电压u_2全部加在负载电阻R上，这时输出电压u_0即为电源电压u_2，输出电流$i_0=u_0/R$，两者波形相同，都是正弦曲线。晶闸管被触发导通后，门极便失去控制作用，故门极信号只需一个脉冲电压即可，晶闸管的导通一直持续到流经晶闸管V_1的电流减少到晶闸管的维持电流以下才会关断。与输出电流i_0相比较，维持电流的值很小，为方便起见以下叙述都认为电流为零时晶闸管关断。$\omega t=\pi$时，电源电压u_2为零，输出电流i_0为零，晶闸管关断。由此可知，晶闸管V_1的导通状态由$\omega t=\omega t_1$持续到$\omega t=\pi$。

在电源电压的第二个周期中，将重复上述的工作过程而得到以2π为周期的输出电压、电流，其波形如图2-28(d)、图2-28(e)所示。

若把电路中的晶闸管V_1换成整流二极管，则从$\omega t=0$开始，开关元件将受到正向电压而开始导通，而晶闸管则要到ωt_1时得到触发才开始导通。把ωt从0到ωt_1这个受到触发脉冲前沿时刻控制使初始导通延时的角度称为控制角，用α表示。晶闸管在一个周期内导通的角度称为元件导通角，用θ表示，在电阻性负载的单相半波整流电路中有

$$\theta=\pi-\alpha$$

从工作原理的分析可知，触发脉冲前沿的时刻ωt_1应在$0\sim\pi$，也即控制角的有效移相范围为$0\sim\pi$。

从波形图可知输出电压u_2是一个以2π为周期的分段函数，一个周期内的表达式为

$$u_0=\begin{cases}\sqrt{2}U_2\sin\omega t & 0\leqslant\omega t\leqslant\pi\\ 0 & \pi\leqslant\omega t\leqslant 2\pi\end{cases}$$

由此输出电压的平均值为

$$U_d=0.225（1+\cos\alpha）$$

（2）三相桥式半控整流电路

在图2-29(a)中电路换流规律是V_1、$V_6\to V_1$、$V_2\to V_3$、$V_2\to V_3$、$V_4\to V_5$、$V_4\to V_5$、$V_6\to V_1$、V_6，触发脉冲的顺序是$u_{g1}\to u_{g3}\to u_{g5}\to u_{g1}$，且其触发脉冲前沿的相位关系是依次滞后120°。其波形如图2-29(c)所示。当移相控制角α时，共阴极的整流管在自然换相点触发换相，其输出电压为三相半波整流全导通的正值包络线。触发脉冲u_{g1}、u_{g3}、u_{g5}彼此间相位差当然是120°。共阳极组的整流管在自然换相点换相，其输出电压为三相半波整流全导通的负值包络线。在负载上的输出电压即为二者之间的线电压。如果直接画出线电压，输出电压即为线电压的包络线。一个周期内有六个波头，输出电压的波形如图2-29(d)所示。

输出电压平均值为

$$U_d=1.17U_2(1+\cos\alpha)$$

2.3.3　全控整流电路

（1）单相全控整流电路

电阻负载的单相桥式全控整流电路如图2-30(a)所示。晶闸管V_1、V_2的门极施加相同的脉冲u_{g1}、u_{g2}，u_{g1}、u_{g2}与电源电压同步，移向角为α（从$\omega t=0$开始算起）。同理，V_3、V_4有相同的触发脉冲u_{g3}、u_{g4}，移向角为α（从$\omega t=\pi$开始算起）。在ωt从$0\sim\pi$的电源电压正半周内，a点为正，b点为负，晶闸管V_1与V_2承受正向电压，V_3与V_4承受反向电压。在$\omega t=0\sim\alpha$，V_1与V_2正向阻断，V_3与V_4反向阻断，输出电压u_0、输出电流i_0均为零。当$\omega t=\alpha$时，V_1与V_2被触发导通，电流沿$a\rightarrow V_1\rightarrow R\rightarrow V_2\rightarrow b$流通，导通过程持续到$\omega t=\pi$时为止。因为$\omega t=\pi$时，电源电压过零，输出电压$u_0$与输出电流$i_0$同时过零而使$V_1$、$V_2$关断。在$\omega t$为$\pi\sim 2\pi$的电源电压$u_2$负半周内，同样可知当$\omega t=\pi-(\pi+\alpha)$，$u_0$、$i_0$为零，$\omega t=\pi+\alpha$时$V_3$与$V_4$被触发导通，输出电压$u_0=-u_2$，电流沿$b\rightarrow V_3\rightarrow R\rightarrow V_4\rightarrow a$流通，导通持续到$2\pi$时为止。第二个周期将重复第一个周期的过程。$V_1$与$V_2$为一对，$V_3$与$V_4$为一对，两组晶闸管不断交替导通、关断，其输出电压电流波形如图2-30(d)、图2-30(e)所示，流过元件电流如图2-30(f)、图2-30(g)所示。

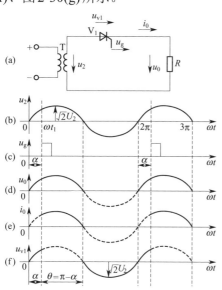

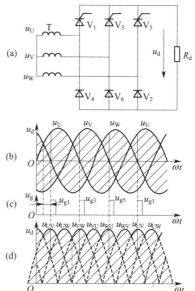

图2-28　电阻性负载的单相半波整流电路及工作波形　　图2-29　电阻性负载的三相桥式半控整流电路

桥式整流电路与半波整流电路相比，桥式整流把电源电压的负半波也利用起来，使输出电压在一个电源周期由原来的只有一个脉波变成有两个脉波，改善了波形，提高了输出。在变压器的副边绕组中，绕组电流的波形如图2-30(h)所示，两个半周期的电流方向相反且波形对称。

输出电压的平均值为

$$U_d=0.45(1+\cos\alpha)$$

（2）三相全控整流电路

① 电阻负载的三相半波可控整流电路　电阻负载、晶闸管共阴接法三相半波可控整流电路，如图2-31(a)所示。为了要得到零线，变压器的二次侧应采用Y形接法；为了使变压

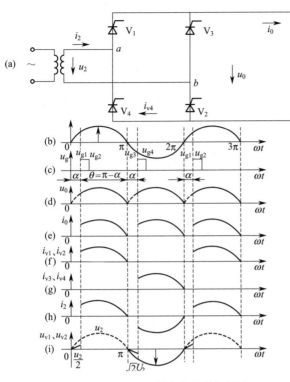

图 2-30　电阻性负载的单相桥式
整流电路及工作波形

器一次绕组中的三次谐波能流通，一次侧一般接成△形接法。

控制角α及触发脉冲顺序。在图2-31(a)中的三个晶闸管的门极与阴极之间，若同时加上三个恒定的直流触发脉冲信号，则三个晶闸管的工作就与三个整流二极管一样，电路成了三相半波不可控整流电路。当U、V、W三点的电位不相等时，应该是接在其中电位最高那一点的那只晶闸管导通，另外两只晶闸管则因承受反向电压而关断，简称为"谁高谁导通"。从电源电压的波形图可见，在$\omega t=30°\sim150°$，u_U最高，所以V_1导通，P点的电位$u_P=u_U$，输出电压$u_0=u_P=u_U$，同理在$\omega t=150°\sim270°$，V_3导通$u_0=u_V$；在$\omega t=270°\sim390°$，V_5导通，$u_0=u_W$。可见，输出电压u_0是三相电压波形图的正半周的包络线，如图2-31(d)所示。三个晶闸管的导通顺序

是$V_1\to V_3\to V_5\to V_1$。三个相电压在正半周的交点R、S、T是它们之间的换流点，称为"自然换流点"。从这个工作过程中可看到，在R点之前，V_1承受的是反向电压，即使给它提供触发信号也不能导通，若把恒定的直流触发信号换成触发脉冲的话，R点是晶闸管V_1能触发导通的最早时刻，因此把R点作为V_1计算控制角α的起点。即在R点处$\alpha=0°$。同理自然换流点S、T就分别作为V_3、V_5的控制角α的起点。这样，三只晶闸管的触发脉冲u_{g1}、u_{g3}、u_{g5}的顺序是$u_{g1}\to u_{g3}\to u_{g5}\to u_{g1}$，且其触发脉冲前沿的相位关系是依次相差120°，其波形如图2-31(c)所示，图中相位是$\alpha=0°$时的情况。

当$\alpha=0°$时，输出电压平均值为

$$U_d=1.17U_2$$

当$0°<\alpha\leqslant30°$时，输出电压平均值为

$$U_d=1.17U_2\cos\alpha$$

当$30°<\alpha\leqslant150°$时，输出电压平均值为

$$U_d=0.68U_2[1+\cos(\alpha+30°)]$$

② 双反Y形可控整流电路　双反Y形电路相当于两组三相半波整流电路并联，两组整流电路的整流电压平均值相等，但两组输出电压波形的相位相差60°，因此其瞬时值并不相等，如图2-32所示。

它的工作方式与三相半波电路相似，任意瞬间只有一管导通。其他管子都因承受反向电压而关断。此时，每只管的导通时间（60°），输出电压波形如图2-33所示。

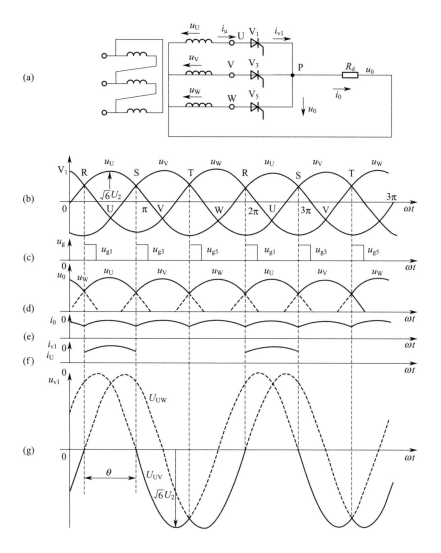

图 2-31 电阻性负载的三相半波可控整流电路及 $\alpha=0°$ 时的工作波形

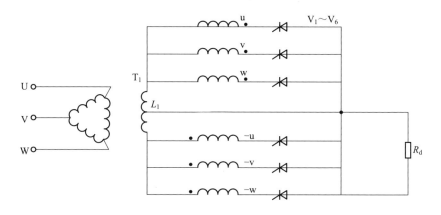

图 2-32 双反 Y 形整流电路

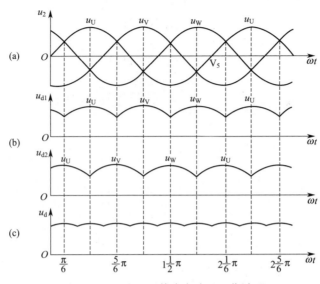

图2-33 双反Y形整流电路及工作波形

双反Y形整流电路的输出电压为两组整流输出电压的平均值U_d(C)，当全导通时，与变压器副边绕组相电压（$U_{相}$）的关系为

$$U_d=1.17U_{相}$$

③ 三相桥式全控整流器电路　如图2-34所示。在讨论它的工作原理时，习惯上把共阴极连接组称为上组，共阳极连接组称为下组。

上组晶闸管的工作原理与三相半波可控整流电路类同，R、S、T将是它们的自然换流点；同理A、B、C是下组晶闸管的自然换流点。控制角α的计算起点是各晶闸管各自所对应的自然换流点，$\alpha=0°$意味着各晶闸管在各自的自然换流点就开始导通。那么，对上组晶闸管，在$\omega t=150°\sim270°$是V_3导通；在$\omega t=270°\sim390°$是V_5导通。同理，对下组晶闸管，V_2的导通区间是$\omega t=90°\sim210°$（A～B），V_4的导通区间是$\omega t=210°\sim330°$（B～C），V_6的导通区间是$\omega t=330°\sim450°$（C～A）。可以看到6个自然换流点把电源的一个周期分成均匀的各自占60°的6个区域，在每个区域中导通元件不变。把导通的元件标号按其所占的区域表明在电源电压波形图下方，如图2-34(c)所示。可以看到，在任何时刻，上组中各有一个元件导通，构成了电流流通的回路。

在R～A区域，即$\omega t=30°\sim90°$区域，上组V_1导通，下组V_6导通，这时的输出电压为$u_0=u_P-u_N=u_U-u_V=u_{UV}$。

同样的，在后面的5个区域中，u_0分别为u_{UW}、u_{VW}、u_{VU}、u_{WU}、u_{WV}在相应区域中的一段瞬时值，其波形如图2-34(d)所示。从图中可以看出，u_0在一个电源周期中是由6个形状完全相同的线电压曲线所拼成的。由于是电阻负载，输出电流的波形与输出电压的波形完全相同。

整流桥的输入电流$i_u=i_{v1}-i_{v4}$。当V_1导通时$i_{v4}=0$，$i_u=i_{v1}$；当V_4导通时$i_{v1}=0$，$i_u=-i_{v4}$。i_u的波形如图2-34(f)所示。i_v、i_w的波形与i_u相同，相位分别滞后120°、240°。从图中可以看出，这时流经整流变压器二次绕组的电流无直流分量。

当$0°<\alpha\leqslant60°$时，输出电压平均值为

$$U_d=2.34U_2\cos\alpha$$

当$60°<\alpha\leq120°$时，输出电压平均值为

$$U_d=2.34U_2[1+\cos(\alpha+60°)]$$

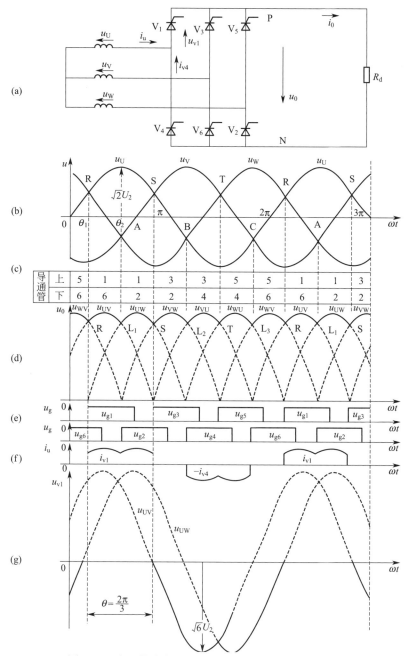

图2-34 电阻性负载的三相桥全控整流电路及$\alpha=0°$时的工作波形

2.3.4 滤波电路

（1）电容式滤波电路

① 单相半波整流电容滤波电路 如图2-35(a)所示。在u_2的正半周，VD导通，u_0由0逐渐加大，整流电源除了供给负载R_L电能外，还对电容C充电，电容两端电压U_C随u_2上升而上升，极性为上正下负。当u_2从最大值开始下降时，二极管VD反偏截止，电容向负载放电，

电容两端电压按指数规律下降，直到下一个正半周到来，当$u_2 > U_C$时二极管VD再次导通，重复上述过程，负载波形如图2-35(b)所示。

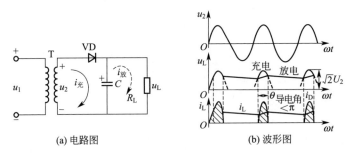

(a) 电路图   (b) 波形图

图2-35   单相半波整流电容滤波电路

负载电压可用下式估算

$$U_L = 1.2 U_2$$

② 单相桥式整流电容滤波电路   如图2-36(a)所示。在u_2的正半周，VD_1、VD_3导通，u_2由0逐渐加大，还对电容C充电，电容两端电压U_C随u_2上升而上升，极性为上正下负。当u_2从最大值开始下降时，二极管VD_1、VD_3反偏截止，电容向负载放电，电容两端电压按指数规律下降，直到下一个负半周到来，当$u_2 > U_C$时二极管VD_2、VD_4开始导通，重复上述过程，负载波形如图2-36(b)所示。

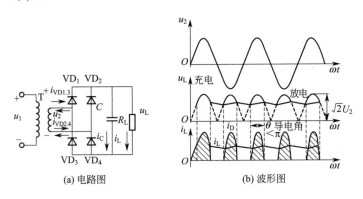

(a) 电路图   (b) 波形图

图2-36   单相桥式整流电容滤波电路

负载电压可用下式估算

$$U_L = U_2$$

(2) 电感滤波

在整流电路和负载R_L之间串入电感L，就构成了电感滤波电路，利用电感的作用可以减小输出电压的纹波，从而得到比较平滑的直流。当忽略电感器L的电阻时，负载上输出的平均电压和纯电阻负载相同。

电感滤波的特点是：整流管的导电角较大，峰值电流很小，输出特性比较平坦。缺点是：由于铁芯的存在，使其笨重、体积大，易引起电磁干扰。一般只适用于低电压、大电流场合。

此外为了进一步减小负载电压中的纹波，电感后面可再并一电容而构成倒L形滤波电路

或 $RC-\pi$ 形滤波电路，如图2-37(a)、图2-37(b) 所示。其性能和应用场合分别与电感滤波及电容滤波电路相似。

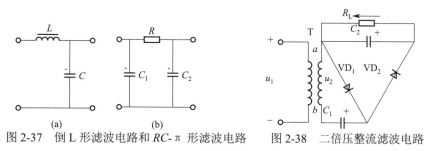

图2-37　倒 L 形滤波电路和 $RC-\pi$ 形滤波电路　　图2-38　二倍压整流滤波电路

（3）复式滤波

为了进一步改善滤波效果，可以将图2-37(b)中的电阻R更换成电感L而组成 $LC-\pi$ 形滤波电路。在该电路中，整流后的单向脉动电流通过 C_1 时，被电容 C_1 滤除部分交流成分，剩余的交流成分在电感L中受到感抗的阻碍而衰减，然后再次被电容 C_2 滤波，使输入到负载的直流电压波形更加平滑。

2.3.5　倍压电路

利用二极管的单向导电特性，分别向多个电容器充电，然后再串联叠加起来供给负载，使负载的电压与变压器二次电压成倍数关系，称为倍压整流。

（1）二倍压电路

如图2-38所示，u_2 的正半周时，a正b负，VD_1 正向偏置，VD_2 截止，电容 C_1 被充电;u_2 负半周时，a负b正，VD_1 因反偏而截止，VD_2 正偏，C_1 两端电压与 u_2 同极性相串叠加对 C_2 充电，经过几个周期后，C_2 两端的电压可达到：

$$U_L = U_{C2} = \sqrt{2}U_2 + U_{C1} = 2\sqrt{2}U_2$$

（2）多倍压电路

如图2-39所示，在 u_2 的第一个周期内，分析方法同二倍压电路，将使电容 C_2 的两端电压达到 $2\sqrt{2}U_2$ ；在 u_2 的第二个周期内，先 VD_3 正偏，再 VD_4 正偏，使 C_4 两端电压达到 $2\sqrt{2}U_2$ ；经过n个

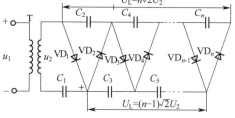

图2-39　多倍压整流滤波电路

周期后，将使偶数电容两端电压都达到 $2\sqrt{2}U_2$ 。这样在偶数电容两侧接入负载，负载两端将得到 $n\sqrt{2}U_2$ 电压，在奇数两端接入负载，将得到 $(n-1)\sqrt{2}U_2$ 电压。

2.3.6　稳压电路

（1）并联型稳压电路

简单并联型稳压电路如图2-40(a)所示。图中R为限流电阻，它的作用是使电路有一个合适的工作状态。

稳压过程如下：当负载不变而电网电压升高时，引起稳压二极管两端电压也升高，由稳压管反向击穿特性可知，管内电流将显著增大，使R上的电流和电压降增大，从而削弱了输出电压的增加。若电网电压不变、负载电流减小，R上的压降减小，使 U_0 增大，从反向击穿

特性可知，稳压管电流显著增大，从而使流过 R 的电流和 R 上的压降增大，引出输出电压保持基本不变。

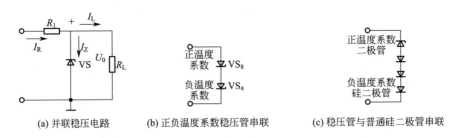

(a) 并联稳压电路　　　　(b) 正负温度系数稳压管串联　　　　(c) 稳压管与普通硅二极管串联

图 2-40　并联稳压电路及稳压管温度系数的消除

同理，若电网电压减小或负载电流增大，则变化过程相反。

稳压管对温度的依赖性是一个缺陷，为了消除这一缺陷，常将具有不同温度系数的稳压管或将稳压管与普通二极管适当连接来弥补，如图 2-40(b)、图 2-40(c) 所示。

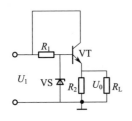

图 2-41　串联型稳压电路

（2）串联型稳压电路

简单串联型稳压电路如图 2-41 所示。图中三极管 VT 为调整管，VS 为稳压管，给三极管提供基极电压，R_1 既是 VS 的限流电阻，又是晶体管 VT 的基极偏置电阻。R_2 为三极管 VT 的发射极电阻，R_L 为负载。

稳压过程如下：由电路连接关系可以知道，输出电压 U_0 等于输入电压 U_1 减去调整管的 VT 的集射极间电压 U_{CE}，即 $U_0=U_1 - U_{CE}$，输出电压 U_0 也等于稳压管两端电压 U_{VS} 减去调整管的基射极电压 U_{BE}，即 $U_0=U_{VS} - U_{BE}$，无论什么原因，使输出电压 U_0 发生变化，由于稳压管两端电压 U_{VS} 保持不变，则调整管 VT 的基射极间电压 U_{BE} 将发生相应变化，引起 U_{CE} 变化，从而使输出电压 U_0 得到相应调节。

2.4　逆变与交流调压电路

2.4.1　斩波器

（1）简单斩波器电路

斩波器是接在直流电源与负载电路之间，用以改变加到负载电路上的直流平均电压的一种装置。有时，也称为直流-直流变换器。在晶闸管斩波器中，把晶闸管作为直流开关，通过控制其通断时间的比值，在负载上便可获得大小可调的直流平均电压 U_d，如图 2-42 所示。

斩波器的输出电压平均值 U_d 为

$$U_d = \frac{\tau}{T} E$$

式中　E——直流电源电压；

　　　T——斩波器的通断周期；

　　　τ——斩波器的导通时间。

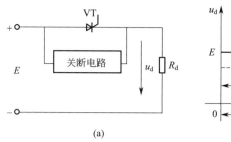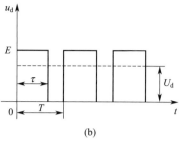

图 2-42　晶闸管直流斩波器

由上式可知，改变电路的导通比 τ/T，就可以改变斩波器输出的直流平均电压。因此，调节斩波器输出电压平均值的方法有以下三种：

① 定频调宽法　又称为脉冲宽度调制（PWM）方式，其特点是保持晶闸管触发频率 f 不变（即 T 不变），通过改变晶闸管的导通时间 τ 来改变直流平均电压，见图 2-43(a)。

② 定宽调频法　又称为脉冲频率调制（PFM）方法，其特点是保持晶闸管导通的时间 τ 不变，通过改变晶闸管触发频率 f 来改变输出直流平均电压，见图 2-43(b)。

③ 调频调宽法　又称为混合调制，其特点是同时改变晶闸管的触发频率和导通时间，来改变直流平均电压，见图 2-43(c)。

晶闸管斩波器，主要有采用普通晶闸管的逆阻型斩波器和采用逆导型晶闸管的逆导型斩波器两种，下面仅介绍逆阻型斩波器。

（2）无源逆变电路

在工业生产中，常要求把直流电或某一固定频率的交流电变换成另一频率可变的交流电，供给某些负载使用，这种变流技术成为变频技术。

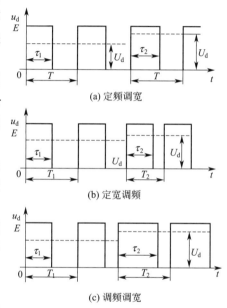

图 2-43　直流斩波器输出电压波形

变频电路按其能量变换情况，可分为交-交变频器和交-直-交变频器两种。前者是直接将工频交流电变为所需的交流电源，故也称为直接变频；后者则是先把工频交流电整流为直流电，再把直流电逆变为所需频率的交流电。在交-直-交变频器中，用于把直流电逆变成交流电的装置称为逆变器，由于逆变的交流电不返送到交流电网，而是直接供给负载使用，因此也称为无源逆变。

① 无源逆变的原理电路　如图 2-44 所示。当 VT_1 和 VT_4 触发导通（VT_2、VT_4 关断）时，直流电源通过 VT_1 和 VT_4，向负载供电，负载上电流方向如图 2-44(a)。当 VT_2、VT_3 触发导通 VT_1、VT_4 关断时，直流电源通过 VT_2、VT_3 向负载供电，电流反向流过负载，如图 2-44(b)所示。按一定的规律，不断地轮换切换两组晶闸管，便将电源的直流电逆变成负载上的交流电，负载上的电压波形如图 2-44(c)所示。若改变两组晶闸管的切换频率，便可改变交流电的频率。

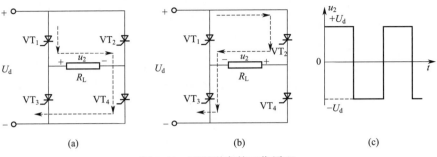

图 2-44　无源逆变的工作原理

② 并联谐振式逆变器电路　图 2-45 为电流型并联谐振式逆变器的主电路。其直流电源是由三相工频交流电经可控整流后获得，故 U_d 为连续可调。滤波电抗器 L_d 可使输出的直流电流保持连续与稳定，并可限制中频电流进入电网，起到交流隔离的作用。逆变桥的每一个桥臂由一个晶闸管和一个限流电抗串联组成，晶闸管 $VT_1 \sim VT_4$ 为快速型晶闸管，限流电抗器 $L_1 \sim L_4$ 用于限制电流上升率 di/dt 不超过晶闸管允许的数值。负载回路由感应线圈（L、r）和补偿电容 C 并联组成。感应线圈是中频感应加热炉的主要部件，通入中频大电流时可产生中频交变磁场，利用涡流和磁滞效应来使加热炉中的金属加热或熔化。补偿电容 C 用于补偿负载的功率因数，同时用于逆变器的换流。

当 VT_1、VT_4 导通时，电流 i_a 的路径如图 2-45(a) 所示。当触发 VT_2、VT_3 时，经过短暂的换流阶段，VT_2、VT_3 导通，而 VT_1、VT_4 关断，电流 i_a 的路径如图 2-45(c) 所示。一段时间后，再触发 VT_1、VT_4，经过短暂换流阶段，VT_1、VT_4 导通，而 VT_2、VT_3 关断，电流 i_a 的路径又如图 2-45(a) 所示。因此，流过负载的电流 i_a 为交流电流。在输出交流电的一个周期内，逆变器有两个稳定的导通阶段和两个短暂的换流阶段。

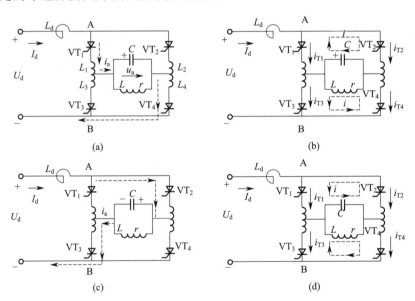

图 2-45　并联逆变器的工作原理

在大电感 L_d 的横流作用下，负载电流 i_a 近似为交流矩形波。为获得较高的功率因数和效率，晶闸管交替触发的频率与负载回路的谐振频率接近，故负载电路工作在谐振状态，对外加交流矩形波电流的基波分量呈现低阻抗，因此负载上的电压主要为基波正弦电压。

逆变器输出中频电压的有效值为

$$U_\mathrm{a} = 1.11 \frac{U_\mathrm{d}}{\cos\alpha}$$

基波电流的有效值为

$$I_\mathrm{a1} = 0.9 I_\mathrm{d}$$

逆变器输出的中频功率为

$$P_\mathrm{a} = U_\mathrm{a} I_\mathrm{a1} \cos\varphi = U_\mathrm{d} I_\mathrm{d}$$

2.4.2 交流调压电路

交流调压器是接在交流电源与负载之间的调压装置。晶闸管交流调压器，可以通过控制晶闸管的通断，方便地调节输出电压的有效值。在交流调压器中，晶闸管元件一般为反并联的两只普通晶闸管或双向晶闸管。α

（1）单相交流调压电路

如图2-46所示，R_2、C_2为阻容电路，用来给C_1增加一个充电电路，以保证在触发延迟角α较大时，双向触发二极管能被C_1上的充电电压击穿，使双向晶闸管可控导通，从而增大调压范围。

当晶闸管交流调压器接电感负载或通过变压器接电阻负载时，必须防止由于调压器正、负半周工作不对称，造成输出交流电压中出现直流分量引起的过电流，而损坏设备。

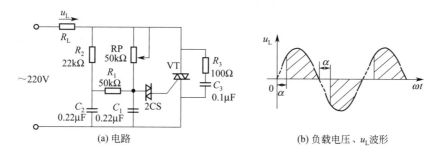

(a) 电路　　　　　　　　　(b) 负载电压、u_L波形

图2-46　单相交流调压器

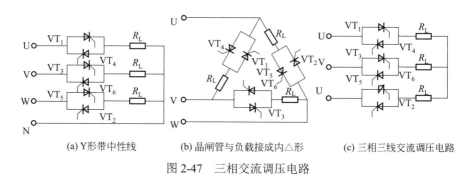

(a) Y形带中性线　　　(b) 晶闸管与负载接成内△形　　　(c) 三相三线交流调压电路

图2-47　三相交流调压电路

（2）三相交流调压

常用的接线方式如图2-47所示。如图2-47(a)所示为有中性线的Y形三相交流调压电路，由于中性线上有较大的三次谐波电流通过，对线路和电网都带来不利影响，故在应用上受到

一定的限制；如图2-47(b)所示为晶闸管与负载接成内△的三相交流调压电路，由于晶闸管串接在三角形内部，在同样的线电流情况下，晶闸管的电流定额可降低，并且只在三角形内部存在三次谐波环流，而线电流中则不存在三次谐波分量，故对电网的影响较小，因而适用于大电流场合；如图2-47(c)所示是三相交流调压电路，负载可接成Y形也可接成△形，输出电流中谐波分量较小，由于没有中性线，每相电流必须和另一相构成回路。

2.5 常用电子元件的检测

2.5.1 电位器的检测

如图2-48所示，先将万用表打到"2MΩ"挡，测量电位器1、3管脚的最大阻值（即电位器两固定端间的电阻值），看是否与标称值相符；然后将转轴向一侧旋到头，测量中心滑动端和电位器任一固定端的电阻值。应该一侧为零，另一侧位最大值。再旋转转轴，观察万用表的读数应该变化平稳。测量完毕关闭万用表（二维码2-1）。

2.5.2 电容器的检测

如图2-49所示，将万用表打到电容挡，两表笔分别连接电容器两接线端，开始时没有读数，待电容器充满电后，显示屏即显示电容值。测量完毕关闭万用表（二维码2-2）。

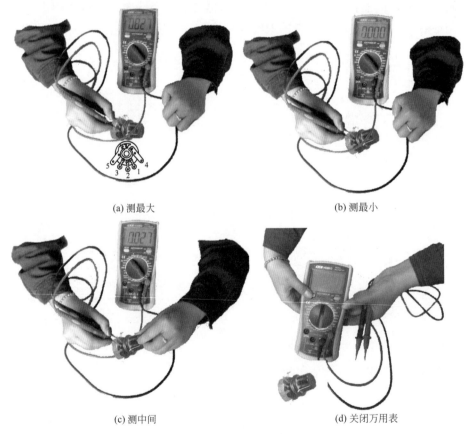

(a) 测最大　　　　　　　　　　　　　(b) 测最小

(c) 测中间　　　　　　　　　　　　　(d) 关闭万用表

图 2-48　电位器的检测

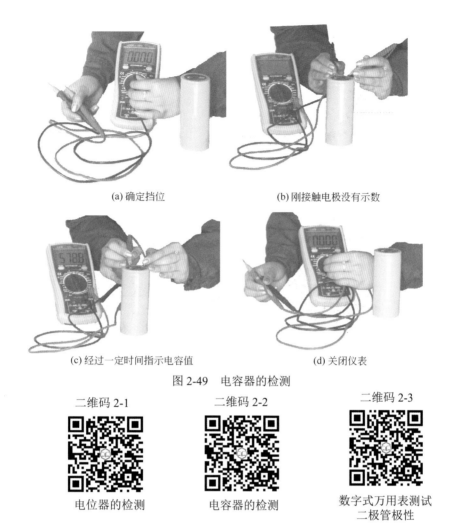

(a) 确定挡位　　　　　　　　　　(b) 刚接触电极没有示数

(c) 经过一定时间指示电容值　　　　(d) 关闭仪表

图 2-49　电容器的检测

二维码 2-1　　　　　　二维码 2-2　　　　　　二维码 2-3

电位器的检测　　　　　电容器的检测　　　　数字式万用表测试
　　　　　　　　　　　　　　　　　　　　　　二极管极性

2.5.3　二极管极性的检测

（1）用指针式万用表测量

将500型万用表选择开关旋到"R×100"或"R×1k"挡，然后用两只表笔连接二极管的两根引线，若测出的电阻为几十千欧至几百千欧，则红表笔所连接的引线为正极，黑表笔所连接的引线为负极；若测出的电阻为几十至几百欧（硅管为几千欧），则黑表笔所连接引线为正极，红表笔所连接引线为负极，如图2-50所示。使用数字万用表时情况正好相反，这是因为两类万用表内部电池正负极接法不同的缘故。

（2）数字式万用表测量

如图2-51所示。将万用表选择开关旋到二极管挡，然后用两只表笔连接二极管的两根引线，一次为零点几伏，另一次为无限大。有读数那次红表笔所连接的引线为正极，黑表笔所连接的引线为负极（二维码2-3）。

2.5.4　三极管的检测

如图2-52所示。将500型万用表选择开关旋到"R×1k"挡，然后用黑表笔连接晶体管的任意一电极，红表笔分别连接两外两个电极，若测出的电阻为几百欧时，则被测管子为

NPN型，黑表笔连接的电极是基极b，有电阻那次红表笔所连接的是c。反之红表笔与黑表笔交换，则被测管子是PNP型，红表笔接的电极是b极（二维码2-4）。

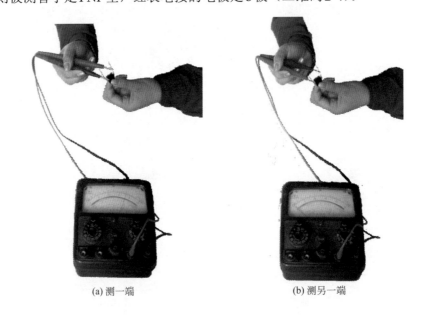

(a) 测一端　　　　　　　　　　　　　　(b) 测另一端

图 2-50　指针式万用表测试二极管极性

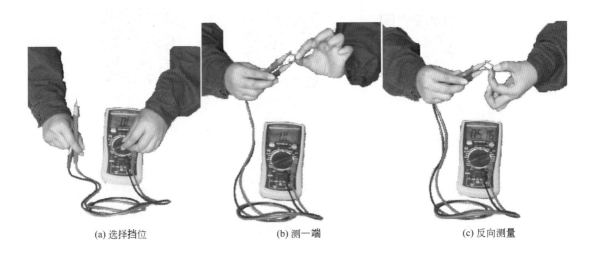

(a) 选择挡位　　　　　　　(b) 测一端　　　　　　　(c) 反向测量

图 2-51　数字式万用表测试二极管极性

2.5.5　普通晶闸管的检测

万用表置于电阻"200"挡，将晶闸管其中一端假定为控制极，与黑表笔相接。然后用红表笔分别接另外两端，若一次阻值较小（正向导通），另一次阻值较大（反向阻断），说明黑表笔接的是控制极（二维码2-5）。

在阻值较小的那次测量中，接红表笔的一端是阴极；阻值较大的那次，接红表笔的是阳极。若两次测出的阻值均很大，说明黑表笔接的不是控制极，可重新设定一端为控制极，这样就可以很快判别出晶闸管的三个电极。如图2-53所示。

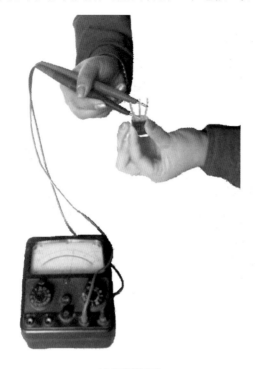
(a) 黑表笔不动

(b) 红表笔测其他两极

图 2-52　三极管的测试

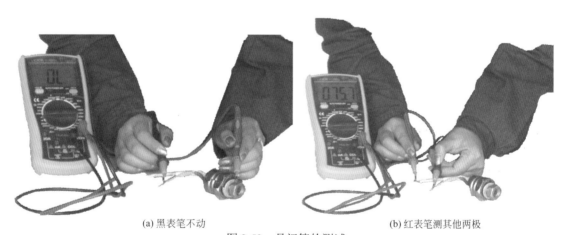

(a) 黑表笔不动　　　　　　　　　　　　　　　　(b) 红表笔测其他两极

图 2-53　晶闸管的测试

2.5.6　结型场效应管的检测

　　可用万用表的"2k"挡，如图2-54所示。将黑表笔接触管子的某一电极，用红表笔分别接触管子的另外两个电极，若两次测得的电阻值都很小（几百欧姆），则黑表笔接触的那个电极即为栅极，而且是N沟道的结型场效应管。若用红表笔接触管子的某一电极，黑表笔分别接触其他两个电极时，两次测得的阻值都较小（几百欧姆），则可判定红表笔接触的电极为栅极，而且是P沟道的结型场效应管。在测量中，如出现两次所测阻值相差悬殊，则需要改换电极重测（二维码2-6）。

二维码 2-4

三极管的测试

二维码 2-5

晶闸管的测试

二维码 2-6

结型场效应管的测试

(a) 黑表笔不动

(b) 红表笔测其他两极

图 2-54　结型场效应管的测试

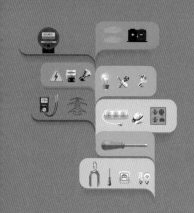

第三章
03

电工识图知识

3.1 电气符号

3.1.1 从实物元件到图形符号

现场的电路是由多个电气元件组成的，通过导线连接实现对一个电气设备的控制，图 3-1 就是实物元件绘制电动机单向启动控制电路图。

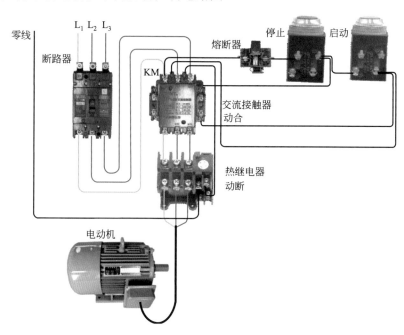

图 3-1 实物元件电动机单向启动控制电路

电路中，主电路由断路器、交流接触器、热元件、电动机组成。控制电路由熔断器、启动按钮、停止按钮组成，为了使启动按钮松开后，接触器线圈保持有电，使用了接触器的一对动合辅助触点，维持接触器线圈通路。

这样一个实物元件组成的电路，使用起来很直观易懂，但不易绘制，而且控制复杂时，图线很多、很乱，很容易出现错误。

为了解决绘图难和便于使用交流，出现了电气符号。电气符号以图形和文字的形式从不同角度为电气图提供了各种信息，它包括图形符号、文字符号、项目代号和回路标号等。图形符号提供了一类设备或元件的共同符号，为了更明确地区分不同设备和元件以及不同功能的设备和元件，还必须在图形符号旁标注相应的文字符号加以区别。图形符号和文字符号相互关联、互为补充。

3.1.2　图形符号

以图形或图像为主要特征的表达一定事物或概念的符号，称为图形符号。图形符号是构成电气图的基本单元，通常用于图样或其他文件，以表示一个设备（如变压器）或概念（如接地）的图形、标记或字符。

（1）图形符号的组成

图形符号通常由符号要素、一般符号和限定符号组成。

① 符号要素　符号要素是指一种具有确定意义的简单图形，通常表示电气元件的轮廓或外壳。符号要素不能单独使用，必须同其他图形符号组合，以构成表示一个设备或概念的完整符号。例如图3-2（a）的外壳，分别与图3-2（b）交流符号、图3-2（c）直流符号、图3-2（d）单向能量流动符号组合，就构成了图3-2（e）的整流器符号。

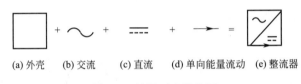

(a) 外壳　(b) 交流　(c) 直流　(d) 单向能量流动　(e) 整流器

图 3-2　符号要素的使用

② 一般符号　一般符号是用以表示一类产品或此类产品特征的一种简单符号。一般符号可直接应用，也可加上限定符号使用。如图3-3(e)所示的微型断路器的图形符号，由图3-3(a)开关一般符号与图3-3(b)断路器功能符号、图3-3(c)的热效应符号要素、图3-3(d)的电磁效应符号要素组合而成。

(a) 开关一般符号　(b) 断路器功能　(c) 热效应　(d) 电磁效应　(e) 微型断路器

图 3-3　一般符号与限定符号的组合

③ 限定符号　限定符号是指附加于一般符号或其他图形符号之上，以提供某种信息或附加信息的图形符号。限定符号一般不能单独使用，但一般符号有时也可用作限定符号，例如图3-4(a)是表示自动增益控制放大器的图形符号，它由表示功能单元的符号要素图3-4(b)与表示放大器的一般符号图3-4(c)、表示自动控制的限定符号图3-4(d)（作为限定符号）构成。

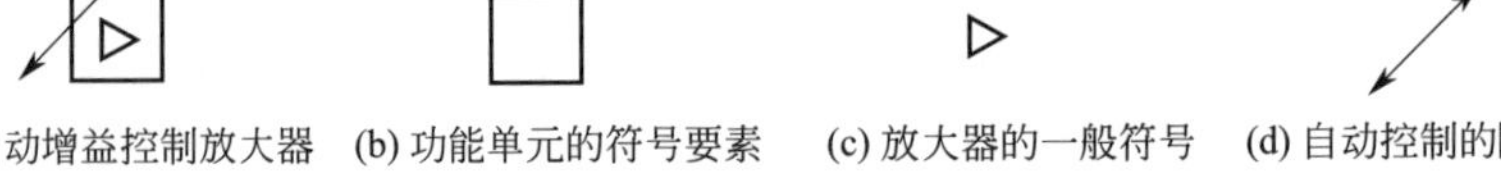

(a) 自动增益控制放大器　(b) 功能单元的符号要素　(c) 放大器的一般符号　(d) 自动控制的限定符号

图 3-4　符号要素、一般符号与限定符号的组合

限定符号的应用，使图形符号更具有多样性。例如，在二极管一般符号的基础上，分别加上不同的限定符号，则可得到发光二极管、热敏二极管、变容二极管等。

(a) 整流器　(b) 放大器

图 3-5　方框符号

电气图形符号还有一种方框符号，其外形轮廓一般应为正方形，用以表示设备、元件间的组合及功能。这种符号既不给出设备或元件的细节，也不反映它们之间的任何关系，只是一种简单的图形符号，通常只用于系统图或框图，如图3-5所示。

图形符号的组合方式有很多种，最基本和最常用的有以下三种：一般符号＋限定符号、符号要素＋一般符号、符号要素＋一般符号＋限定符号。

（2）图形符号的使用

① 元件的状态　在电气图中，元器件和设备的可动部分通常应表示在非激励或不工作的状态或位置，例如：继电器和接触器在非激励的状态，图中的触头状态是非受电下的状态；断路器、负荷开关和隔离开关在断开位置；带零位的手动控制开关在零位置，不带零位的手动控制开关在图中规定位置；机械操作开关（如行程开关）在非工作的状态或位置（即搁置）时的情况，及机械操作开关在工作位置的对应关系，一般表示在触点符号的附近或另附说明；温度继电器、压力继电器都处于常温和常压（一个大气压）状态；事故、备用、报警等开关或继电器的触点应该表示在设备正常使用的位置，如有特定位置，应在图中另加说明；多重开闭器件的各组成部分必须表示在相互一致的位置上，而不管电路的工作状态。

② 符号取向　标准中示出的符号取向，在不改变符号含义的前提下，可根据图面布置的需要旋转或成镜像放置，例如在图3-6中，取向形式A按逆时针方向依次旋转90°，即可得到B、C、D，取向形式E由取向A的垂轴镜像得到，取向E再按逆时针依次旋转90°，即可得到F、G、H，当图形符号方向改变时，应适当调整文字的阅读方向和文字所在位置。

有方位规定的图形符号为数很少，但在电气图中占重要位置的各类开关和触点，当其符号呈水平形式布置时，应下开上闭；当符号呈垂直形式布置时、应左开右闭。

③ 图形符号的引线　图形符号所带的引线不是图形符号的组成部分，在大多数情况下，引线可取不同的方向。如图3-7所示的变压器、扬声器和倍频器中的引线改变方向，都是允许的。

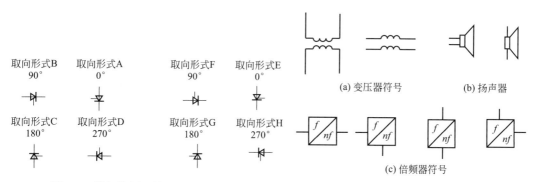

图 3-6　晶闸管图形符号可能的取向形式　　图 3-7　符号引线方向改变示例

④ 使用国家标准未规定的符号　国家标准未规定的图形符号，可根据实际需要，按突出特征、结构简单、便于识别的原则进行设计，但需要报国家标准局备案。当采用其他来源的符号或代号时，必须在图解和文件上说明其含义。

常见电气简图用图形符号见表3-1～表3-8。

表3-1 符号要素和限定符号

新图形符号	名称或含义	旧图形 符号	新图形符号	名称或含义	旧图形符号
□	物件 设备、器件、功能单元、元件、功能（形式1）		⊀	半导体效应	
▭	物件 设备、器件、功能单元、元件、功能（形式2）		⚡	非电离的电磁辐射光	
○	物件 设备、器件、功能单元、元件、功能（形式3）		⇒	延时动作（形式1）	
○	外壳（形式1）		⇥	延时动作（形式2）	
▢	外壳（形式2）		◁	自动复位	
——	边界线		▽	机械连锁	
屏蔽	屏蔽		⊥	离合器、机械联轴器	
↗	可调节性（一般符号）		⌒	制动器	
↗	可调节性（非线性）		⊢- - -	手动操作件（一般符号）	⊢- - -
╱	可变性（一般符号）		⌐- - -	受限制的手动操作件	
╱	可变性（非线性）		⊐- - -	拉拔操作件	
╱	预调		⊨- - -	旋转操作件	
⌐	步进动作		⊧- - -	按动操作件	
╱	连续可变性		◈- -	接近效应操作件	
↗	自动控制		⊣- - -	应急操作件（蘑菇头安全按钮）	
>	动作（大于整定值时）		⊕- - -	手轮操作件	
<	动作（小于整定值时）		⌐- - -	脚踏操作件	
≷	动作（大于高整定值或小于低整定值时）		⌐- - -	杠杆操作件	
=0	动作（等于零时）		◇- -	可拆卸手柄的操作件	
≈0	动作（近似等于零时）		⌐- - -	钥匙操作件	
⌐	热效应		⌐- - -	曲柄操作件	
∫	电磁效应		o- - -	滚轮操作件	○- - -

新图形符号	名称或含义	旧图形符号	新图形符号	名称或含义	旧图形符号
	凸轮操作件		■	自动释放功能	
	仿形凸轮件		∇	限位开关功能 位置开关功能	
	仿形样板操作件			开关的正向动作	
	仿形凸轮和滚轮子操作件			自由脱扣机构	
	储存机械能操作件		%H₂O - - -	相对湿度控制	
	单向作用的气动或液压驱动操作件 注:储存能的方式可以填入方框内			故障 指明假定故障的位置	
	半导体操作件			闪络、击穿	
	液位控制件			动滑点、滑动触点	
	计数器控制件			变换器(一般符号)	
	流体控制件		====	直流电	
	气流控制件		∼	交流电	
◁	接触器功能		3∼	三相交流电	
×	断路器功能		3N ∼	带中性点的三相交流电	
—	隔离开关功能		≈	交直流两用	
σ	负荷开关功能				

表3-2 导线和连接件

新图形符号	名称或含义	旧图形符号	新图形符号	名称或含义	旧图形符号
———	导线、导线组、电线、电缆、电路、传输线路(如微波技术)、线路、母线(总线)一般符号	导线或电缆	⚌ 110V 2×120mm² Al	直流电路(110V,两根截面积为120mm²铝导线)	
⫻	导线组示出导线数3根(形式1)	母线	3N ∼ 50Hz 380V 3×120mm²+1×50mm²	三相交流电路,50Hz,380V,三根导线截面积均为120mm²,中性线截面积为50mm²	
⟋³	导线组示出导线数3根(形式2)	三根导线	∿	柔软导线	

新图形符号	名称或含义	旧图形符号	新图形符号	名称或含义	旧图形符号
	屏蔽导线			导线双T连接	
	绞合导线（示出2根）			相序变更	
	电缆中的导线（示出3根）			插座	
	连接点或连接			插头	
	端子板（示出带线端标记的端子板）			插头和插座	
	T形连接（也可如旧符号）			多极插头插座（示出带6个极）	

表3-3 基本无源元件

新图形符号	名称或含义	旧图形符号	新图形符号	名称或含义	旧图形符号
	电阻器（一般符号）			极性电容器	
	可调电阻器			可变电容器	
	光敏电阻			预调电容器	
	压敏电阻器 注：U可以用V代替			线圈、绕组、电感器、扼流圈（一般符号）	
	热敏电阻 注：θ可用$t°$代替			带磁芯的电感器	
	带滑动触点的电阻器			磁芯有间隙的电感器	
	带滑动触点和断开位置的电阻器			带磁芯连续可调的电感器	
	两个固定抽头的电阻器 注：可增减抽头数目			有固定抽头的电感器（示出2个）	
	碳堆电阻器			半导体二极管（一般符号）	
	电容器（一般符号）			发光二极管一般符号	

新图形符号	名称或含义	旧图形符号	新图形符号	名称或含义	旧图形符号
	光电二极管			PNP型半导体管	
	热敏二极管 注：θ可用t°代替			光电三极管	
	变容二极管			集电极接管壳的NPN型半导体管	
	隧道二极管 江崎二极管			NPN型雪崩晶体管	
	单向击穿二极管 电压调整二极管			具有P型基极单结型晶体管	
	三极晶体闸流管 当不需指定门极的类型时，本符号用于表示反向阻断三极晶体闸流管			N型沟道结型场效应半导体管	
	反向阻断三极晶体闸流管（P极受控）			增强型、单栅、P沟道和衬底无引出线的绝缘栅场效应半导体管	
	可关断三极晶体闸流管（P极受控）			有四个欧姆接触的霍尔发生器	
	双向三极晶体闸流管			磁敏电阻器（示出线性型）	

表3-4 电能的发生和转换

新图形符号	名称或含义	旧图形符号	新图形符号	名称或含义	旧图形符号
	双绕组变压器（一般符号）			具有4个抽头（不包括主抽头）的三相变压器Y-△连接（形式1）	
	双绕组变压器（一般符号，形式1）			具有4个抽头（不包括主抽头）的三相变压器Y-△连接	
	双绕组变压器（一般符号示出极性，形式2）			单相变压器组成的三相变压器Y-△连接	
	三绕组变压器（形式1）			电机（一般符号）	
	三绕组变压器（形式2）			直线电动机（一般符号）	
	自耦变压器（形式1）			步进电动机（一般符号）	
	自耦变压器（形式2）			直流串励电动机	
	电抗器、扼流圈（一般符号，形式1）			直流并励电动机	

续表

新图形符号	名称或含义	旧图形符号	新图形符号	名称或含义	旧图形符号
	电抗器、扼流圈（一般符号，形式2）			串励电动机 注：图示单相，若数字为3时即为三相	
	电流互感器（一般符号，形式1）			单相同步发电机	
	电流互感器（一般符号，形式2）			每相绕组两端都引出的三相同步发电机	
	绕组间有屏蔽的双绕组变压器（形式1）			有分相引出端头的单相笼型感应电动机	
	绕组间有屏蔽的双绕组变压器（形式2）			三相笼型感应电动机	
	一个绕组上有中心点抽头的变压器（形式1）			三相绕线型感应电动机	
	一个绕组上有中心点抽头的变压器（形式2）			原电池或蓄电池	
	耦合可变变压器（形式1）			直流变流器	
	耦合可变变压器（形式2）			整流器	
	三相变压器星形—角形联结（形式1）			桥式全波整流器	
	三相变压器星形—角形联结（形式2）			逆变器	

表3-5 开关、控制和保护器件

新图形符号	名称或含义	旧图形符号	新图形符号	名称或含义	旧图形符号
	动合（常开）触点（也可以用开关一般符号）			先合后断的双向触头（形式2）	
	动断（常闭）触头			双动合触头	
	先断后合的转换触头			当操作器件被释放时延时断开的动合触头	
	中间断开的转换触头			当操作器件被释放时延时断开的动断触头	
	先合后断的双向触头（形式1）			当操作器件被吸合时延时闭合的动合触头	

新图形符号	名称或含义	旧图形符号	新图形符号	名称或含义	旧图形符号
	当操作器件被吸合时延时闭合的动断触头			单极多位开关（示出六位）	
	吸合时延时闭合和释放时断开的动合触头			多位开关，最多4位	
	由一个不延时的动合触头，一个吸合时延时断开的动断触头和一个释放时延时闭合的动合触点组成的触头组			有位置图示的多位开关	
	手动开关的一般符号			多极开关单线表示（一般符号）	
	按钮			接触器，接触器的主动合触点	
	拉拔开关（不闭锁）			具有自动释放功能的接触器	
	旋钮开关、旋转开关（闭锁）			接触器，接触器的主动断触点	
	正向操作且自动复位的手动操作按钮			断路器	
	位置开关、动合触点 限制开关、动合触点			隔离开关	
	对两个独立电路作双向接线操作的位置或限制开关			具有中间断开位置的双向隔离开关	
	热敏开关、动合触点 注：θ可用动作温度 $t°$ 代替			负荷开关（负荷隔离开关）	
	热继电器、动断触点			具有自动释放的负荷开关	
	热继电器的驱动元件			手动操作带有闭锁装置的隔离开关、隔离器	
	三相电路中三极热继电器的驱动器件			操作器件一般符号	
	三相电路中两极热继电器的驱动元件			具有两个绕组的操作器件组合表示法	
	热敏开关，动断触点 注：注意和热继电器的触点区别			缓慢释放（缓放）继电器的线圈	
	具有热元件的气体放电管荧光灯启动器			缓慢吸合（缓吸）继电器的线圈	

续表

新图形符号	名称或含义	旧图形符号	新图形符号	名称或含义	旧图形符号
	缓吸或缓放继电器的线圈			磁铁接近时动作的接近开关，动合触点	
	交流继电器的线圈			磁铁接近时动作的接近开关，动断触点	
	极化继电器的线圈			熔断器（一般符号）	
	快速继电器线圈			熔断器开关	
	对交流不敏感继电器线圈			熔断器式隔离开关	
	接近开关动合触点			熔断器式负荷开关	
	接触敏感开关动合触点			避雷器	

表3-6　灯和信号器件装置

新图形符号	名称或含义	旧图形符号	新图形符号	名称或含义	旧图形符号
	灯的一般符号 信号灯的一般符号			笛报警器	
	闪光型信号灯			机电型指示器、信号元件	
	音响信号装置（一般符号）			由内置变压器供电的信号灯	
	蜂鸣器			扬声器（一般符号）	

表3-7　测量仪表

新图形符号	名称或含义	旧图形符号	新图形符号	名称或含义	旧图形符号
V	电压表		Hz	频率表	
$A/\sin\varphi$	无功电流表			检流计	
W/P_{max}	最大需量指示器（由一台积算仪表操纵的）		n	转速表	
var	无功功率表		θ	温度计、高温计	
$\cos\varphi$	功率因数表		W	记录式功率表	
φ	相位表		Wh	电度表	

表3-8　接地装置

新图形符号	名称或含义	旧图形符号	新图形符号	名称或含义	旧图形符号
	接地（一般符号）			接机壳或接机架	
	保护接地			等电位	
	功能性接地				

3.1.3　文字符号

文字符号是表示电气设备、装置、电气元件的名称、状态和特征的字符代码。

（1）文字符号的用途

① 为参照代号提供电气设备、装置和电气元件种类字符代码和功能代码。

② 作为限定符号与一般图形符号组合使用，以派生新的图形符号。

③ 在技术文件或电气设备中表示电气设备及电路的功能、状态和特征。

（2）文字符号的构成

文字符号分为基本文字符号和辅助文字符号两大类。文字符号可以用单一的字母代码或数字代码来表达，也可以用字母与数字组合的方式来表达。

① 基本文字符号　基本文字符号主要表示电气设备、装置和电气元件的种类名称，分为单字母符号和双字母符号。

单字母符号用拉丁字母将各种电气设备、装置、电气元件划分为23个大类，每大类用一个大写字母表示。如"R"表示电阻器，"S"表示开关。

双字母符号由一个表示大类的单字母符号与另一个字母组成，组合形式以单字母符号在前，另一字母在后的次序标出。例如，"K"表示继电器，"KA"表示中间继电器，"KI"表示电流继电器等。

② 辅助文字符号　电气设备、装置和电气元件的种类名称用基本文字符号表示，而它们的功能、状态和特征用辅助文字符号表示，通常由表示功能、状态和特征的英文单词的前一、二位字母构成，也可采用缩略语或约定俗成的习惯用法构成，一般不能超过三位字母。例如，表示"顺时针"，采用"CLOCK　WISE"英文单词的两位首字母"CW"作为辅助文字符号；而表示"逆时针"的辅助文字符号，采用"COUNTER CLOCKWISE"英文单词的三位首字母"CCW"作为辅助文字符号。

某些辅助文字符号本身具有独立的、确切的意义，也可以单独使用。例如，"MAN"表示交流电源的中性线，"DC"表示直流电，"AC"表示交流电，"AUT"表示自动，"ON"表示开启，"OFF"表示关闭等。

③ 数字代码　数字代码的使用方法主要有以下两种。

a.数字代码单独使用时，表示各种电气元件、装置的种类或功能，需按序编号，还要在技术说明中对代码意义加以说明。例如，电气设备中有继电器、电阻器、电容器等，可用数字来代表电气元件的种类，如"1"代表继电器，"2"代表电阻器，"3"代表电容器。再如，开关有"开"和"关"两种功能，可以用"1"表示"开"，用"2"表示"关"。

电路图中电气图形符号的连线处经常有数字，这些数字称为线号。线号是区别电路接线的重要标志。

b.数字代码与字母符号组合起来使用，可说明同一类电气设备、装置电气元件的不同编号。数字代码可放在电气设备、装置或电气元件的前面或后面，若放在前面应与文字符号大小相同，放在后面应作为下标。例如，三个相同的继电器一般高压时表示为"1KF""2KF""3KF"、低压时表示为"KF_1""KF_2""KF_3"。

（3）文字符号的使用

① 一般情况下，绘制电气图及编制电气技术文件时，应优先选用基本文字符号、辅助文字符号以及它们的组合。而在基本文字符号中，应优先选用单字母符号。只有当单字母符号不能满足要求时方可采用双字母符号。基本文字符号不能超过两位字母，辅助文字符号不能超过三位字母。

② 辅助文字符号可单独使用，也可将首位字母放在表示项目种类的单字母符号后面组成双字母符号。

③ 当基本文字符号和辅助文字符号不够用时，可按有关电气名词术语国家标准或专业标准中规定的英文术语缩写进行补充。

④ 由于字母"I""O"易与数字"1""0"混淆，因此不允许用这两个字母作文字符号。

⑤ 文字符号不适于电气产品型号编制与命名。

⑥ 文字符号一般标注在电气设备、装置和电气元件的图形符号上或其近旁。

电气简图用文字符号见表3-9。

表3-9　常用文字符号

序号	名称	新符号		旧符号
		单字母	多字母	
1	发电机	G		F
2	直流发电机	G	GD（C）	ZLF，ZF
3	交流发电机	G	GA（C）	JLF，JF
4	异步发电机	G	GA	YF
5	同步发电机	G	GS:	TF
6	测速发电机		TG	CSF，CF
7	电动机	M		D
8	交流电动机	M	MA（C）	JLD，JD
9	异步电动机	M	MA	YD
10	同步电动机	M	MS	TD
11	笼型异步电动机	M	MC	LD
12	绕线异步电动机	M	MW（R）	
13	绕组（线圈）	W		Q
14	电枢绕组	W	WA	SQ

序号	名称	新符号		旧符号
		单字母	多字母	
15	定子绕组	W	WS	DQ
	变压器	T		B
16	控制变压器	T	TS（T）	KB
17	照明变压器	T	TI（N）	ZB
18	互感器	T		H
19	电压互感器	T	YV（或PT）	YH
20	电流互感器		TA（或CT）	LH
21	开关	Q、S		K
22	刀开关	Q	QK	DK
23	转换开关	S	SC（O）	HK
24	负荷开关	Q	QS（F）	
25	熔断器式刀开关	Q	QF（S）	DK，RD
26	断路器	Q	QF	ZK，DL，GD
27	隔离开关	Q		GK
28	控制开关	S	QS	KK
29	限位开关	S	SA	ZDK，ZK
30	行程开关	S	SQ	JK
31	按钮	S	ST	AN
32	启动按钮	S	SB	QA
33	停止按钮	S	SB（T）	TA
34	控制按钮	S	SB（P）	KA
35	操作按钮	S Q	S	C
36	控制器 主令控制器	Q	QM KM	LK C
37	接触器		KM	C

序号	名称	新符号		旧符号
		单字母	多字母	
38	交流接触器	K	KM（A）	JLC，JC
39	直流接触器	K	KM（D）	ZLC，ZC
40	启动接触器	K	KM（S）	QC
41	制动接触器	K	KM（B）	ZDC，ZC
42	联锁接触器	K	KM（I）	LSC，LC
43	启动器	K		Q
44	电磁启动器	K	KME	CQ
45	继电器	K	KV	J
46	电压继电器	K	B（C）	YJ
47	电流继电器	K	KA（KI）	A
48	过电流继电器	K	KOC	LJ
49	时间继电器	K	KT	GLJ,GJ
50	温度继电器	K	KT（E）	WJ
51	热继电器	K	KR（FR）	RJ
52	速度继电器	K（F）	KS（P）	SDJ，SJ
53	联锁继电器	K	KI（N）	LSJ，LJ
54	中间继电器	K	KA	ZJ
55	熔断器	F	FU	RD
56	二极管	V	VD	D，Z，ZP BG，Tr
57	三极管，晶体管	V	VT	SCR，KP
58	晶闸管	V	VT（H）	WY（G），DW
59	稳压管	V	VS	
60	发光二极管	V	VL（E）	ZL
61	整流器	U	UR	R

序号	名称	新符号		旧符号
		单字母	多字母	
62	电阻器	R	RH	
63	变阻器	R		W
64	电位器	R	RP	BP，PR
65	频敏变阻器	R	RF	
66	热敏变阻器	R	RT	
67	电容器	C		C
68	电流表	A		A
69	电压表	V		V
70	电磁铁	Y	YA	DT
71	起重电磁铁	Y	YA（L）	QT
72	制动电磁铁	Y	YA（B）	ZT
73	电磁离合器	Y	YC	CLB
74	电磁吸盘	Y	YH	
75	电磁制动器	Y	YB	
76	插头	X	XP	CT
77	插座	X	XS	CZ
78	信号灯，指示灯	H	HL	ZSD，XD
79	照明灯	E	EL	ZD
80	电铃	H	HA	DL
81	电喇叭	H	HA	FM，LB，JD
82	蜂鸣器	X	XT	JX，JZ
83	红色信号灯	H	HLR	HD
84	绿色信号灯	H	HLG	LD
85	黄色信号灯	H	HLY	UD
86	白色信号灯	H	HLW	BD
87	蓝色信号灯	H	HLB	AD

3.1.4 项目代号

项目代号是用以识别图、表图、表格中和设备上的项目种类，并提供项目的层次关系、种类、实际位置等信息的一种特定的代码。通常是用一个图形符号表示的基本件、部件、组件、功能单元、设备、系统等。项目有大有小，可能相差很多，大至电力系统、成套配电装置，以及发电机、变压器等，小至电阻器、端子、连接片等，都可以称为项目。

由于项目代号是以一个系统、成套装置或设备的依次分解为基础来编定的，建立了图形符号与实物间一一对应的关系，因此可以用来识别、查找备种图形符号所表示的电气元件、装置和设备以及它们的隶属关系、安装位置。

（1）项目代号的组成

项目代号由高层代号、位置代号、种类代号、端子代号根据不同场合的需要组合而成，它们分别用不同的前缀符号来识别。前缀符号后面跟字符代码，字符代码可由字母、数字或字母加数字构成。

① 高层代号（=） 高层代号是系统或设备中任何较高层次（对给予代号的项目而言）的项目代号。如电力系统、电力变压器、电动机等。高层代号的命名是相对的。例如，电力系统对其所属的变电所，电力系统的代号就是高层代号，但对该变电所中的某一开关而言，则该变电所代号就为高层代号。

高层代号的字符代码由字母和数字组合而成，有多个高层代号时可以进行复合，但应注意将较高层次的高层代号标注在前面。例如"=P1=T1"表示有两个高层次的代号P1、T1，T1属于P1。这种情况也可复合表示为"=P1T1"。

② 位置代号（+） 位置代号是项目在组件、设备、系统或者建筑物中实际位置的代号。通常由自行规定的拉丁字母及数字组成，在使用位置代号时，应画出表示该项目位置的示意图。例如在101室A排开关柜的第6号开关柜上，可以表示为"+101+A+6"，简化表示为"+101A6"。

③ 种类代号（-） 种类代号是用于识别所指项目属于什么种类的一种代号，是项目代号中的核心部分。种类代号通常有三种不同的表达形式。

a.字母＋数字。如"-K5"表示第5号继电器、"-M2"表示第2台电动机。种类代号字母采用文字符号中的基本文字符号，一般是单字母，不能超过双字母。

b.数字序号。例如"-3"代表3号项目，在技术说明中必须说明"3"代表的种类。这种表达形式不分项目的类别，所有项目按顺序统一编号，方法简单，但不易识别项目的种类，因此须将数字序号和它代表的项目种类列成表，置于图中或图后，以利识读。

c.分组编号。数码代号第1位数字的意义可自行确定，后面的数字序号可以为两位数。例如："-1"表示电动机，-101、-102、-103…表示第1、2、3…台电动机。

在种类代号段中，除项目种类字目外，还可附加功能字母代码，以进一步说明该项目的特征或作用。功能字母代码没有明确规定，由使用者自定，并在图中说明其含义。功能字母代码只能以后缀形式出现。其具体形式为：前缀符号、种类的字母代码、同一项目种类的字母代码、同一项目种类的序号、项目的功能字母代码。

④ 端子代号（:） 端子代号是指项目（如成套柜、屏）内、外电路进行电气连接的接线端子的代号。电气图中端子代号的字母必须大写。

例如":1"表示1号端子、":A"表示A号端子。端子代号也可以是数字与字母的组合，例如P101。

电器接线端子与特定导线（包括绝缘导线）相连接时，规定有专门的标记方法。电气接线端子的标记见表3-10，特定导线的标记见表3-11。

表3-10　特定接线端子的标记

电器接线端子名称		标记符号	电器接线端子名称	标记符号
	1相	U	接地	E
交流系统：2相	2相	V	无噪声接地	TE
	3相	W	机壳或机架	MM
	中性线	N	等电位	CC
保护接线		PE		

表3-11　特定导线的标记

导线名称		标记符号	导线名称	标记符号
	1相	L_1	保护接线	PE
交流系统：2相	2相	L_2	不接地的保护导线	PU
	3相	L_3	保护接地线和中性线共用一线	PEN
	中性线	N	接地线	E
	正	B	无噪声接地线	TE
直流系统的电源：负	负	L	机壳或机架	MM
	中间线	M	等电位	CC

（2）项目代号的应用

一张图上的某一项目不一定都有四个代号段。如有的不需要知道设备的实际安装位置时，可以省掉位置代号；当图中所有高层项目相同时，可省掉高层代号而只需要另外加以说明。通常，种类代号可以单独表示一个项目，而其余大多应与种类代号组合起来，才能较完整地表示一个项目。

项目代号一般标注围框或图形符号的附近，用于原理图的集中表示法和半集中表示法时，项目代号只在图形符号旁标注一次，并用机械连接线连接起来。用于分开表示法时，项目代号应在项目每一部分旁都要标注出来。

在不致引起误解的前提下，代号段的前缀符号可以省略。

3.1.5　回路标号（也称回路线号）

为便于接线和查线，电路图中用来表示设备回路种类、特征的文字和数字标号统称回路标号。

回路标号的一般原则：

①回路标号按照"等电位"原则进行标注。等电位的原则是指电路中连接在一点上的所有导线具有同一电位而标注相同的回路称号。

②由电气设备的线圈、绕组、电阻、电容、各类开关、触点等电气元件分隔开的线段，应视为不同的线段，标注不同的回路标号。

③在一般情况下，回路标号由三位或三位以下的数字组成。以个位代表相别，如三相交流电路的相别分别为1、2、3；以个位奇偶数区别回路的极性，如直流回路的正极侧用奇数，

负极侧用偶数，以标号中的十位数字的顺序区分电路中的不同线段；以标号中的百位数字来区分不同供电电源的电路。如直流电路中B电源的正、负极电路标号用"101"和"102"表示，L电源的正、负极电路标号用"201"和"202"表示。电路中共用同一个电源，则百位数字可以省略。当要表明电路中的相别或某些主要特征时，可在数字标号的前面或后面增注文字符号，文字符号用大写字母，并与数字标号并列。在机床电气控制电路图中回路标号实际上是导线的线号。

3.2 电气图制图规则和方法

3.2.1 电气图制图规则

（1）电气图的布局

1）电路或电气元件的布局方法及应用

① 电路或电气元件布局的原则

a.电路垂直布局时，相同或类似项目应横向对齐，水平布局时，应纵向对齐，如图3-8、图3-9所示。

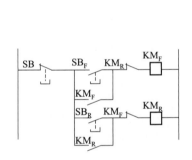

图 3-8　图线的水平布置

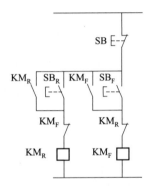

图 3-9　图线的垂直布置

b.功能相关的 项目应靠近绘制，以清晰表达其相互关系并利于识图。

c.同等重要的并联通路应按主电路对称布局。

② 功能布局法　电路或电气元件符号的布置，只考虑便于看出它们所表现的电路或电气元件功能关系，而不考虑实际位置的布局方法，称为功能布局法。功能布局法将要表示的对象划分为若干个功能组，安装因果关系从左到右或从上到下布置，并尽可能按工作顺序排列，以利于看清其中的功能关系。功能布局法广泛应用于方框图、电路图、功能表图、逻辑图中。

③ 位置布局法　电路或电气元件符号的布置与该电气元件实际位置基本一致的布局方法，称为位置布局法。这种布局法可以清晰看出电路或电气元件的相对位置和导线的走向，广泛应用于接线图、平面图、电缆配置图等。

2）图线的布置

一般而言，电源主电路、一次电路、主信号通路等采用粗线，控制回路、二次回路等采用细线表示，而母线通常比粗实线还宽2～3倍。

① 水平布置　将表示设备和元件的图形符号按横向布置，连接线成水平方向，各类似

项目纵向对齐。如图3-8所示，图中各电气元件按行排列，从而使各连接线基本上都是水平线。

② 垂直布置　将表示设备和元件的图形符号按纵向布置，连接线成垂直方向，各类似项目横向对齐。如图3-9所示。

③ 交叉布置　为了把相应的元件连接成对称的布局，也可采用斜向交叉线表示，如图3-10所示。

3）图幅分区

为了确定图上内容的位置及其他用途，应对一些幅面较大、内容复杂的电气图进行分区。图幅分区的方法是将图纸相互垂直的两边各自加以等分，分区数为偶数，每一分区的长度为25～75mm。分区线用细实线，每个分区内竖边方向用大写英文字母编号，横边方向用阿拉伯数字编号，编号顺序应以标题栏相对的左上角开始。

图幅分区后，相当于建立了一个坐标，分区代号用该区域的字母和数字表示，字母在前数字在后，图3-11中，将图幅分成4行（A～D）和8列（1～8）。图幅内所绘制的元件KM、SB、R在图上的位置被唯一地确定下来了，其位置代号列于表3-12中。

表3-12　图上元件的位置代号

序号	元件名称	符号	行号	列号	区号
1	开关（按钮）	SB	B	2	B2
2	开关（按钮）	SB_F	B	4	B4
3	继电器触点	KM_R	B	6	B6
4	继电器线圈	KM_F	B	7	B7
5	继电器触点	KM_F	C	4	C4

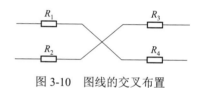

图3-10　图线的交叉布置

（2）图线及其他

① 指引线的用法　指引线用于指示注释的对象，其末端指向被注释处，并在某末端加注以下标记（如图3-12所示）：若指在轮廓线内，用一黑点表示，见图3-12（a）；若指在轮廓线上，用一箭头表示，见图3-12（b）；若指在电气线路上，用一短线表示，见图3-12（c），图中指明导线分别为$3×10mm^2$和$2×2.5mm^2$。

② 图线的连续表示法及其标志　连接线可用多线或单线表示，为了避免线条太多，以保持图面的清晰，对于多条去向相同的连接线，常采用单线表示法，如图3-13所示。

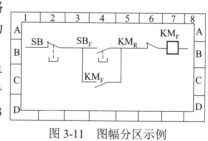

图3-11　图幅分区示例

当导线汇入用单线表示的一组平行连接线时，在汇入处应折向导线走向，而且每根导线两端应采用相同的标记号，如图3-14所示。

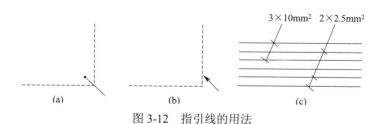

图3-12　指引线的用法

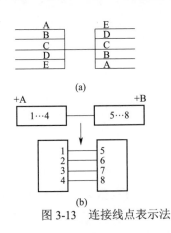

图 3-13　连接线点表示法

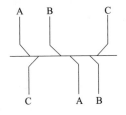

图 3-14　汇入导线表示法

连续表示法中导线的两端应采用相同的标记号。

③　图线的中断表示法及其标志　为了简化线路图或使多张图采用相同的连接表示，连接线一般采用中断表示法。

在同张图中断处的两端给出相同的标记号，并给出导线连接线去向的箭号，如图 3-15 中的 G 标记号。对于不同张的图，应在中断处采用相对标记法，即中断处标记名相同，并标注"图序号／图区位置"，见图 3-15。图中断点 L 标记名，在第 20 号图纸上标有"L3／C4"，它表示 L 中断处与第 3 号图纸的 C 行 4 列处的 L 断点连接；而在第 3 号图纸上标有"L20／A4"，它表示 L 中断处与第 20 号图纸的 A 行 4 列处的 L 断点相连。

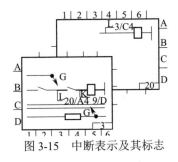

图 3-15　中断表示及其标志

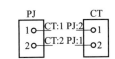

图 3-16　中断表示法的相对标注

对于接线图，中断表示法的标注采用相对标注法，即在本元件的出线端标注去连接的对方元件的端子号。如图 3-16 所示。

3.2.2　电气图基本表示方法

（1）电路表示方法

电路的表示方法通常有多线表示法、单线表示法和混合表示法三种。

电气设备的每根连接线或导线各用一条图线表示的方法，称为多线表法。多线表示法一般用于表示各相或各线内容的不对称和要详细表示各相或各线的具体连接方法的场合。

如图 3-17 所示就是一个 Y-△ 转换电动机主电路，这个电路能比较清楚地看出电路工作原理，但图线太多，对于比较复杂的设备，交叉就多，反而会阻碍看懂图。

电气设备的两根或两根以上的连接线或导线，只用一根线表示的方法，称为单线表示法。单线表示法主要适用于三相电路或各线基本对称的电路图中。图 3-18 就是图 3-17 的单线表示法。采用这种方法对于不对称的部分应在图中注释，例如图 3-18 中热继电器是两相的，图中标注了"2"。

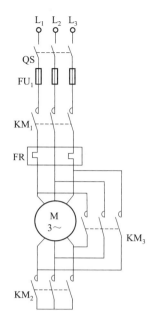

图 3-17　多线表示法例图

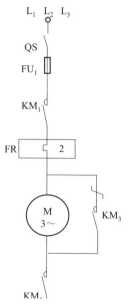

图 3-18　单线表示法例图

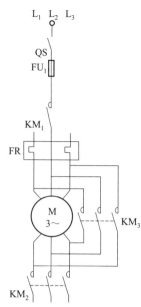

图 3-19　混合表示法例图

在一个图中，一部分采用单线表示法，一部分采用多线表示法，称为混合表示法。图 3-19 是图 3-17 的混合表示。为了表示三相绕组的连接情况，该图用了多线表示法；为了说明两相热继电器，也用了多线表示法；其余的断路器 QF、熔断器 FU、接触器 KM_1 都是三相对称，采用单线表示。这种表示法具有单线表示法简洁精练的优点，又有多线表示法描述精确、充分的优点。

（2）电气元件表示方法

一个元件在电气图中完整图形符号的表示方法有：集中表示法、分开表示法和半集中表示法。

把电气元件、设备或成套装置中的一个项目各组成部分的图形符号，在简图上绘制在一起的方法，称为集中表示法。在集中表示法中，各组成部分用机械连接线（虚线）互相连接起来，连接线必须是一条直线，如图 3-20 所示，这种表示法直观、整体性好，适用于简单的电路图。

把一个项目中某些部分的图形符号在简图中按作用、功能分开布置，并用机械连接符号把它们连接起来，称为半集中表示法。例如，如图 3-21 所示，在半集中表示法中，机械连接线可以弯折、分支和交叉。

把一个项目中某些部分的图形符号在简图中分开布置，并使用项目代号（文字符号）表示它们之间关系的方法，称为分开表示法，也称为展开法。如图 3-22 所示。由于分开表示法中省去了图中项目各组成部分的机械连接线，查找各组成部分就比较困难，为了便于寻找其在图中的位置，分开表示法可与半集中表示法结合起来，或者采用插图、表格来表示各部分的位置。

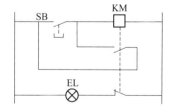

图 3-20　集中表示法示例

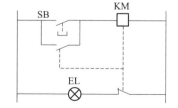

图 3-21　半集中表示法示例

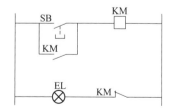

图 3-22　分开布置表示法示例

采用集中表示法和半集中表示法绘制的元件，其项目代号只在图形符号旁标出并与机械连接线对齐，见图3-20和图3-21中的KM。

采用分开表示法绘制的元件，其项目代号应在项目的每一部分自身符号旁标注，必要时，对同一项目的同类部件（如各辅助开关，各触点）可加注序号，如图3-22所示接触器的两个触点可以表示为KM_{-1}、KM_{-2}。

标注项目代号时应注意：

① 项目代号的标注位置尽量靠近图形符号。

② 图线水平布局的图、项目代号应标注在符号上方。图线垂直布局的图、项目代号标注在符号的左方。

③ 项目代号中的端子代号应标注在端子或端子位置的旁边。

④ 对围框的项目代号应标注在其上方或右方。

3.3 控制电路图的查线读图法

3.3.1 看主电路的步骤

（1）看清主电路中的用电设备

以接触器联锁控制正反转启动电路为例，如图3-23所示。

用电设备指消耗电能的用电器具或电气设备，如电动机、电弧炉等。读图首先要看清楚有几个用电设备，它们的类别、用途、接线方式及一些不同要求等。

① 类别　有交流电动机（感应电动机、同步电动机）、直流电动机等。一般生产机械中所用的电动机以交流笼型感应电动机为主。

② 用途　有的电动机是带动油泵或水泵的，有的是带动塔轮再传到机械上，如传动脱谷机、碾米机、铡草机等。

③ 接线　有的电动机是Y（星）形接线或YY（双星）形接线，有的电动机是△（三角）接线，有的电动机是Y-△（星三角）形即Y形启动、△形运行接线。

④ 运行要求　有的电动机要求始终一个速度，有的电动机则要求具有两种速度（低速和高速），还有的电动机是多速运转的，也有的电动机有几种顺向转速和一种反向转运，顺向做功、反向走空车等。

对启动方式、正反转、调速及制动的要求，各台电动机之间是否相互有制约的关系（还可通过控制电路来分析）。

图3-23是一台双向运转的笼型感应电动机控制电路。

（2）要弄清楚用电设备是用什么电气元件控制的

控制电气设备的方法很多，有的直接用开关控制，有的用各种启动器控制，有的用接触器或继电器控制。图3-23中的电动机是用接触器控制的。通过接触器来改变电动机电源的相序，从而达到改变电动机转向的目的。

（3）了解主电路中所用的控制电器及保护电器

前者是指除常规接触器以外的其他电气元件，如电源开关（转换开关及断路器）、万能转换开关等。后者是指短路保护器件及过载保护器件，如断路器中电磁脱扣器及热过载脱扣器的规格；熔断器、热继电器及过电流继电器等元件的用途及规格，一般说来，对主电路作如上分析后，即可分析辅助电路。

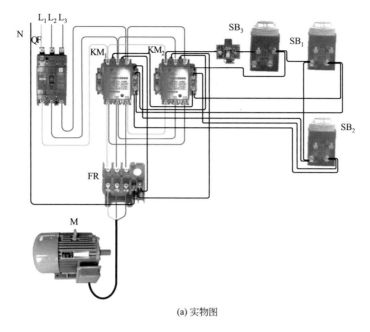

(a) 实物图

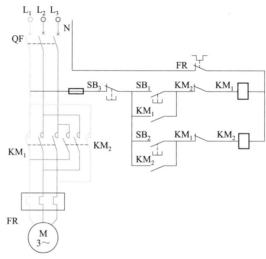

(b) 符号图

图 3-23　接触器连锁正反转控制电路

图3-23中，主电路由空气断路器QF、接触器KM₁、KM₂、热继电器FR组成。分别对电动机M起过载保护和短路保护作用。

（4）看电源

要了解电源电压等级，是380V还是220V，是从母线汇流排供电还是配电屏供电，还是从发电机组接出来的。

3.3.2　看辅助电路的步骤

辅助电路包含控制电路、信号电路和照明电路。

分析控制电路时可根据主电路中各电动机和执行电器的控制要求，逐一找出控制电路中的控制环节，用前面讲的基本电气控制电路知识，将控制电路"化整为零"，按功能不同划分成若干个局部控制电路来进行分析。如控制电路较复杂，则可先排除照明、显示等与控制关系不密切的电路，以便集中精力分析控制电路。控制电路一定要分析透彻。

（1）看电源

首先看清电源的种类，是交流的还是直流的。其次，要看清辅助电路的电源是从什么地方接来的，及其电压等级。一般是从主电路的两条相线上接来，其电压为单相380V；也有从主电路的一条相线和零线上接来，电压为单相220V；此外，也可以从专用隔离电源变压器接来，电压有127V、110V、36V、6.3V等。变压器的一端应接地，各二次线圈的一端也应接在一起并接地。辅助电路为直流时，直流电源可从整流器、发电机组或放大器上接来，其电压一般为24V、12V、6V、4.5V、3V等。输助电路中的一切电气元件的线圈额定电压必须与辅助电路电源电压一致，否则，电压低时电气元件不动作；电压高时，则会把电气元件线圈烧坏。图3-23中，辅助电路的电源是从主电路的一条相线上接来，电压为单相220V。

（2）了解控制电路中所采用的各种继电器、接触器的用途

如采用了一些特殊结构的继电器，还应了解它们的动作原理。只有这样，才能理解它们在电路中如何动作和具有何种用途。

（3）根据控制电路来研究主电路的动作情况

控制电路总是按动作顺序画在两条水平线或两条垂直线之间的。因此，也就可从左到右或从上到下来分析。对复杂的辅助电路，在电路中整个辅助电路构成一条大支路，这条大支路又分成几条独立的小支路，每条小支路控制一个用电器或一个动作。当某条小支路形成闭合回路有电流流过时，在支路中的电气元件（接触器或继电器）则动作，把用电设备接入或切除电源。对于控制电路的分析必须随时结合主电路的动作要求来进行，只有全面了解主电路对控制电路的要求以后，才能真正掌握控制电路的动作原理，不可孤立地看待各部分的动作原理，而应注意各个动作之间是否有互相制约的关系，如电动机正、反转之间应设有联锁等。在图3-23中，控制电路有两条支路，即接触器KM₁和KM₁支路，其动作过程如下：

① 合上电源开关QS，主电路和辅助电路均有电压，当按下启动按钮SB₁时，电源经停止按钮SB→启动按钮SB₁→接触器KM₁线圈→热继电器FR→形成回路，接触器KM₁吸合并自锁，其在主电路中的主触点KM₁闭合，使电动机M得电，正转运行。

② 如果要使电动机反转，按启动按钮SB₂，这时电源经停止按钮SB→启动按钮SB₂→接触器KM₂线圈→热继电器FR→形成回路，接触器KM₂吸合并自锁，其在主电路中的主触点KM₂闭合，使电动机相序，反转运行。

③ 停车只要按下停止按钮SB，整个控制电路失电，电动机停转。

（4）研究电气元件之间的相互关系

电路中的一切电气元件都不是孤立存在的，而是相互联系、相互制约的。这种互相控制的关系有时表现在一条支路中，有时表现在几条支路中。图3-23中接触器KM₁、KM₂之间存在电气联锁关系，读图时一定要看清这些关系，才能更好理解整个电路的控制原理。

（5）研究其他电气设备和电气元件

如整流设备、照明灯等。对于这些电气设备和电气元件，只要知道它们的电路走向、电路的来龙去脉就行了。

3.4.3 查线读图法的要点

① 分析主电路 从主电路入手，根据每台电动机和执行电器的控制要求去分析各电动机和执行电器的控制内容。

② 分析控制电路 根据主电路中各电动机和执行电器的控制要求，逐一找出控制电路中的控制环节，将控制电路"化整为零"，按功能不同划分成若干个局部控制电路来进行分析。如果电路较复杂，则可先排除照明、显示等与控制关系不密切的电路，以便集中精力进行分析。

二维码 3-1

③ 分析信号、显示电路与照明电路 控制电路中执行元件的工作状态显示、电源显示、参数测定、故障报警以及照明电路等部分，很多是由控制电路中的元件来控制的，因此还要回过头来对照控制电路对这部分电路进行分析。

④ 分析联锁与保护环节 生产机械对于安全性、可靠性有很高的要求，实现这些要求，除了合理地选择拖动、控制方式以外，在控制电路中还设置了一系列电气保护和必要的电气联锁。在电气控制电路图的分析过程中，电气联锁与电气保护环节是一个重要内容，不能遗漏。

⑤ 分析特殊控制环节 在某些控制电路中，还设置了一些与主电路、控制电路关系不密切、相对独立的某些特殊环节。如产品计数装置、自动检测系统、晶闸管触发电路、自动记温装置等。这些环节往往自成一个小系统，其看图分析的方法可参照上述分析过程，并灵活运用所掌握的电子技术、变流技术、自控系统、检测与转换等知识逐一分析。

⑥ 总体检查 经过"化整为零"，逐步分析每一局部电路的工作原理以及各部分之间的控制关系后，还必须用"集零为整"的方法，检查整个控制电路，看是否有遗漏。特别要从整体角度去进一步检查和理解各控制环节之间的联系，以达到清楚地理解电路图中每一个电气元件的作用、工作过程及主要参数。

如果你想掌握建筑电气平面图和电子电路识图方法，请扫描二维码（二维码3-1）下载文件阅读。

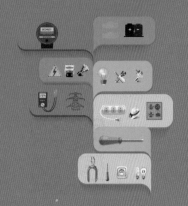

第四章

电工工具与仪表

4.1 常用工具

4.1.1 低压验电器

低压验电器简称电笔。有氖泡笔式、氖泡改锥式和感应（电子）笔式等。其外形如图4-1所示。

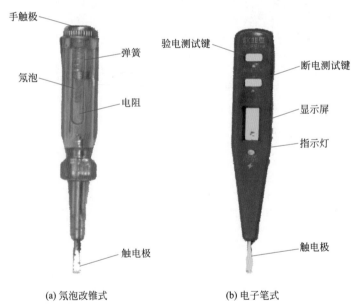

手触极
弹簧
氖泡
电阻
触电极

验电测试键
断电测试键
显示屏
指示灯
触电极

(a) 氖泡改锥式   (b) 电子笔式

图 4-1　常用验电器

低压验电器的使用方法：

氖泡改锥式验电器有两种握法，一种是中指和食指夹住验电器、大拇指压住手触极，如图4-2（a）所示；另一种是三个手指夹住验电器，手触极抵住虎口，如图4-2（b）所示。测试时触电极接触被测点，氖泡发光说明有电、不发光说明没电（二维码4-1、二维码4-2）。

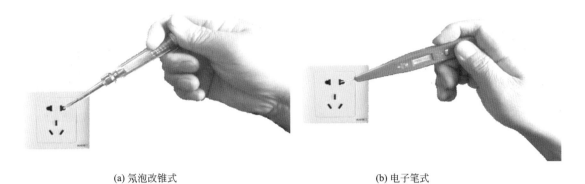

(a) 氖泡改锥式　　　　　　　　　　　　(b) 电子笔式

图 4-2　验电器的使用

感应（电子）笔式验电器的握法是中指和食指夹住验电器、大拇指压住验电测试键。测试时触电极接触被测点，指示灯发光并有显示说明有电、指示灯不发光说明没电（二维码 4-3）。

二维码 4-1　　　　　　　　　　二维码 4-2　　　　　　　　　　二维码 4-3

氖泡改锥式验电器的使用 1　　　氖泡改锥式验电器的使用 2　　　感应（电子）笔式验电器的使用

使用注意事项：使用时应注意手指不要靠近笔的触电极，以免通过触电极与带电体接触造成触电。

在使用低压验电器时还要注意检验电路的电压等级，只有在 500V 以下的电路中才可以使用低压验电器。

4.1.2　螺丝刀

螺丝刀又称改锥、起子，是一种旋紧或松开螺钉的工具，如图 4-3 所示。按照头部形状可分为一字形和十字形两种。

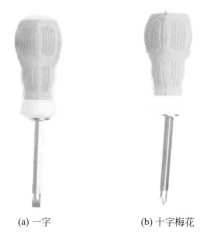

(a) 一字　　　　　　(b) 十字梅花

图 4-3　常用螺丝刀外形

图 4-4　螺丝刀的使用

使用方法：食指压住木柄，其余四指握住手柄，如图4-4所示，用力搬动螺丝刀，就可以把螺钉逐渐旋入（二维码4-4）。

二维码4-4

螺丝刀的使用

使用注意事项：

① 电工不可使用金属杆直通柄顶的螺丝刀，否则易造成触电事故；

② 使用螺丝刀紧固或拆卸带电的螺钉时，手不得触及螺丝刀的金属杆，以免发生触电事故；

③ 使用螺丝刀时应头部顶住螺钉槽口，防止打滑而损坏槽口；

④ 使用时应注意选用合适的规格，以小代大，可能造成螺丝刀刃口扭曲；以大代小，任意损坏电气元件。

4.1.3　钳子

钳子可分为钢丝钳（克丝钳）、尖嘴钳、圆嘴钳、斜嘴钳（偏口钳）、剥线钳等多种。几种钳子的外形图如图4-5所示。

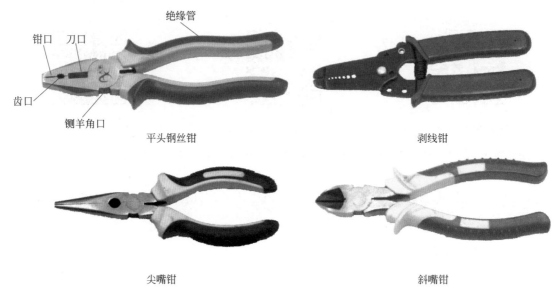

图 4-5　钳子的外形

（1）尖嘴钳

尖嘴钳主要用于将导线弯成标准的圆环，常用于导线与接线螺钉的连接作业中，用圆嘴钳不同的部位可作出不同直径的圆环。尖嘴钳则主要用于夹持或弯折较小较细的元件或金属丝等，特别是较适用于狭窄区域的作业。

二维码4-5

把在离绝缘层根部1/3处向左外折角（多股导线应将离绝缘层根部约1/2长的芯线重新绞紧，越紧越好），然后弯曲圆弧；当圆弧弯曲得将成圆圈（剩下1/4）时，应将余下的芯线向右外折角，使其成圆，捏平余下线端，使两端芯线平行，如图4-6所示（二维码4-5）。

4-5　尖嘴钳的使用

（2）钢丝钳

钢丝钳可用于夹持或弯折薄片形、圆柱形金属件及切断金属丝。对于较粗较硬的金属丝，可用其轧口切断。使用钢丝钳（包括其他钳子）不要用力过猛，否则有可能将其手柄压断。

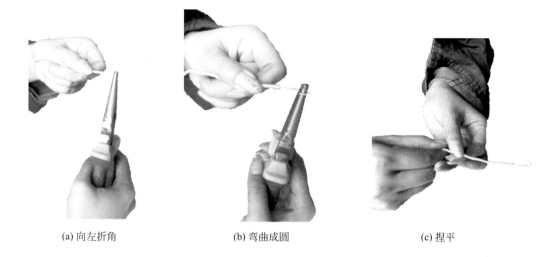

(a) 向左折角   (b) 弯曲成圆   (c) 捏平

图 4-6　尖嘴钳的使用

（3）斜嘴钳

斜嘴钳主要用于切断较细的导线，特别适用于清除接线后多余的线头和飞刺等。

（4）剥线钳

剥线钳是剥离较细绝缘导线绝缘外皮的专用工具，一般适用于线径在 0.6～2.2mm 的塑料和橡胶绝缘导线。

二维码 4-6

剥线钳的使用

使用方法：如图 4-7 所示，打开销子，选择合适的铡口，将导线放置在铡口间，钳子最好转一圈，然后右手向外拨，左手拇指向外推，绝缘层就拨下来了（二维码 4-6）。

其主要优点是不伤导线、切口整齐、方便快捷。使用时应注意选择其铡口大小应与被剥导线线径相当，若小则会损伤导线。

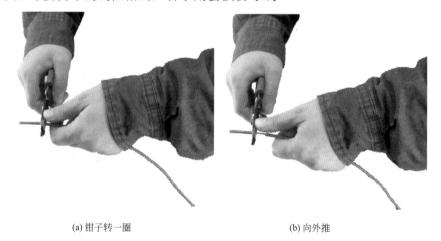

(a) 钳子转一圈   (b) 向外推

图 4-7　剥线钳的使用

4.1.4 　电工刀

电工刀是用来剖削电线外皮和切割电工器材的常用工具，其外形如图 4-8 所示。

刀片　　　　　　　刀把　　　　　　刀挂

图 4-8　常用电工刀外形

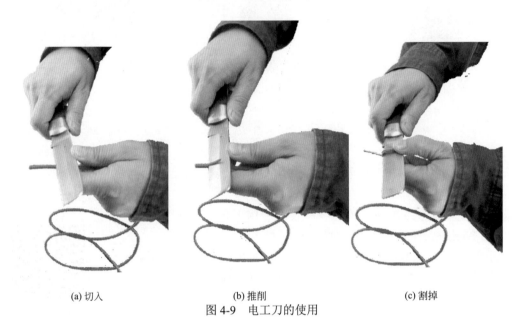

(a) 切入　　　　　　　　(b) 推削　　　　　　　　(c) 割掉

图 4-9　电工刀的使用

使用电工刀进行绝缘剖削时，刀口应朝外，以接近90°倾斜切入，如图4-9所示，以45°推削，用毕应立即把刀身折入刀柄内（二维码4-7）。

使用注意事项：

① 使用电工刀时应注意避免伤手，不得传递未折进刀柄的电工刀；

② 电工刀用毕，随时将刀身折进刀柄；

③ 电工刀刀柄无绝缘保护，不能带电作业，以免触电。

二维码 4-7

电工刀的使用

二维码 4-8

活扳手的使用

4.1.5　扳手

扳手又称扳子，分活扳手和死扳手（呆扳手或傻扳手）两大类，死扳手又分单头、双头、梅花（眼镜）扳手、内六角扳手、外六角扳手多种，如图4-10所示。

使用活扳手旋动较小螺钉时，应用拇指推紧扳手的调节涡轮，适当用力转动扳手，如图4-11所示，防止用力过猛（二维码4-8）。

使用死扳手最应注意的是扳手口径应与被旋螺母（或螺母、螺杆等）的规格尺寸一致，对外六角螺母、螺母等，小是不能用，大则容易损坏螺母的棱角，使螺母变圆而无法使用。内六角扳手刚好相反。

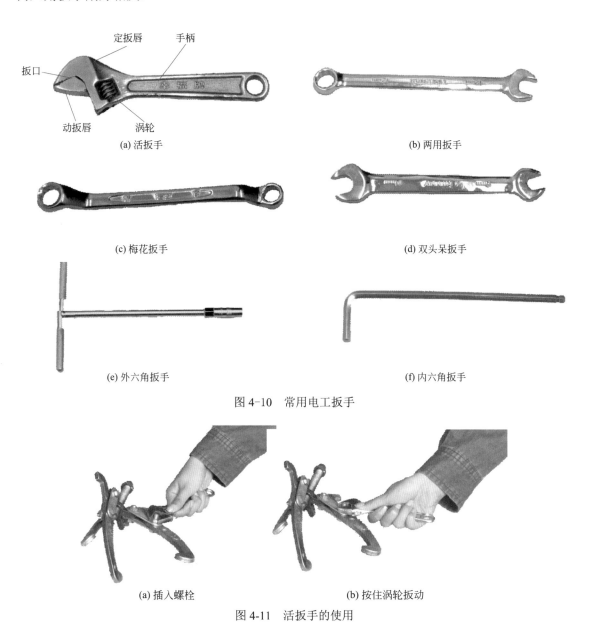

(a) 活扳手

(b) 两用扳手

(c) 梅花扳手

(d) 双头呆扳手

(e) 外六角扳手

(f) 内六角扳手

图 4-10　常用电工扳手

(a) 插入螺栓

(b) 按住涡轮扳动

图 4-11　活扳手的使用

4.1.6　电工手锤

手锤由锤头、木柄和楔子组成，如图4-12（a）所示。是电工常用的敲击工具。

使用锤子安装木榫时，先将木棒削成带有坡度的外八角形，然后将木榫插入孔洞中，用锤子敲打，如图4-12（b）所示，打不动时，将多余木棒弄掉（二维码4-9）。

二维码 4-9

手锤的使用

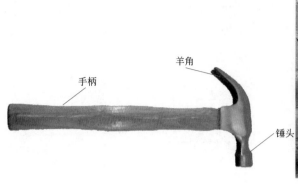

(a) 手锤外形

(b) 手锤使用

图 4-12 手锤外形及使用

4.1.7 手锯

手锯由锯弓和锯条两部分组成（图4-13）。通常的锯条规格为300mm，其他还有200mm、250mm两种。锯条的锯齿有粗细之分，目前使用的齿距有0.8mm、1.0mm、1.4mm、1.8mm等几种。齿距小的细齿锯条适于加工硬材料和小尺寸工件以及薄壁钢管等。

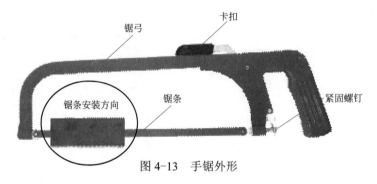

图 4-13 手锯外形

手锯是在向前推进时进行切削的。为此，锯条安装时必须使锯齿朝前，如图4-13所示。装好的锯条应与锯弓保持在同一中心平面内，绷紧程度要适中。过紧时会因极小的倾斜或受阻而绷断；过松时锯条产生弯曲也易折断。

使用手锯锯割钢板时：

如图4-14所示。放上锯条，拧紧螺钉，扳紧卡扣，将锯条对准切割线从下往上进锯。逐渐端平手锯用力锯割，如果锯缝深度超过锯弓高度，可以将锯条翻过来继续锯割，直到将工件锯掉（二维码4-10）。

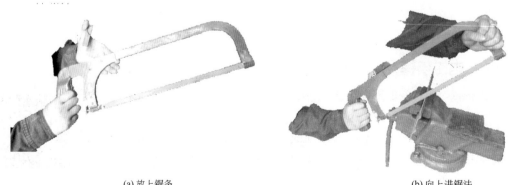

(a) 放上锯条

(b) 向上进锯法

(c) 向下进锯法

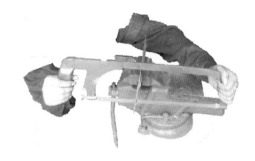
(d) 锯割

图 4-14　手锯的使用

二维码 4-10

手锯的使用

二维码 4-11

拉马的使用

4.1.8　拉马

拉马也叫拉子、拉离器，是拆卸皮带轮、联轴器和滚动轴承的专用工具。拉马可分为手力拉马和油（液）压拉马，油压拉马如图4-15所示。

使用方法：

① 旋松拉马顶丝，将拉马的三个拉爪拉住轴承外圆，顶丝顶住轴端中心孔。如图4-16所示。

② 用扳手拧动顶丝，轴承就被缓慢拉出（二维码4-11）。

图 4-15　拉马外形

(a) 对正拉马

(b) 拆除轴承

图 4-16　拉马的使用

4.1.9　挡圈钳

挡圈钳是拆装挡圈的专用工具，有直头式和弯头式两种，外形如图4-17所示。

使用方法：

如图4-18所示。将钳头插入挡圈孔中，压动手柄，钳头即带动挡圈胀开，顺势沿转轴向外拉，即可将挡圈拆下（或装上）（二维码4-12）。

(a) 直头式

(b) 弯头式

图 4-17 挡圈钳外形

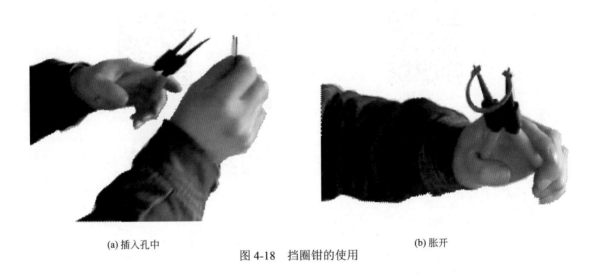

(a) 插入孔中

(b) 胀开

图 4-18 挡圈钳的使用

4.1.10 电烙铁

外形如图 4-19 所示。电烙铁的规格是以其消耗的电功率来表示的，通常在 20～500W。一般在焊接较细的电线时，用 50W 左右的；焊接铜板等板材时，可选用 300W 以上的电烙铁。

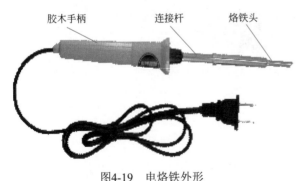

胶木手柄   连接杆   烙铁头

图 4-19 电烙铁外形

直到焊锡灌满导线为止（二维码 4-13）。

电烙铁用于锡焊时在焊接表面必须涂焊剂，才能进行焊接。常用的焊剂中，松香液适用于铜及铜合金焊件，焊锡膏适用于小焊件。氯化锌溶液可用于薄钢板焊件。

镀锡的使用方法：

将导线绝缘层剥除后，涂上焊剂，用电烙铁头给镀锡部位加热，如图 4-20（a）所示。待焊剂熔化后，将焊锡丝放在电烙铁头上与导线一起加热，如图 4-20（b）所示，待焊锡丝熔化后再慢慢送入焊锡丝，

4.1.11 管子台虎钳的使用

管子台虎钳安装在钳工工作台上，用来夹紧以便锯切管子或对管子套制螺纹等。其外形如图4-21所示。

管子台虎钳的使用：

① 旋转手柄，使上钳口上移。如图4-22所示。

② 将台虎钳放正后打开钳口。

③ 将需要加工的工件放入钳口。

④ 合上钳口，注意一定要扣牢。如果工件不牢固，可旋转手柄，使上钳口下移，夹紧工件（二维码4-14）。

二维码 4-12

挡圈钳的使用

二维码 4-13

电烙铁的使用

二维码 4-14

管子台虎钳的使用

(a) 涂焊剂　　　　(b) 加热　　　　(c) 送入焊锡丝

图 4-20　电烙铁的使用

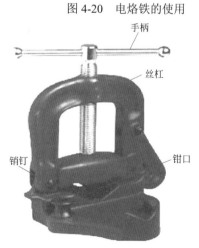

图 4-21　管子台虎钳外形

(a) 钳口上移

(b) 打开钳口

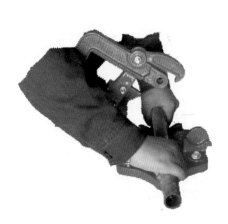

(c) 放入工件

(d) 夹紧工件

图 4-22　管子台虎钳的使用

管子台虎钳使用注意事项：

① 管子台虎钳必须垂直且牢固地固定在工作台上，钳口应与工作台边缘相平或稍靠里一些，不得伸出工作台边缘。

② 管子台虎钳固定好后，其卡钳口应牢固可靠，上钳口在滑道内应能自由移动，且压紧螺杆和滑道应经常加油。

③ 装夹工件时，不得将与钳口尺寸不相配的工件上钳；对于过长的工件，必须将其伸出部分支撑稳固。

④ 装夹脆性或软性的工件时，应用布、铜皮等包裹工件夹持部分，且不能夹得过紧。

⑤ 装夹工件时，必须穿上保险销。旋转螺杆时，用力适当，严禁用锤击或加装套管的方法扳紧钳柄。工件夹紧后，不得再去移动其外伸部分。

⑥ 使用完毕，应擦净油污，合上钳口；长期不用时，应涂油存放。

4.1.12　割管器的使用

割管器是一种专门用来切割各种金属管子的工具，如图4-23所示。

使用时先旋开刀片与滚轮之间的距离，如图4-24所示。将待割的管子卡入其间，再旋动手柄上的螺杆，使刀片切入钢管，然后作圆周运动进行切割，边切割边调整螺杆，使刀片在管子上的切口不断加深，直至把管子切断（二维码4-15）。

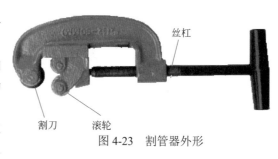

图 4-23　割管器外形

(a) 入管　　　　　　　　　　　(b) 加力

图 4-24　割管器的使用

4.1.13　管子绞板的使用

管子绞板主要用于管子螺纹的制作，有轻型和重型两种。轻型管子绞板外形如图4-25所示。

图 4-25　管子绞板外形

二维码 4-15

割管器的使用

二维码 4-16

管子绞板的使用

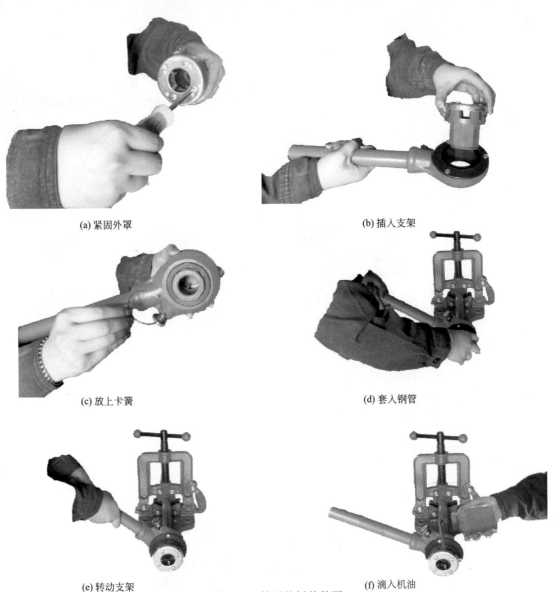

(a) 紧固外罩

(b) 插入支架

(c) 放上卡簧

(d) 套入钢管

(e) 转动支架

(f) 滴入机油

图 4-26　管子绞板的使用

使用管子绞板时先将牙块按 1、2、3、4 顺序号顺时针装入牙架，如图 4-26 所示。然后拧紧牙架护罩螺钉，将牙架插入支架孔内，安上卡簧。然后用一手扶着将牙架套入钢管，摆正后慢慢转动两圈，两手用力搬动手柄。直至所需扣数为止（二维码 4-16）。

第一次套完后，松开板牙，再调整其距离比第一次小一点，用同样方法再套一次，要防止乱丝。当第二次丝扣快套完时，稍松开板牙，边转边松，使其成为锥形丝扣。

用在电器与接线盒、配电箱连接处的套丝长度，不宜小于管外径的 1.5 倍；用在管与管连接部位处的套丝长度，不得小于管接头长的 1/2 加 2 ～ 4 扣，需倒丝连接时，连接管的一端套丝长度不应小于管接头长度加 2 ～ 4 扣。

4.1.14　电工工具夹

用来插装螺丝刀、电工刀、验电器、钢丝钳和活络扳手等电工常用工具，分有插装三件、五件工具等各种规格，是电工操作的必备用品，如图4-27所示。

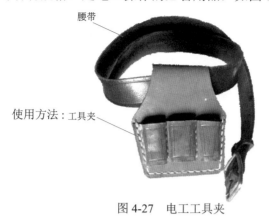

图 4-27　电工工具夹

 (QR code area)

二维码 4-17

电工工具夹的使用

如图4-28所示，将工具依次插入工具夹中，腰带系于腰间并插上锁扣（二维码4-17）。

(a) 插入工具　　　　　　　　　　　　　(b) 系紧

图 4-28　电工工具夹的使用

4.1.15　喷灯的使用

　　喷灯是火焰钎焊的热源，用来焊接较大铜线鼻子大截面铜导线连接处的加固焊锡，以及其他电连接表面的防氧化镀锡等。如图4-29所示。按使用燃料的不同，喷灯分为煤油喷灯和汽油喷灯两种。

二维码 4-18

喷灯的使用

　　使用方法：

　　如图4-30所示，先关闭放油调节阀，给打气筒打气，然后打开放油阀用手挡住火焰喷头，若有气体喷出，说明喷灯正常。关闭放油调节阀，拧开打气筒，分别给筒体和预热杯加入汽油，然后给筒体打气加压至一定压力，点燃预热杯中的汽油，在火焰喷头达到预热温度后，旋动放油调节阀喷油，根据所需火焰大小调节放油调节阀到适当程度，就可以焊接（二维码4-18）了。

使用时注意打气压力不得过高，防止火焰烧伤人员和工件，周围的易燃物要清理干净，在有易燃易爆物品的周围不准使用喷灯。

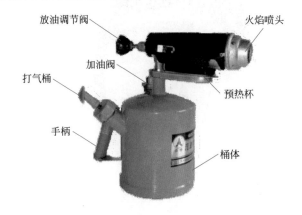

图 4-29 喷灯外形

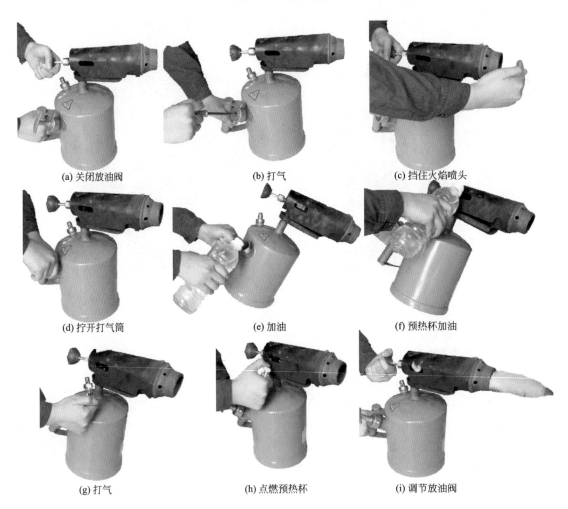

(a) 关闭放油阀　　(b) 打气　　(c) 挡住火焰喷头

(d) 拧开打气筒　　(e) 加油　　(f) 预热杯加油

(g) 打气　　(h) 点燃预热杯　　(i) 调节放油阀

图 4-30 喷灯的使用

4.1.16　电锤钻使用

电锤钻由电动机、齿轮减速器、曲柄连杆冲击机构、转钎机构、过载保护装置、电源开关及电源连接装置等组成，如图4-31所示。

二维码 4-19

电锤钻的使用

使用方法：

如图4-32所示。首先根据孔的大小正确调整锤头，然后用专用扳手固定，接通电源，对准划线位置，轻轻按压，就可打出需要孔洞（二维码4-19）。

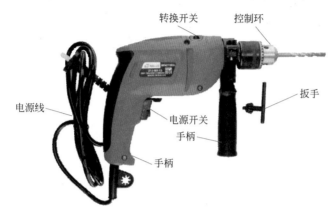

图 4-31　电锤钻外形

(a) 安装锤头

(b) 对准打孔

图 4-32　电锤钻的使用

4.1.17　电动角向磨光机

电动角向磨光机由电动机、齿轮箱、手柄、电源开关砂轮片、砂轮夹紧装置组成，如图4-33所示。

电动角向磨光机用于切割不锈钢、合金钢、普通碳素钢的型材、管材或修磨工件的飞边、毛刺、焊缝。

使用方法：

如图4-34所示。选择合适砂轮片，用专用扳手拧紧。对准画线部位，拿稳轻按（二维码4-20）。

手柄

电源线

保护罩

图 4-33　电动角向磨光机外形

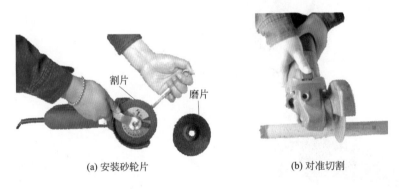

割片

磨片

(a) 安装砂轮片 　　　　　　　　　(b) 对准切割

图 4-34　电动角向磨光机的使用

使用注意事项：

① 使用前要检查拨形砂轮，薄厚应一致，砂粒分布应均匀，内孔偏差为$0.11 \sim 0.13mm$；外圆与内孔的不同轴度应较小，一般应为$0.15 \sim 0.20mm$。用木槌轻击砂轮应无破裂声。

② 在启动电动角向磨光机进行磨削或切割前，应先检查砂轮的旋转方向与齿轮箱头部标记的旋转方向的箭头方向是否相符，如一致才能进行作业。

③ 使用前必须检查拨形砂轮的安全线速度，不能低于80m/s。

④ 操作电动角向磨光机不要用力过猛或冲撞工件，以免拨形砂轮受冲击使砂轮爆裂而引起伤亡事故。

二维码 4-20

电动角向
磨光机的使用

4.2　常用量具

4.2.1　卷尺的使用

卷尺可以测量物体的长、宽、高、外形如图4-35所示。

使用方法：

如图4-36所示。打开开关，拉开刻度尺。用挂钩挂住待测物体一端，然后紧贴着拉动尺子到物体的另一端，合上开关读数（二维码4-21）。

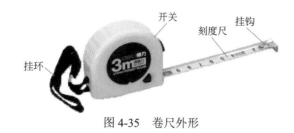

图 4-35　卷尺外形

二维码 4-21

卷尺的使用

打开开关

测量

图 4-36　卷尺的使用

4.2.2　游标卡尺的使用

游标卡尺的测量范围有 0 ～ 125mm、0 ～ 200mm、0 ～ 500mm 三种规格。主尺上刻度间距为1mm，副尺（游标）有读数值为0.1mm、0.05mm、0.02mm 三种，如图 4 -37 所示。

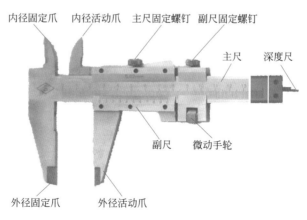

图 4-37　游标卡尺外形

外径的测量方法：

如图4-38所示。松开主副尺固定螺钉，将钢管放在内径测量爪之间，拇指推动微动手轮，使内径活动爪靠紧钢管，即可读数（二维码4-22）。

读数方法：图4-39中先读主尺26，再看副尺刻度38与主尺40对齐，这样小数为38×0.01=0.38，加上26，结果为26.38mm（有零误差时要计算在内）。

二维码 4-22

游标卡尺的使用

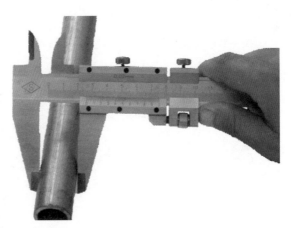

图 4-38　游标卡尺的使用

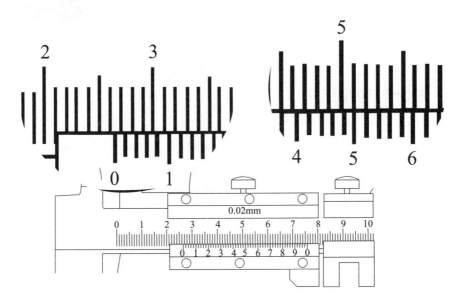

图 4-39　游标卡尺读数

4.2.3　千分尺的使用

外径千分尺主要用来测量导线的外径。它有0～25mm、25～50mm、50～75mm、75～100mm四种（图4-40）。

使用方法：

如图4-41所示，左手将平直导线置于固定砧和活动螺杆之间，右手旋动微分筒。待活动螺杆靠近导线时，右手改旋棘轮，听到2~3声"咔咔"响声时，说明导线已被夹紧，可以读数（二维码4-23）。

二维码4-23

千分尺的使用

读数：先以微分筒的端面为基准线，读出固定套筒下刻度线的分度值（图4-42示为1mm），后看微分筒的端面与固定刻度的下刻度线之间有无上刻度线，如有则需在前读数值上再加上0.5 mm（图中有上刻度线）；再以固定套筒上的水平横线作为读数准线，看微分筒上第几条刻线与基准刻线对齐，读出可动刻度上的分度值（图示为8.5×0.01 mm = 0.085 mm），最后读数为：固定刻度读数（1mm+0.085mm）=1.085mm。

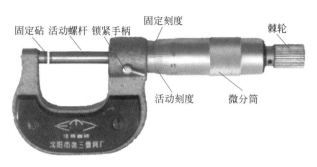

固定砧 活动螺杆 锁紧手柄　固定刻度　　　棘轮

活动刻度　　微分筒

图 4-40　外径千分尺外形

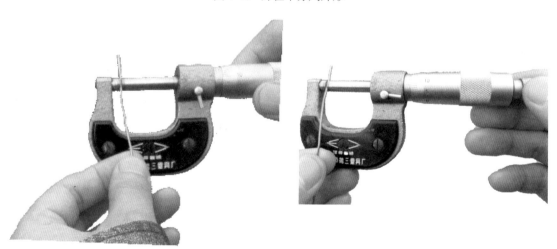

(a) 转动微分筒　　　　　　　　　　(b) 转动棘轮

图 4-41　千分尺的使用

4.2.4　塞尺的使用

塞尺又称厚薄规或间隙片。主要用来检验两个结合面之间的间隙大小。塞尺是由许多层厚薄不一的薄钢片组成，如图4-43所示。塞尺中的每片具有两个平行的测量平面，且都有厚度标记，以供组合使用。

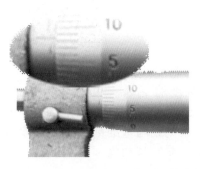

图 4-42　千分尺的读数

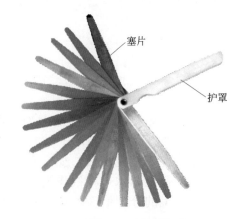

图 4-43　塞尺外形

(a) 试测

(b) 增减

(c) 再测

(d) 再增减

图 4-44　塞尺的使用

使用方法（平面间隙的测量）：

如图 4-44 所示。根据目测先用一片塞到两平面之间，如果可以塞进去，再选择大一规格塞片（塞不进去时相反）继续测量，直到塞不进去时，再选一小规格塞片与上规格塞片叠起来测量，逐渐增加小塞片规格（也可多片叠加），直至塞不进去时，把塞片上数字加起来，就是两平面的间隙（二维码 4-24）。

使用注意事项：

① 根据结合面的间隙情况选用塞尺片数，但片数愈少愈好；

② 测量时不能用力太大，以免塞尺遭受弯曲和折断；

③ 不能测量温度较高的工件。

二维码 4-24

塞尺的使用

4.3　工具仪表

4.3.1　钳形电流表

钳形电流表利用电磁感应原理制成，主要用来测量电流，有的还具有测量电压、电阻等功能。如图4-45所示的钳形电流表除具有测量电流功能外还具有V挡：电压测量；Hz挡：测量电源的频率和谐波；W挡：测量功率；W3φ挡：测量三相功率；SETUP挡：设置；LOG挡：采集等功能。

电流测量方法：

如图4-46所示，打开钳口，将被测导线置于钳口中心位置，合上钳口即可读出被测导线的电流值。测量较小电流时，可把被测导线在钳口多绕几匝，这时实际电流应除以缠绕匝数（二维码4-25）。

4.3.2　万用表

万用表可用来测量直流电流、直流电压、交流电流、交流电压和直流电阻，有的还可用来测量电容、二极管通断等，数字万用表如图4-47所示。黑色表笔接"－"（COM）线柱，测量V·Ω时红表笔接"＋"线柱，测量电流时红表笔接10mA或10A线柱。

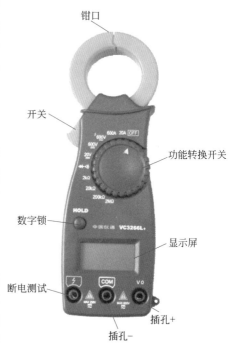

图 4-45　钳形电流表外形

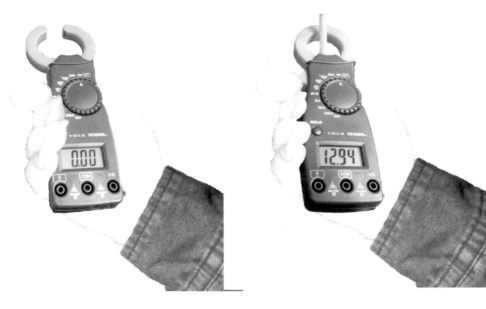

(a) 打开钳口　　　　　　　　　　(b) 夹入导线并读数

图 4-46　钳形电流表使用方法

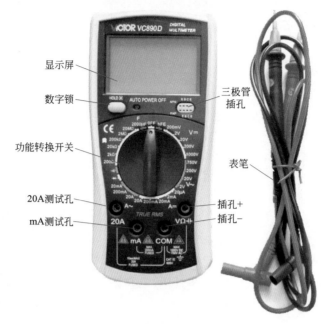

图 4-47　数字万用表外形

　　万用表使用：如图4-48所示。测量中应首先选择测量种类，然后选择量程。如果不能估计测量范围时，应先从最大量程开始，直至误差最小，以免烧坏仪表。利用万用表测量直流电阻时，先将选择种类调为欧姆挡；再将量程打到"1k"挡；两表笔短接调整零位旋钮使指针至零位；两表笔连接线圈端子；读数（二维码4-26、二维码4-27）。

二维码 4-25

二维码 4-26

二维码 4-27

钳形电流表的使用

数字万用表的使用

指针万用表的使用

　　注意事项：测量电流时，万用表应串联在电路中；测量电压、电阻时，万用表应并联在电路中；测量电阻每换一挡，必须校零一次。测量完毕，应关闭或将转换开关置于电压最高挡。

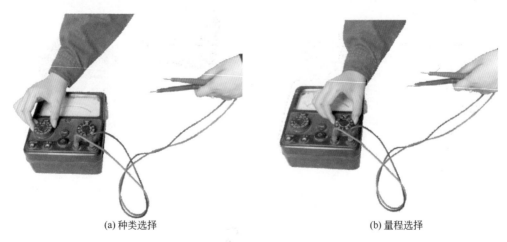

(a) 种类选择　　　　　　　　　　　　　　(b) 量程选择

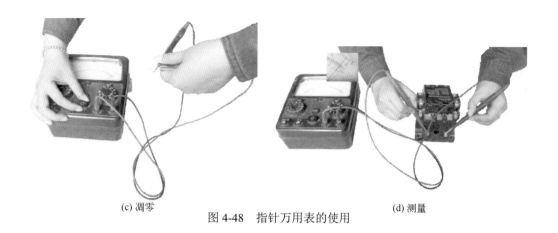

(c) 凋零　　　　　图 4-48　指针万用表的使用　　　　　(d) 测量

4.3.3　兆欧表

兆欧表俗称摇表、绝缘摇表，主要用于测量绝缘电阻，有手动和电动两种。手动兆欧表外形如图4-49所示。

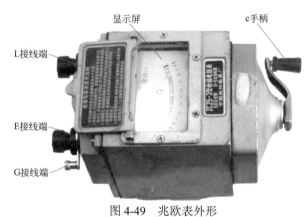

图 4-49　兆欧表外形

使用方法：

如图4-50所示。将L、E两表笔短接缓慢摇动发电机手柄，指针应指在"0"位置。

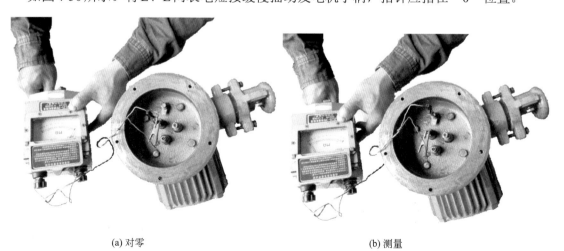

(a) 对零　　　　　　　　　　　　　　(b) 测量

图4-50　兆欧表的使用

将L表笔接绕组E表笔外壳，由慢到快摇动手柄。若指针指零位不动时，就不要在继续摇动手柄，说明被试品有短路现象。若指针上升，则摇动手柄到额定转速（120r/min），稳定后读取测量值（二维码4-28）。

注意事项：① 在测量电缆导线芯线对缆壳的绝缘电阻时，应将缆芯之间的内层绝缘物接G（保护环），以消除因表面漏电而引起的误差。

② 测量前必须切断被测试品的电源，并接地短路放电，不允许用兆欧表测量带电设备的绝缘电阻，以防发生人身和设备事故。

③ 测量完毕，需待兆欧表的指针停止摆动且被试品放电后方可拆除，以免损坏仪表或触电。

④ 使用兆欧表时，应放在平稳的地方，避免剧烈振动或翻转。

⑤ 按被试品的电压等级选择测试电压挡。

4.3.4 远红外温度测量仪的使用

远红外温度测量仪主要用来远距离测试温度。外形如图4-51所示。

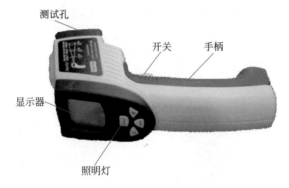

图 4-51 红外测温仪外形

如图4-52所示。测试时食指扣动开关，红外线检测口对准被测点，便可在显示屏上读出该点的温度值（二维码4-29）。

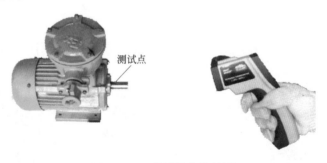

图 4-52 红外测温仪的使用

二维码 4-28

兆欧表的使用

二维码 4-29

红外测温仪的使用

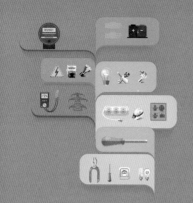

第五章

低压电器使用与维修

5.1 通断电器

5.1.1 开启式负荷开关

（1）开启式负荷开关的结构

开启式负荷开关又称胶盖瓷底刀开关(俗称胶盖闸)，主要由瓷手柄、静触头、动触头和熔体组合成，如图5-1所示。

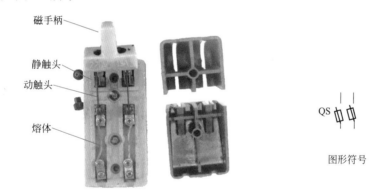

图 5-1　HK 系列开启式负荷开关的结构及图形符号

（2）开启式负荷开关的用途

开启式负荷开关具有结构简单、价格低廉、使用维修方便等优点，主要用作电气照明线路、电热回路的控制开关，也可用作分支电路的配电开关。在降低容量的情况下，还可用作小容量电动机的非频繁启动控制开关。

（3）开启式负荷开关的选用

① 额定电压的选择　开启式负荷开关用于照明电路时，可选用额定电压为220V或250V的二极开关；用于小容量三相异步电动机时，可选用额定电压为380V或500V的三极开关。

② 额定电流的选择　在正常的情况下，开启式负荷开关一般可以接通或分断其额定电流。因此，当开启式负荷开关用于普通负载(如照明或电热设备)时，负荷开关的额定电流

应等于或大于开断电路中各个负载额定电流的总和。

当开启式负荷开关被用于控制电动机时，考虑到电动机的启动电流可达额定电流的4～7倍，因此不能按照电动机的额定电流来选用，而应把开启式负荷开关的额定电流选得大一些，换句话说，即负荷开关应适当降低容量使用。根据经验，负荷开关的额定电流一般可选为电动机额定电流的3倍左右。

③ 熔丝的选择

a. 对于变压器、电热器和照明电路，熔丝的额定电流宜等于或稍大于实际负载电流；

b. 对于配电线路，熔丝的额定电流宜等于或略小于线路的安全电流；

c. 对于电动机，熔丝的额定电流一般为电动机额定电流的1.5～2.5倍。在重载启动和全电压启动的场合，应取较大的数值；而在轻载启动和减压启动的场合，则应取较小的数值。

（4）开启式负荷开关的使用和维护

① 开启式负荷开关的防尘、防水和防潮性都很差，不可放在地上使用，更不应在户外、特别是农田作业中使用，因为这样使用时易发生事故。

② 开启式负荷开关的胶盖和瓷底板(座)都易碎裂，一旦发生了这种情况，就不宜继续使用，以防发生人身触电伤亡事故。

③ 由于过负荷或短路故障，而使熔丝熔断，待故障排除后，需要重新更换熔丝时，必须在触刀(闸刀)断开的情况下进行，而且应换上与原熔丝相同规格的新熔丝，并注意勿使熔丝受到机械损伤。

④ 更换熔丝时，应特别注意观察绝缘瓷底板(座)及上、下胶盖部分。这是由于熔丝熔化后，在电弧的作用下，使绝缘瓷底板(座)和胶盖内壁表面附着一层金属粉粒，这些金属粉粒将造成绝缘部分的绝缘性能下降，甚至不绝缘，致使重新合闸送电的瞬间，造成开关本体相间短路。因此，应先用干燥的棉布或棉丝将金属粉粒擦净，再更换熔丝。

⑤ 当负载较大时，为防止出现开启式负荷开关本体相间短路，可与熔断器配合使用。将熔断器装在开关的负载一侧，开关本体不再装熔丝，在应装熔丝的接点上装与线路导线截面积相同的铜线。此时，开启式负荷开关只做开关使用，短路保护及过负荷保护由熔断器完成。

二维码 5-1

开启式负荷开关的拆卸

（5）开启式负荷开关的拆卸

如图5-2所示。拆下下胶盖螺母，取下下胶盖，用螺丝刀拆除紧固螺钉，即可更换熔丝（二维码5-1）。

(a) 拆下固定螺母　　　　　(b) 取下护盖　　　　　(c) 松开螺钉取出保险

图 5-2　HK 系列开启式负荷开关的拆卸

（6）开启式负荷开关的常见故障及其排除方法（表5-1）

表5–1　开启式负荷开关的常见故障及排除方法

故障现象	产生原因	排除方法
（1）合闸后一相或两相没电压	（1）静触头弹性消失，开口过大，使静触头与动触头不能接触 （2）熔丝烧断或虚连 （3）静触头、动触头氧化或有尘污 （4）电源进线或出线线头氧化后接触不良	（1）更换静触头 （2）更换熔丝 （3）清洁触头 （4）检查进出线
（2）闸刀短路	（1）外接负载短路，熔丝烧断 （2）金属异物落入开关或连接熔丝引起相间短路	（1）检查负载，待短路消失后更换熔丝 （2）检查开关内部，拿出金属异物或接好熔丝
（3）动触头或静触头烧坏	（1）开关容量太小 （2）拉、合闸时动作太慢造成电弧过大，烧坏触头	（1）更换大容量的开关 （2）改善操作方法

5.1.2　组合开关

（1）组合开关的结构

组合开关(又称转换开关)实质上也是一种刀开关，主要由手柄、转轴、弹簧、静触头、动触头、接线端子等组成，如图5-3所示。

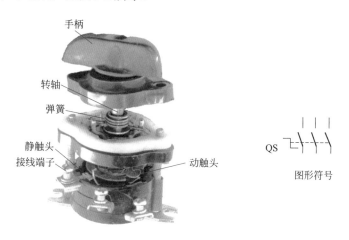

图 5-3　组合开关结构及图形符号

（2）组合开关的用途

组合开关一般用于电气设备中，作为非频繁地接通和分断电路、换接电源和负载、测量三相电压以及控制小容量异步电动机的正反转和Y-△启动等用。

HZ5系列组合开关适用于交流50Hz（或60Hz）、电压380V及以下，电流至60A的一般机床线路中，作电源引入开关，异步电动机启动、停止、正转、反转、变速，电动机的负荷切换及机床控制线路换接之用。

HZ10系列组合开关适用于交流50Hz（或60Hz）、电压380V及以下，直流220V及以下，额定电流至100A的电气线路中，供手动不频繁地接通、分断与转换交流电阻电感混合负载电路和直流电阻性负载电路。10A（或25A）开关可直接启动、运转中可分断交流1.1kW（或2.2kW）笼型异步电动机。

（3）组合开关的选用

组合开关是一种体积小、接线方式多、使用非常方便的开关电器。选择组合开关时应注意以下几点：

① 组合开关应根据用电设备的电压等级、容量和所需触头数进行选用。组合开关用于一般照明、电热电路时，其额定电流应等于或大于被控制电路中各负载电流的总和；组合开关用于控制电动机时，其额定电流一般取电动机额定电流的1.5～2.5倍。

② 组合开关接线方式很多，应能够根据需要，正确地选择相应规格的产品。

③ 组合开关本身是不带过载保护和短路保护的。如果需要这类保护，就必须另设其他保护电器。

（4）组合开关的使用和维护

① 由于组合开关的通断能力较低，故不能用来分断故障电流。当用于控制电动机作可逆运转时，必须在电动机完全停止转动后，才允许反向接通。

② 当操作频率过高或负载功率因数较低时，组合开关要降低容量使用，否则影响开关寿命。

③ 在使用时应注意，组合开关每小时的转换次数一般不超过15～20次。

④ 经常检查开关固定螺钉是否松动，以免引起导线压接松动，造成外部连接点放电、打火、烧蚀或断路。

⑤ 检修组合开关时，应注意检查开关内部的动、静触片接触情况，以免造成内部接点起弧烧蚀。

二维码 5-2

组合开关的拆卸

（5）组合开关的拆卸

如图5-2所示。拆除固定螺栓，取出固定螺杆，这时即可一层一层取出零件进行检修（二维码5-2）。

（a）拆除固定螺栓　　　　　（b）取出固定螺杆　　　　　（c）分解

图 5-4　组合开关的拆卸

（6）组合开关的常见故障及其排除方法（表5-2）。

表5–2　组合开关的常见故障及排除方法

故障现象	产生原因	排除方法
（1）手柄转动90°角后，内部触头未动	（1）手柄上的三角形或半圆形口磨成圆形 （2）操作机构损坏 （3）绝缘杆变形（由方形磨成圆形） （4）轴与绝缘杆装配不紧	（1）调换手柄 （2）修理操作机构 （3）更换绝缘杆 （4）紧固轴与绝缘杆
（2）手柄转动后，三副静触头和动触头不能同时接通或断开	（1）开关型号不对 （2）修理后触头角度装配不正确 （3）触头失去弹性或有尘污	（1）更换开关 （2）重新装配 （3）更换触头或清除尘污
（3）开关接线柱短路	由于长期不清扫，铁屑或油污附着在接线柱间，形成导电层，将胶木烧焦，绝缘破坏形成短路	清扫开关或调换开关

5.1.3 断路器

（1）断路器的结构

低压断路器曾称自动开关，DZ系列断路器主要由动触头、静触头、灭弧装置、操作机构、热脱扣器组成，如图5-5所示。

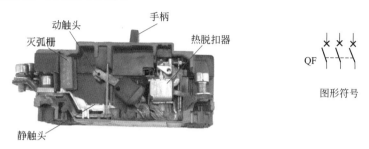

图5-5　DZ系列断路器的结构及图形符号

（2）断路器的用途

断路器是一种可以自动切断故障线路的保护开关，它既可用来接通和分断正常的负载电流、电动机的工作电流和过载电流，也可用来接通和分断短路电流，在正常情况下还可以用于不频繁地接通和断开电路以及控制电动机的启动和停止。

（3）断路器的选择

① 断路器的额定工作电压大于或等于线路的额定电压，即

$$U_{bN} \geqslant U_{IN}$$

式中　U_{bN}——断路器的额定工作电压，V；

　　　U_{IN}——线路的额定电压，V。

② 断路器的额定电流大于或等于线路计算负载电流，即

$$I_{bN} \geqslant I_{cl}$$

式中　I_{bN}——断路器的额定电流，A；

　　　I_{cl}——线路的计算负载电流，A。

③ 断路器的额定短路通道能力大于或等于线路中可能出现的最大短路电流。

④ 线路末端单相对地短路电流大于或等于1.25倍断路器瞬时或短延时脱扣器整定电流。

⑤ 断路器欠电压脱扣器额定电压等于线路额定电压，即

$$U_{uV} \geqslant U_{IN}$$

式中　U_{uV}——断路器欠脱扣器的额定电压，V。

⑥ 具有短延时的断路器，若带欠电压脱扣器，则欠电压脱扣器必须是延时的，其延时时间应大于或等于短路延时时间。

⑦ 断路器的分励脱扣器额定电压等于控制电源电压，即

$$U_{sr} \geqslant U_C$$

式中　U_{sr}——断路器分励脱扣器的额定电压，V；

　　　U_C——控制电源电压，V。

⑧ 电动机传动机构的额定电压等于控制电源电压。

（4）断路器的使用和维护

① 断路器在使用前应将电磁铁工作面上的防锈油脂抹净，以免影响电磁系统的正常动作。

② 操作机构在使用一段时间后(一般为1/4机械寿命)，在传动部分应加注润滑油(小容量塑料外壳式断路器不需要)。

③ 每隔一段时间(六个月左右或在定期检修时)，应清除落在断路器上的灰尘，以保证断路器具有良好的绝缘性。

④ 应定期检查触头系统，特别是在分断短路电流后，更必须检查，在检查时应注意：

a. 断路器必须处于断开位置，进线电源必须切断。

b. 用酒精抹净断路器上的烟痕，清理触头毛刺。

c. 当触头厚度小于1mm时，应更换触头。

⑤ 当断路器分断短路电流或长期使用后，均应清理灭弧罩两壁烟痕及金属颗粒。若采用的是陶瓷灭弧室，灭弧栅片烧损严重或灭弧罩碎裂，不允许再使用，必须立即更换，以免发生不应有的事故。

⑥ 定期检查各种脱扣器的电流整定值和延时。特别是半导体脱扣器，更应定期用试验按钮检查其动作情况。

⑦ 有双金属片式脱扣器的断路器，当使用场所的环境温度高于其整定温度，一般宜降容使用；若脱扣器的工作电流与整定电流不符，应当在专门的检验设备上重新调整后才能使用。

二维码 5-3

⑧ 有双金属片式脱扣器的断路器，因过载而分断后，不能立即"再扣"，需冷却1～3min，待双金属片复位后，才能重新"再扣"。

⑨ 定期检修应在不带电的情况下进行。

断路器的拆卸

（5）断路器的拆卸

如图5-6所示。拆除上盖，拿下手柄，灭弧栅，拆除底座螺栓，取出机构（二维码5-3）。

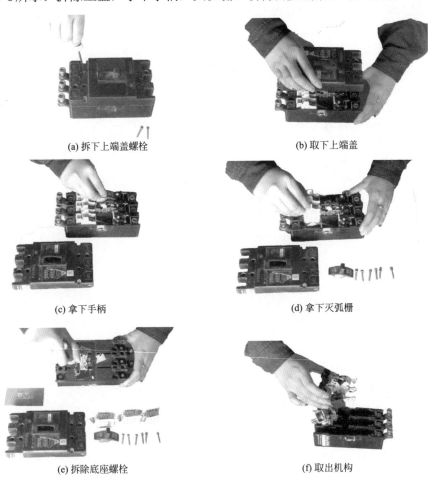

(a) 拆下上端盖螺栓　　　　　　(b) 取下上端盖

(c) 拿下手柄　　　　　　(d) 拿下灭弧栅

(e) 拆除底座螺栓　　　　　　(f) 取出机构

图 5-6　断路器的拆卸

（6）断路器的常见故障及其排除方法（表5-3）。

表5-3　断路器的常见故障及其排除方法

常见故障	可能原因	排除方法
（1）手动操作的断路器不能闭合	（1）欠电压脱扣器无电压或线圈损坏 （2）储能弹簧变形，闭合力减小 （3）释放弹簧的反作用力太大 （4）机构不能复位再扣	（1）检查线路后加上电压或更换线圈 （2）更换储能弹簧 （3）调整弹簧的反作用力或更换弹簧 （4）调整脱扣面至规定值
（2）电动操作的断路器不能闭合	（1）操作电源电压不符 （2）操作电源容量不够 （3）电磁铁或电动机损坏 （4）电磁铁拉杆行程不够 （5）电动机操作定位开关失灵 （6）控制器中整流管或电容器损坏	（1）更换电源或升高电压 （2）增大电源容量 （3）检修电磁铁或电动机 （4）重新调整或更换拉杆 （5）重新调整或更换开关 （6）更换整流管或电容器
（3）有一相触头不能闭合	（1）该相连杆损坏 （2）限流开关斥开机构可折连杆之间的角度变大	（1）更换连杆 （2）调整至规定要求
（4）分励脱扣器不能使断路器断开	（1）线圈损坏 （2）电源电压太低 （3）脱扣面太大 （4）螺钉松动	（1）更换线圈 （2）更换电源或升高电压 （3）调整脱扣面 （4）拧紧螺钉
（5）欠电压脱扣器不能使断路器断开	（1）反力弹簧的反作用力太小 （2）储能弹簧力太小 （3）机构卡死	（1）调整或更换反力弹簧 （2）调整或更换储能弹簧 （3）检修机构
（6）断路器在启动电动机时自动断开	（1）电磁式过流脱扣器瞬动整定电流太小 （2）空气式脱扣器的阀门失灵或橡皮膜破裂	（1）调整瞬动整定电流 （2）更换
（7）断路器在工作一段时间后自动断开	（1）过电流脱扣器长延时整定值不符要求 （2）热元件或半导体元件损坏 （3）外部电磁场干扰	（1）重新调整 （2）更换元件 （3）进行隔离
（8）欠电压脱扣器有噪声或振动	（1）铁芯工作面有污垢 （2）短路环断裂 （3）反力弹簧的反作用力太大	（1）清除污垢 （2）更换衔铁或铁芯 （3）调整或更换弹簧
（9）断路器温升过高	（1）触头接触压力太小 （2）触头表面过分磨损或接触不良 （3）导电零件的连接螺钉松动	（1）调整或更换触头弹簧 （2）修整触头表面或更换触头 （3）拧紧螺钉
（10）辅助触头不能闭合	（1）动触桥卡死或脱落 （2）传动杆断裂或滚轮脱落	（1）调整或重装动触桥 （2）更换损坏的零件

5.1.4　接触器

（1）接触器的结构

接触器主要由电磁系统、触头系统、灭弧装置及辅助部件等组成。CJT1-20型接触器的结构如图5-7所示。

（2）接触器的用途

接触器是一种用于远距离频繁地接通和分断交、直流主电路和大容量控制电路的电器。还具有低电压释放保护功能、使用安全方便等优点，主要用于控制交、直流电动机，也可用于控制小型发电机、电热装置、电焊机和电容器组等设备。

接触器能接通和断开负载电流，但不能切断短路电流，因此，常与熔断器和热继电器等配合使用。

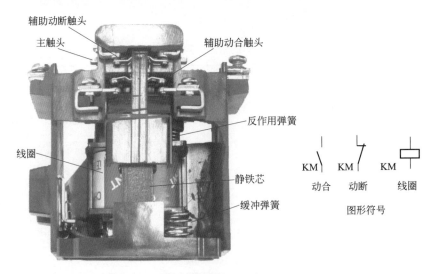

图 5-7 CJT1-20 型接触器的结构及图形符号

（3）接触器的选择

由于接触器的安装场所与控制的负载不同，其操作条件与工作的繁重程度也不同。因此，必须对控制负载的工作情况以及接触器本身的性能有一个较全面的了解，力求经济合理、正确地选用接触器。也就是说，在选用接触器时，不仅考虑接触器的铭牌数据，因铭牌上只规定了某一条件下的电流、电压、控制功率等参数，而具体的条件又是多种多样的，因此，在选择接触器时应注意以下几点：

① 选择接触器的类型。接触器的类型应根据电路中负载电流的种类来选择。也就是说，交流负载应使用交流接触器，直流负载应使用直流接触器。若整个控制系统中主要是交流负载，而直流负载的容量较小，也可全部使用交流接触器，但触头的额定电流应适当大些。

② 选择接触器主触头的额定电流。接触器的额定工作电流应不小于被控电路的最大工作电流。

③ 选择接触器主触头的额定电压。接触器的额定工作电压应不小于被控电路的最大工作电压。

④ 接触器的额定通断能力应大于通断时电路中的实际电流值；耐受过载电流能力应大于电路中最大工作过载电流值。

⑤应根据系统控制要求确定主触头和辅助触头的数量和类型，同时要注意其通断能力和其他额定参数。

⑥ 如果接触器用来控制电动机的频繁启动、正反转或反接制动时，应将接触器的主触头额定电流降低使用，通常可降低一个电流等级。

（4）接触器的使用和维护

接触器经过一段时间使用后，应进行维修。维修时，首先应先断开主电路和控制电路的电源，再进行维护。

① 应定期检查接触器外观是否完好，绝缘部件有无破损、脏污现象。

② 定期检查接触器螺钉是否松动，可动部分是否灵活可靠。

③ 检查灭弧罩有无松动、破损现象，灭弧罩往往较脆，拆装时注意不要碰坏。

④ 检查主触头、辅助触头及各连接点有无过热烧、烧蚀现象，发现问题及时修复。当触头磨损到 1/3 时，应更换。

⑤ 检查铁芯极面有无变形、松开现象，交流接触器的短路环是否破裂，直流接触器的铁芯非磁性垫片是否完好。

（5）接触器检测

如图5-8所示，自然状态时将万用表打到"200Ω"挡，测量辅助触头直流电阻，动合触头应为无限大，而动断触头应为零，用手按下复位按钮，再测，动合触头应为零，而动断触头应为无限大。其他开关测量方法与此相同。

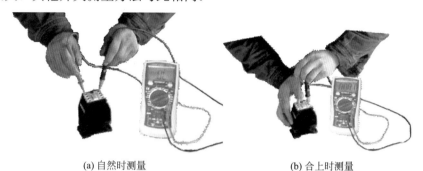

(a) 自然时测量   (b) 合上时测量

图 5-8 接触器动合触头的检测

（6）接触器的拆卸

如图5-9所示。拆除底座盖，拿下底盖、缓冲弹簧和静铁芯、取出线圈。拆除上端盖固定螺栓，拿下上端盖（二维码5-4）。

二维码 5-4

接触器的拆卸

(a) 拆除底盖螺栓

(b) 拿下底盖

(c) 拿下静铁芯

(d) 取出线圈

图 5-9

(e) 拆除上盖螺栓　　　　　　　(f) 拿下上盖

图 5-9　接触器的拆卸

（7）接触器的常见故障及其排除方法（表5-4）。

表5-4　接触器的常见故障及其排除方法

常见故障	可能原因	排除方法
（1）通电后不能闭合	（1）线圈断线或烧毁 （2）动铁芯或机械部分卡住 （3）转轴生锈或歪斜 （4）操作回路电源容量不足 （5）弹簧压力过大	（1）修理或更换线圈 （2）调整零件位置，消除卡住现象 （3）除锈上润滑油或更换零件 （4）增加电源容量 （5）调整弹簧压力
（2）通电后动铁芯不能完全吸合	（1）电源电压过低 （2）触头弹簧和释放弹簧压力过大 （3）触头超程过大	（1）调整电源电压 （2）调整弹簧压力或更换弹簧 （3）调整触头超程
（3）电磁铁噪声过大或发生振动	（1）电源电压过低 （2）弹簧压力过大 （3）铁芯极面有污垢或磨损过度而不平 （4）短路环断裂 （5）铁芯夹紧螺栓松动，铁芯歪斜或机械卡住	（1）调整电源电压 （2）调整弹簧压力 （3）清除污垢、修整极面或更换铁芯 （4）更换短路环 （5）拧紧螺栓，排除机械故障
（4）接触器动作缓慢	（1）动、静铁芯间的间隙过大 （2）弹簧的压力过大 （3）线圈电压不足 （4）安装位置不正确	（1）调整机械部分，减小间隙 （2）调整弹簧压力 （3）调整线圈电压 （4）重新安装
（5）断电后接触器不释放	（1）触头弹簧压力过小 （2）动铁芯或机械部分被卡住 （3）铁芯剩磁过大 （4）触头熔焊在一起 （5）铁芯极面有油污或尘埃	（1）调整弹簧压力或更换弹簧 （2）调整零件位置，消除卡住现象 （3）退磁或更换铁芯 （4）修理或更换触头 （5）清理铁芯极面
（6）线圈过热或烧毁	（1）弹簧的压力过大 （2）线圈额定电压、频率或通电持续等与使用条件不符 （3）操作频率过高 （4）线圈匝间短路 （5）运动部分卡住 （6）环境温度过高 （7）空气潮湿或含腐蚀性气体 （8）交流铁芯极面不平	（1）调整弹簧压力 （2）更换线圈 （3）更换接触器 （4）更换线圈 （5）排除卡住现象 （6）改变安装位置或采取降温措施 （7）采取防潮、防腐蚀措施 （8）清除极面或调换铁芯
（7）触头过热或灼伤	（1）触头弹簧压力过小 （2）触头表面有油污或表面高低不平 （3）触头的超行程过小 （4）触头的断开能力不够 （5）环境温度过高或散热不好	（1）调整弹簧压力 （2）清理触头表面 （3）调整超行程或更换触头 （4）更换接触器 （5）接触器降低容量使用

常见故障	可能原因	排除方法
(8) 触头熔焊出一起	(1) 触头弹簧压力过小 (2) 触头断开能力不够 (3) 触头开断次数过多 (4) 触头表面有金属颗粒突起或异物 (5) 负载侧短路	(1) 调整弹簧压力 (2) 更换接触器 (3) 更换触头 (4) 清理触头表面 (5) 排除短路故障，更换触头
(9) 相间短路	(1) 可逆转的接触器联锁不可靠，致使两个接触器同时投入运行而造成相间短路 (2) 接触器动作过快，发生电弧短路 (3) 尘埃或油污使绝缘变坏 (4) 零件损坏	(1) 检查电气联锁与机械联锁 (2) 更换动作时间较长的接触器 (3) 经常清理保持清洁 (4) 更换损坏零件

5.2 控制电器

5.2.1 时间继电器

（1）时间继电器的结构

常用的时间继电器有电磁式、电动式、空气阻尼式和晶体管式等。空气阻尼式又称气囊式时间继电器，是目前电力拖动系统应用最多的时间继电器。

JS7-4A型时间继电器结构如图5-10(a)所示。主要由电磁系统、触头系统、空气室、传动机构和基座组成。

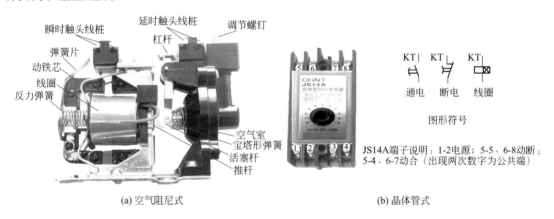

图 5-10　时间继电器的结构及图形符号

（2）时间继电器的用途

用于交直流电动机，作为以时间为函数启动时切换电路的加速继电器，笼型电动机的自动 Y-△启动、能耗制动及控制各种生产工艺程序等。

（3）时间继电器的选择

① 根据系统的延时范围和精度选择时间继电器的类型和系列。在延时要求不高的场合，可以选用价格低的时间继电器。反之，在精度要求较高的场合，可选用晶体管时间继电器。

② 根据控制电路的要求选择时间继电器的延时方式（通电延时或断电延时）。同时，还必须考虑电路对瞬时动作触头的要求。

③ 根据控制电路电压选择时间继电器线圈电压。

二维码 5-5

（4）JS-4A型时间继电器的拆卸

如图5-11所示，拆下底座固定螺栓，拿下底座；拆下瞬时触头固定螺栓，拿下瞬时触头底座；拆卸线圈固定螺栓，拿下铁芯和线圈；拆下气囊固定螺栓，拿下气囊（二维码5-5）。

时间继电器的拆卸

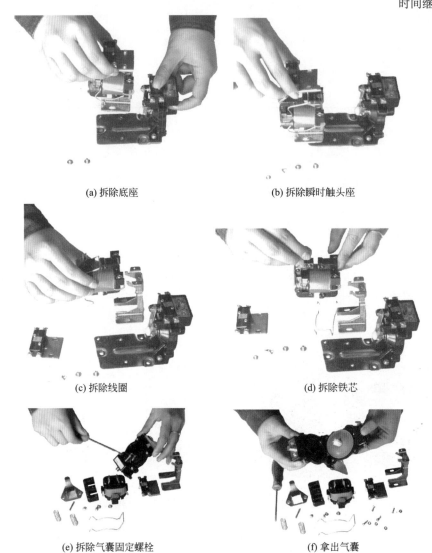

(a) 拆除底座   (b) 拆除瞬时触头座

(c) 拆除线圈   (d) 拆除铁芯

(e) 拆除气囊固定螺栓   (f) 拿出气囊

图 5-11   时间继电器的拆卸

（5）时间继电器的常见故障及排除方法（表5-5）。

表5-5   时间继电器的常见故障及其排除方法

故障现象	产生原因	排除方法
（1）延时触头不动作	（1）电磁铁线圈断线 （2）电源电压低于线圈额定电压很多 （3）电动机式时间继电器的同步电动机线圈断线 （4）电动机式时间继电器的棘爪无弹性，不能刹住棘齿 （5）电动机式时间继电器游丝断裂	（1）更换线圈 （2）更换线圈或调高电源电压 （3）调换同步电动机 （4）调换棘爪 （5）调换游丝

故障现象	产生原因	排除方法
（2）延时时间缩短	（1）空气阻尼式时间继电器的气室装配不严，漏气 （2）空气阻尼式时间继电器的气室内橡胶薄膜损坏	（1）修理或调换气室 （2）调换橡胶膜
（3）延时时间变长	（1）空气阻尼式时间继电器的气室内有灰尘，使气道阻塞 （2）电动机式时间继电器的传动机构缺润滑油	（1）清除气室内灰尘，使气道畅通 （2）加入适量的润滑油

5.2.2　电磁继电器

（1）电流继电器

根据线圈中（输入）电流大小而接通或断开电路的继电器称为电流继电器，即触头的动作与否与线圈动作电流大小有关的继电器称为电流继电器。电流继电器按线圈电流的种类可分为交流电流继电器和直流电流继电器，按用途可分为过电流继电器和欠电流继电器。

过电流继电器的任务是，当电路发生短路或严重过载时，必须立即将电路切断。因此，当电路在正常工作时，即当过电流继电器线圈通过的电流低于整定值时，继电器不动作，只要超过整定值时，继电器才动作。瞬动型过电流继电器常用于电动机的短路保护；延时动作型常用于过载兼具短路保护。过电流继电器复位分自动和手动两种。JL5-20A型过流继电器的外形及图形符号如图5-12所示。

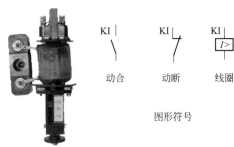

图5-12　过流继电器的外形及图形符号

欠电流继电器的任务是，当电路电流过低时，必须立即将电路切断。因此，当电路在正常工作时，即欠电流继电器线圈通过的电流为额定电流(或低于额定电流一定值)时，继电器是吸合的。只有当电流低于某一整定值时，继电器释放，才输出信号。欠电流继电器常用于直流电动机和电磁吸盘的失磁保护，用于频繁启动和重载启动的场合，作为电动机和主电路的过载和短路保护。该继电器具有一对动断触头。

（2）中间继电器

中间继电器的用途是当其他继电器的触头数量或触头容量不够时，可借助中间继电器来扩大它们的触头数或增大触头容量，起到中间转换（传递、放大、翻转、分路和记忆等）作用。中间继电器的触头额定电流比线圈电流大的多，所以可以用来放大信号。将多个中间继电器组合起来，还能够构成各种逻辑运算与计数功能的线路。JQX-10F/3Z型中间继电器的外形及图形符号如图5-13所示。

（3）电磁继电器使用和维护

①经常保持清洁，避免尘垢积聚，致使绝缘水平降低，发生相间闪络等事故。

②经常监视继电器的工作情况，若发现不正常现象，应及时查明原因，并作处理。

③定期检查触头表面及接触状况，当触头磨损至1/3厚度时，需考虑更换。若触头有较严重的烧损、起毛刺等现象，应进行修整或更换。在触头修理或更换后，应注意调整好触头开距、超程、触头压力及反作用力等。

(b) 图形符号

端子说明：2-10电源；1-4、6-5、8-11动断；
1-3、6-7、9-11动合（出现两次数字为公共端）

(a) 结构

图 5-13　JQX-10F/3Z 型中间继电器的外形及图形符号

④ 定期检查继电器各零部件是否松动、损坏、锈蚀，检查活动部分是否有卡住现象，如有应及时修复或更换。

⑤ 应经常注意环境条件的变化，若不符合继电器使用环境时，应采取可靠的防护措施，以保证继电器工作的可靠性。

⑥ 继电器整定值的调整应在线圈工作温度下进行，防止冷态和热态下对动作值产生影响。

5.2.3　速度继电器

速度继电器也称反接制动继电器，JY1型速度继电器外形及图形符号如图5-14所示。主要作用是以旋转速度的快慢为指令信号，与接触器配合实现电动机的反接制动。其触头系统由两组转换触头组成，一组在转子正转时动作，另一组在转子反转时动作。

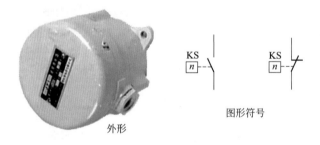

外形

图形符号

图 5-14　速度继电器的外形及图形符号

5.2.4　按钮

（1）按钮的结构

按钮主要由按钮帽、杠杆、动合触头组、动断触头组、反力弹簧组成，LA18型按钮的结构如图5-15所示。

（2）按钮的用途

按钮又称按钮开关或控制按钮，是一种短时间接通或断开小电流电路的手动控制器，一般用于电路中发出启动或停止指令，以控制电磁启动器、接触器、继电器等电器线圈电流的接通或断开，再由它们去控制主电路。按钮也可用于信号装置的控制。

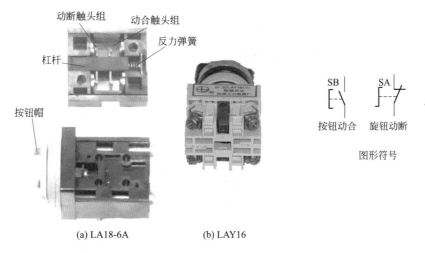

图 5-15　按钮的结构及图形符号

（3）按钮的选择

① 应根据使用场合和具体用途选择按钮的类型。例如，控制台柜面板上的按钮一般可用开启式；若需显示工作状态，则带指示灯式；在重要场所，为防止无关人员误操作，一般用钥匙式；在有腐蚀的场所一般用防腐式;防爆场所选防爆按钮、防爆操作柱。

② 应根据工作状态指标和工作情况的要求选择按钮和指示灯的颜色。如停止或分断用红色；启动或接通用绿色；应急或干预用黄色。

③ 应根据控制回路的需要选择按钮的数量。例如，需要作"正（向前）""反（向后）"及"停"三种控制处，可用三只按钮，并装在同一按钮盒内；只需作"启动"及"停止"控制时，则用两只按钮，并装在同一按钮盒内。

（4）按钮的使用和维修

① 按钮应安装牢固，接线应正确。通常红色按钮作停止用，绿色或黑色表示启动或通电。

② 应经常检查按钮，及时清除其上面的尘垢，必要时采时密封措施。

③ 若发现按钮接触不良，应查明原因；若发生触头表面有损伤或尘垢，应及时修复或清除。

④ 用于高温场合的按钮，因塑料受热易老化变形，而导致按钮松动，为防止因接线螺钉相碰而发生短路故障，应根据情况在安装时，增设紧固圈或给接线螺钉套上绝缘管。

⑤ 带指示灯的按钮，一般不宜用于通电时间较长的场合，以免塑料件受热变形。造成更换灯泡困难，若欲使用，可降低灯泡电压，以延长使用寿命。

⑥ 安装按钮的按钮板或盒，应采用金属材料制成的，并与机械总接地线母线相连，悬挂式按钮应有专用接地线。

二维码 5-6

按钮的检修

（5）按钮的拆卸

如图 5-16 所示，拆除按钮帽固定螺栓，拿下按钮帽；拆除横向固定螺栓，将主体分开；取出杠杆和反力弹簧；最后取出挡片（二维码 5-6）。

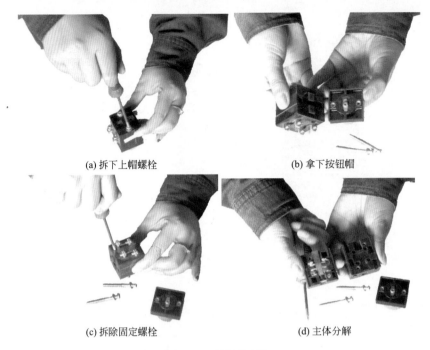

(a) 拆下上帽螺栓   (b) 拿下按钮帽

(c) 拆除固定螺栓   (d) 主体分解

图 5-16 按钮的拆卸

（6）按钮的常见故障及排除方法（表5-6）

表5-6 按钮的常见故障及排除方法

常见故障	可能原因	排除方法
（1）按下启动按钮时有触电感觉	（1）按钮的防护金属外壳与连接导线接触 （2）按钮帽的缝隙间充满铁屑，使其与导电部分形成通路	（1）检查按钮内连接导线 （2）清理按钮
（2）停止按钮失灵，不能断开电路	（1）接线错误 （2）线头松动或搭接在一起 （3）尘过多或油污使停止按钮两动断触头形成短路 （4）胶木烧焦短路	（1）改正接线 （2）检查停止按钮接线 （3）清理按钮 （4）更换按钮
（3）被控电器不动作	（1）被控电器损坏 （2）按钮复位弹簧损坏 （3）按钮接触不良	（1）检修被控电器 （2）修理或更换弹簧 （3）清理按钮触头

5.2.5 行程开关

（1）行程开关的结构

行程开关主要由顶杆、动合触头、动断触头、接触桥、接线座、反作用弹簧组成，JLXK-311型行程开关的结构如图5-17所示。

（2）行程开关的用途

生产机械中，常需要控制某些运动部件的行程，或运动一定行程使其停止，或在一定行程内自动返回或自动循环。这种控制机械行程的方式叫"行程控制"或"限位控制"。

行程开关又叫限位开关是实现行程控制的小电流(5A以下)主令电器，其作用与控制按钮相同，只是其触头的动作不是靠手按动，而是利用机械运动部件的碰撞使触头动作，即将机械信号转换为电信号，通过控制其他电器来控制运动部件的行程大小、运动方向或进行限位保护。

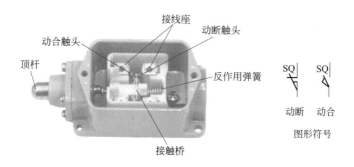

图 5-17　JLXK-311 型行程开关的结构

（3）行程开关的选择

① 根据使用场合和控制对象来确定行程开关的种类。当生产机械运动速度不是太快时，通常选用一般用途的行程开关；而当生产机械行程通过的路径不宜装设直动式行程开关时，应选用凸轮轴转动式的行程开关；而在工作效率很高、对可靠性及精度要求也很高时，应选用接近开关。

② 根据使用环境条件，选择开启式或保护式等防护形式。

③ 根据控制电路的电压和电流选择系列。

④ 根据生产机械的运动特征，选择行程开关的结构形式（即操作方式）。

（4）行程开关的使用和维修

① 行程开关安装时，应注意滚轮的方向，不能接反。与挡铁碰撞的位置应符合控制电路的要求，并确保能与挡铁可靠碰撞。

② 应经常检查行程开关的动作是否灵活或可靠，螺钉有无松动现象，发现故障要及时排除。

③ 应定期清理行程开关的触头，清除油垢或尘垢，及时更换磨损的零部件，以免发生误动作而引起事故的发生。

（5）行程开关的拆卸

如图 5-18 所示，拆下上盖螺栓，拿下上盖；拆下端盖螺栓，拿下顶杆；用螺丝刀向里推，取出接触桥；最后拆下触头螺母。

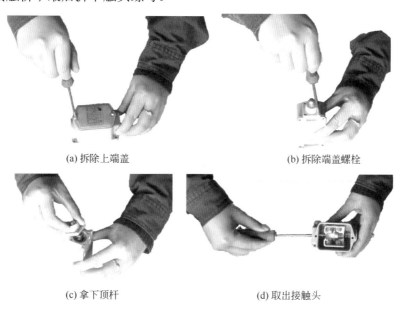

(a) 拆除上端盖　　　　　　　　　　　　　　　(b) 拆除端盖螺栓

(c) 拿下顶杆　　　　　　　　　　　　　　　(d) 取出接触头

图 5-18

<table>
<tr><td>(e) 取出弹簧</td><td>(f) 拆除静触头</td></tr>
</table>

图 5-18　行程开关的拆卸

（6）行程开关的常见故障及其排除方法（表5-7）

表5-7　行程开关的常见故障及其排除方法

常见故障	可能原因	排除方法
（1）挡铁碰撞行程开关，触头不动作	（1）行程开关位置安装不对，离挡铁太远 （2）触头接触不良 （3）触头连接线松脱	（1）调整行程开关或挡铁位置 （2）清理触头 （3）紧固连接线
（2）开关复位后，动断触头不闭合	（1）触头被杂物卡住 （2）动触头脱落 （3）弹簧弹力减退或卡住 （4）触头倾斜	（1）清理开关杂物 （2）装配动触头 （3）更换弹簧 （4）调整触头
（3）杠杆已偏转，但触头不动作	（1）行程开关位置太低 （2）行程开关内机械卡阻	（1）调高开关位置 （2）检修

5.2.6　万能转换开关

（1）万能转换开关的结构

万能转换开关主要由手柄、转轴、凸轮、触头系统、弹簧、接触系统等部件组成，LW5D-16YH3/3型万能转换开关的结构如图5-19所示。

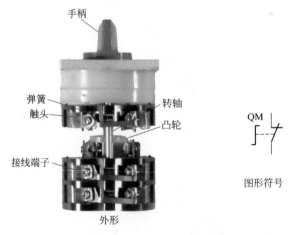

图 5-19　LW5D-16YH313 型万能转换开关的结构

（2）万能转换开关的用途

万能转换开关主要用于各种控制线路的转换，电气测量仪表的转换，以及配电设备(高压油断路器、低压空气断路器等)的远距离控制，也可用于控制小容量电动机的启动、制动、正反转换向及双速电动机的调速控制。

（3）万能转换开关的选择

① 按额定电压和工作电流等参数选择合适的系列；

② 按操作需要选择手柄型式和定位特征；

③ 选择面板型式及标志；

④ 按控制要求，确定触头数量和接线图编号；

⑤ 因转换开关本身不带任何保护，所以，必须与其他保护电器配合使用。

（4）万能转换开关的使用和维修

① 转换开关应注意定期保养，清除接线端处的尘垢，检查接线有无松动现象等，以免发生飞弧短路事故。

② 当转换开关有故障时，必须立即切断电路，检验有无妨碍可动部分正常转动的故障、检验弹簧有无变形或失效、触头工作状态和触头状况是否正常等。

③ 在更换或修理损坏的零件时，拆开的零件必须除去尘垢，并在转动部分的表面涂上一层凡士林，经过装配和调试后，方可投入使用。

（5）万能转换开关的检修（二维码5-7）

（6）万能转换开关的常见故障及其排除方法（表5-8）

二维码 5-7

万能转换开关的检修

表5-8　万能转换开关的常见故障及其排除方法

常见故障	可能原因	排除方法
（1）外部连接点放电，烧蚀或断路	（1）开关固定螺栓松动 （2）旋转操作过频繁 （3）导线压接处松动	（1）紧固固定螺栓 （2）适当减少操作次数 （3）处理导线接头，压紧螺钉
（2）接点位置改变，控制失灵	开关内部转轴上的弹簧松软或断裂	更换弹簧
（3）触头起弧烧蚀	（1）开关内部的动、静触头接触不良 （2）负载过重	（1）调整动、静触头、修整触头表面 （2）减轻负载或更换容量大一级的开关
（4）开关漏电或炸裂	使用环境恶劣、受潮气、水及导电介质的侵入	改善环境条件、加强维护

5.3　保护电器

5.3.1　熔断器

（1）熔断器的结构

熔断器的结构主要由熔体、安装熔体的熔管(或盖、座)、触头和绝缘底板等组成。RL1系列螺旋式熔断器的结构如图5-20所示。

（2）熔断器的用途

熔断器广泛应用于低压配电系统和控制电路中，主要作为短路保护元件，也常作为单台电气设备的过载保护元件。

（3）一般熔断器的选择

① 熔断器类型的选择　熔断器主要根据负载的情况和电路短路电流的大小来选择类型。例如，对于容量较小的照明线路或电动机的保护，宜采用RCIA系列插入式熔断器或RM10

磁帽
熔断管
磁套
磁座

FU

图形符号

图 5-20　熔断器的结构及图形符号

系列无填料密闭管式熔断器；对于短路电流较大的电路或有易燃气体的场合，宜采用具有高分断能力的 RL 系列螺旋式熔断器或 RT(包括 NT) 系列有填料封闭管式熔断器；对于保护硅整流器件及晶闸管的场合，应采用快速熔断器。

熔断器的形式也要考虑使用环境，例如，管式熔断器常用于大型设备及容量较大的变电场合；插入式熔断器常用于无振动的场合；螺旋式熔断器多用于机床配电；电子设备一般采用熔丝座。

② 熔体额定电流的选择

a. 对于照明电路和电热设备等电阻性负载，因为其负载电流比较稳定，可用作过载保护和短路保护，所以熔体的额定电流（I_{rn}）应等于或稍大于负载的额定电流 I_{fn}，即

$$I_{rn} = 1.1 I_{fn}$$

b. 电动机的启动电流很大，因此对电动机只宜作短路保护，对于保护长期工作的单台电动机，考虑到电动机启动时熔体不能熔断，即

$$I_{rn} \geqslant (1.5 \sim 2.5) I_{fn}$$

式中，轻载启动或启动时间较短时，系数可取近 1.5；带重载启动、启动时间较长或启动较频繁时，系数可取近 2.5。

c. 对于保护多台电动机的熔断器，考虑到在出现尖峰电流时不熔断熔体，熔体的额定电流应等于或大于最大一台电动机的额定电流的 1.5 ~ 2.5 倍，加上同时使用的其余电动机的额定电流之和，即

$$I_{rn} \geqslant (1.5 \sim 2.5) I_{fnmax} + \sum I_{fn}$$

式中　I_{fnmax}——多台电动机中容量最大的一台电动机的额定电流；
　　　$\sum I_{fn}$——其余各台电动机额定电流之和。

必须说明，由于电动机负载情况不同，其启动情况也各不相同，因此，上述系数只作为确定熔体额定电流时的参考数据，精确数据需在实践中根据使用情况确定。

③ 熔断器额定电压的选择　熔断器的额定电压应等于或大于所在电路的额定电压。

（4）熔断器的使用和维修

① 熔断器的巡视检查

a. 检查熔断器的实际负载大小，看是否与熔体的额定值相匹配。

b. 检查熔断器外观有无损伤、变形和开裂现象，瓷绝缘部分有无破损或闪络放电痕迹。

c. 检查熔断管接触是否紧密，有无过热现象。

d. 检查熔体有无氧化、腐蚀或损伤，必要时应及时更换。

e. 检查熔断器的熔体与触刀及触刀与刀座接触是否良好，导电部分有无熔焊、烧损。

f. 检查熔断器的环境温度是否与被保护设备的环境温度一致，以免相差过大使熔断器发生误动作。

g．检查熔断器的底座有无松动现象。

h．应及时清理熔断器上的灰尘和污垢，且应在停电后进行。

i．对于带有熔断指示器的熔断器，还应检查指示器是否保持正常工作状态。

② 熔断器的运行维护中的注意事项

a．熔体烧断后，应先查明原因，排除故障。分清熔断器是在过载电流下熔断，还是在分断极限电流下熔断。一般在过载电流下熔断时响声不大，熔体仅在一两处熔断，且管壁没有大量熔体蒸发物附着和烧焦现象；而分断极限电流熔断时与上面情况相反。

b．更换熔体时，必须选用原规格的熔体，不得用其他规格熔体代替，也不能用多根熔体代替一根较大熔体，更不准用细铜丝或铁丝来替代，以免发生重大事故。

c．更换熔体(或熔管)时，一定要先切断电源，将开关断开，不要带电操作，以免触电，尤其不得在负荷未断开时带电更换熔体，以免电弧烧伤。

d．熔断器的插入和拔出应使用绝缘手套等防护工具，不准用手直接操作或使用不适当的工具，以免发生危险。

e．更换无填料密闭管式熔断器熔片时，应先查明熔片规格，并清理管内壁污垢后再安装新熔片，且要拧紧两头端盖。

f．更换瓷插式熔断器熔丝时，熔丝应沿螺钉顺时针方向弯曲一圈，压在垫圈下拧紧，力度应适当。

g．更换熔体前，应先清除接触面上的污垢，再装上熔体。且不得使熔体发生机械损伤，以免因熔体截面变小而发生误动作。

h．运行中如有两相断相，更换熔断器时应同时更换三相。因为没有熔断的那相熔断器实际上已经受到损害，若不及时更换，很快也会断相。

（5）熔断器的拆卸

如图5-21所示。旋下磁帽，取出熔断管（二维码5-8）。

二维码 5-8

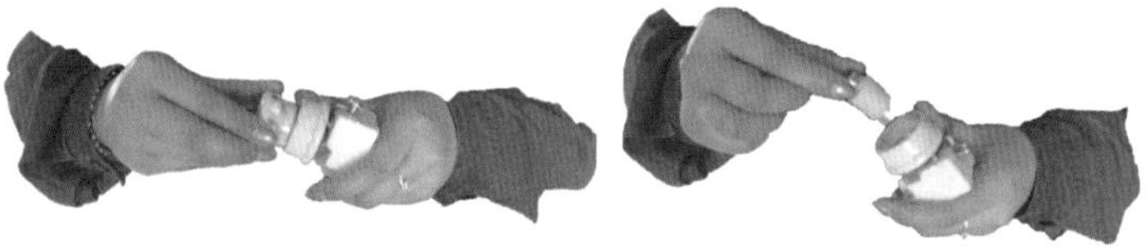

熔断器的检修

旋下磁帽　　　　　　取出熔断管

图 5-21　熔断器的拆卸

（6）熔断器的常见故障及其排除方法（表5-9）

表5-9　熔断器的常见故障及其排除方法

故障现象	可能原因	排除方法
（1）电动机启动瞬间熔断器熔体熔断	（1）熔体规格选择过小 （2）被保护的电路短路或接地 （3）安装熔体时有机械损伤 （4）有一相电源发生断路	（1）更换合适的熔体 （2）检查线路，找出故障点并排除 （3）更换安装新的熔体 （4）检查熔断器及被保护电路，找出断路点并排除
（2）熔体未熔断，但电路不通	（1）熔体或连接线接触不良 （2）紧固螺钉松脱	（1）旋紧熔体或将接线接牢 （2）找出松动处将螺钉或螺母旋紧
（3）熔断器过热	（1）接线螺钉松动，导线接触不良 （2）接线螺钉锈死，压不紧线 （3）触刀或刀座生锈，接触不良 （4）熔体规格太小，负荷过重 （5）环境温度过高	（1）拧紧螺钉 （2）更换螺钉、垫圈 （3）清除锈蚀 （4）更换合适的熔体或熔断器 （5）改善环境条件

续表

故障现象	可能原因	排除方法
（4）瓷绝缘件破损	（1）产品质量不合格 （2）外力破坏 （3）操作时用力过猛 （4）过热引起	（1）停电更换 （2）停电更换 （3）停电更换，注意操作手法 （4）查明原因，排除故障

5.3.2 热继电器

（1）热继电器的结构

热继电器是热过载继电器的简称，主要由热元件、动作机构、触头系统、电流整定装置、复位机构和温度补偿装置组成，JR36-20型热继电器的结构如图5-22所示。

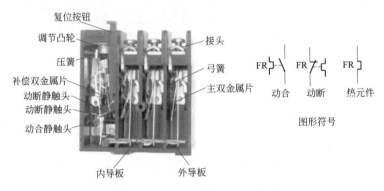

图 5-22　JR36-20 型热继电器的结构

（2）热继电器的用途

热继电器是一种利用电流的热效应来切断电路的保护电器，常与接触器配合使用，用于电动机的过载保护、断相及电流不平衡运行的保护及其他电气设备发热状态的控制。

（3）热继电器的选用

热继电器选用是否得当，直接影响着对电动机进行过载保护的可靠性。通常选用时应按电动机型式、工作环境、启动情况及负载情况等几方面综合加以考虑。

①原则上热继电器(热元件)的额定电流等级一般略大于电动机的额定电流。热继电器选定后，再根据电动机的额定电流调整热继电器的整定电流，使整定电流与电动机的额定电流相等。对于过载能力较差的电动机，所选的热继电器的额定电流应适当小一些，并且将整定电流调到是电动机额定电流的60%～80%。当电动机因带负载启动而启动时间较长或电动机的负载是冲击性的负载(如冲床等)时，则热继电器的整定电流应稍大于电动机的额定电流。

②一般情况下可选用两相结构的热继电器。对于电网电压均衡性较差、无人看管的电动机或与大容量电动机共用一组熔断器的电动机，宜选用三相结构的热继电器。定子三相绕组为三角形联结的电动机，应采用有断相保护的三元件热继电器作过载和断相保护。

③热继电器的工作环境温度与被保护设备的环境温度的差不应超出 15～25℃。

④对于工作时间较短、间歇时间较长的电动机(例如，摇臂钻床的摇臂升降电动机等)，以及虽然长期工作，但过载可能性很小的电动机(例如，排风机电动机等)，可以不设过载保护。

⑤双金属片式热继电器一般用于轻载、不频繁启动电动机的过载保护。对于重载、频繁启动的电动机，则可用过电流继电器(延时动作型的)作它的过载和短路保护。因为热元件受热变形需要时间，故热继电器不能作短路保护。

（4）热继电器的使用和维护

① 运行前，应检查接线和螺钉是否牢固可靠，动作机构是否灵活、正常。

② 运行前，还要检查其整定电流是否符合要求。

③ 使用中，应定期清除污垢。双金属片上的斑可用布蘸汽油轻轻擦拭。

④ 应定期检查热继电器的零部件是否完好、有无松动和损坏现象，可动部分有无卡碰现象等。发现问题及时修复。

⑤ 应定期清除触头表面的锈斑和毛刺，若触头磨损至其厚度的1/3时，应及时更换。

⑥ 热继电器的整定电流应与电动机的情况相适应，若发现其经常提前动作，可适当提高整定值；若发现电动机温升较高，而热继电器动作滞后，则应适当降低整定值。

⑦ 若热继电器动作后，必须对电动机和设备状态优先进行检查，为防止热继电器再次脱扣，一般采用手动复位。若其动作原因是电动机过载所致，应采用自动复位。

⑧ 对于易发生过载的场合，一般采用自动复位。

⑨ 应定期校验热继电器的动作特性。

（5）热继电器的检修（二维码5-9）

（6）热继电器的常见故障及其排除方法（表5-10）

二维码 5-9
热继电器的检修

表5-10 热继电器的常见故障及其排除方法

常见故障	可能原因	排除方法
（1）热继电器误动作	（1）电流整定值偏小 （2）电动机启动时间过长 （3）操作频率过高 （4）连接导线太细	（1）调整整定值 （2）按电动机启动时间的要求选择合适的继电器 （3）降低操作频率，或更换热继电器 （4）选用合适的标准导线
（2）热继电器不动作	（1）电流整定值偏大 （2）热元件烧断或脱焊 （3）动作机构卡住 （4）进出线脱头	（1）调整电流值 （2）更换热元件 （3）检查动作机构 （4）重新焊好
（3）热元件烧断	（1）负载侧短路 （2）操作频率过高	（1）排除故障，更换热元件 （2）降低操作频率，更换热元件或热继电器
（4）热继电器的主电路不通	（1）热元件烧断 （2）热继电器的接线螺钉未拧紧	（1）更换热元件或热继电 （2）拧紧螺钉
（5）热继电器的控制电路不通	（1）调整旋钮或调整螺钉转到不合适位置，以致触头被顶开 （2）触头烧坏或动触头杆的弹性消失	（1）重新调整到合适位置 （2）修理或更换新的触头或动触杆

5.3.3 电动机保护器

TDHD-1型电动机保护器外形如图5-23所示，具有过热反时限、反时限、定时限多种保护方式。主要用于电动机多种模式的保护。

端子说明：
A1+、A2－：AC220V工作电源输入
97、98：报警输出端子（动合）
07、08：短路保护端子（动合）；
Z1、Z2：零序电流互感器输入端子；
TRX(+)、TRX(－)：RS485或4～20mA端子；

图5-23 TDHD-1型电动机保护器外形及端子说明

第六章

电动机的使用与维修

6.1 三相异步电动机基本知识

6.1.1 结构与工作原理

（1）基本类型

① 按转子结构不同，可分为笼型和绕线型两种；笼型又可分为普通笼、双笼和深笼三种。

② 按防护方式，可分为开启式、防护式、封闭式和防爆式等。

③ 按基座底脚平面至中心高度不同，可分为大型、中型、小型三种；小型电动机中心高 80 ～ 315mm，中型中心高 355 ～ 630mm，大型中心高 630mm 以上；

④ 按安装结构型式，一般分为卧式和立式两种；

⑤ 按冷却方式，可分为自冷式、自扇冷式、它扇冷式和普通管道通风式等；

⑥ 按绝缘等级，可分为 A 级、E 级、B 级、F 级、H 级等。

单相感应电动机按启动方式分为电容运转电动机、电容启动与运转电动机、罩极式电动机和分相启动电动机，而分相启动电动机又分为电阻分相电动机和电容分相电动机。

（2）基本结构

交流异步电动机主要由定子、转子两部分组成。YB 系列笼型三相异步电动机基本结构如图 6-1 所示。

① 定子　定子主要由铁芯、定子绕组、机座组成。机壳和底部一般用铸铁铸在一起，是定子铁芯的固定件，它的两端固定的端盖是转子的支撑件。端盖和轴承盖也由铸铁制成。定子铁芯是电动机磁路的一部分，用 0.35 ～ 0.5mm 厚的硅钢片冲叠而成，硅钢片间涂有绝缘漆，以减少涡流损耗。

定子绕组嵌放在定子铁芯槽内，用以产生旋转磁场。

② 转子　转子主要由转子铁芯、转子绕组、转轴组成。异步电动机转子铁芯由 0.35 ～ 0.5mm 厚的硅钢片冲叠而成，槽内嵌放导体，导条由铸铝条、裸铜条制成时，这种转子称为笼型转子；导条由带绝缘的导条按一定规律连接并通过滑环、电阻器等短接时，这种转子称为绕线型转子。

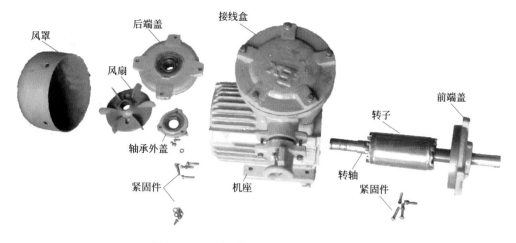

图 6-1　YB 系列笼型三相异步电动机结构

（3）工作原理

异步电动机的定子有三相绕组 U、V、W，转子有一闭合绕组。当定子三相绕组通以三相电流时，在气隙中便产生旋转磁场，其转速为：$n_1 = \dfrac{60 f_1}{p}$。

由于旋转磁场与转子绕组存在着相对运动，旋转磁场切割转子绕组，转子绕组中便产生感应电势。因为转子绕组自成闭合回路，所以就有感应电流通过。转子绕组感应电势的方向由右手定则确定，若略去转子绕组电抗，则感应电势的方向即是感应电流的方向。转子绕组中的感应电流与旋转磁场相互作用，在转子上产生电磁力 F，如图 6-2 所示。电磁力的方向按左手定则判定。电磁力所形成的电磁转矩驱动转子沿着旋转磁场的方向转动。

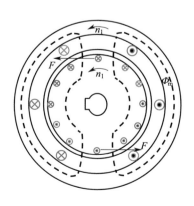

图 6-2　异步电动机的工作原理

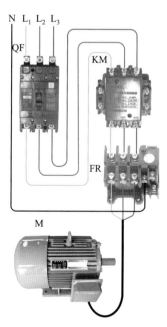

图 6-3　单向直接启动电路实物图

6.1.2 三相异步电动机的控制

（1）三相笼式异步电动机的启动

① 直接启动 图6-3是单向直接启动主电路实物图。在电源容量足够大，电动机容量又不太大，启动电流不致引起电网电压的明显变化时，电动机可直接启动。其原则是：电网电压变化不超过额定电压的10%～15%，有时用下面的经验公式来判断电源容量能否允许电动机直接启动：

$$\frac{I_q}{I_e} \leq \frac{3}{4} + \frac{P_s}{4P_e}$$

式中，I_q为电动机启动电流，A；I_e为电动机的额定电流，A；P_s为电源变压器容量，kV·A；P_e为电动机额定功率，kW。

② 降压启动 对不具备直接启动条件的电动机应进行降压启动。常用的方法有：电抗（阻）器启动；自耦补偿启动；Y-△启动和延边三角形启动等。

a. 定子串接电抗器启动。图6-4是单向串电抗器启动主电路实物图，电动机启动时，KM_2断开，将电抗器串入电路，降压启动，启动完毕，KM_2闭合，将电抗器退出电路。

定子串接电抗后，启动电流及启动转矩均减小。

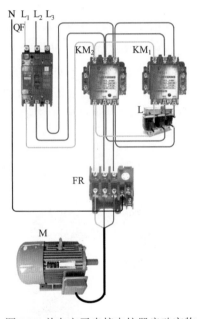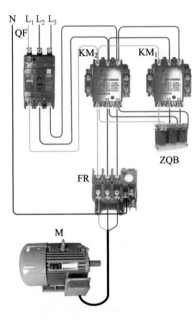

图6-4 单向定子串接电抗器启动实物图　　图6-5 自耦变压器降压启动实物图

b. 自耦补偿启动。图6-5是自耦补偿启动实物图，电动机启动时，KM_1闭合将变压器投入电路，启动完毕，KM_1断开自耦变压器退出电路。自耦变压器通常有两个抽头（一般可使电源电压降至80%和65%），可根据启动转矩选用。

当自耦变压器接到"80%"抽头时，电动机启动电压减少至额定电压的80%，而此时线路上的启动电流也减小到直接启动时的0.8^2，即64%补偿效果明显。

c. 星形-三角形（Y-△）启动。图6-6是Y-△启动实物图，电动机启动时KM_1、KM_3将电动机接成Y形，启动完毕KM_1、KM_2再换成△形。

采用此种方法启动时，启动电压降到$\frac{1}{\sqrt{3}}$额定值，而启动电流降低到$\frac{1}{3}$额定值，启动转

矩也降低到 $\dfrac{1}{3}$ 额定值。

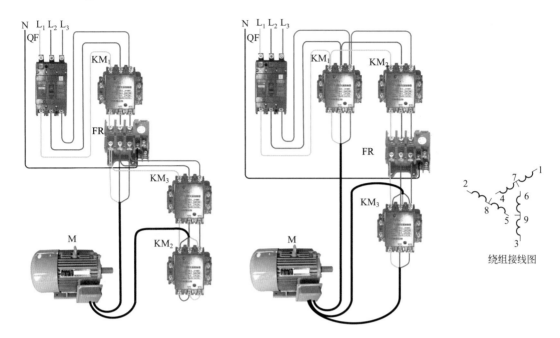

图6-6　Y-△降压启动电路实物图　　　　图6-7　延边△形降压启动电路实物图

绕组接线图

　　d．延边△形启动。图6-7是延边△形启动实物图，电动机启动时接触器KM_1将绕组1、2、3端头与电源L_1、L_2、L_3接通，KM_3将绕组5、4、6与7、8、9接通，电动机接成延边△降压启动，经过一定时间后，KM_3断开、KM_2闭合，将电动机接成△运行。采用这种方法启动，电动机定子绕组必须有九个抽头，即每相绕组中有一部分接成三角形，好像把一个三角形的三个边延长了，所以叫延边△形。

　　启动时绕组电压的大小，决定于绕组抽头的比例，抽头有1：1、1：2、1：3等，当采用1：1抽头时，启动电压为0.71倍额定电压，启动电流为0.5倍的全压启动电流，启动转矩为0.5的全压启动转矩。

　　（2）三相绕线式异步电动机的启动

　　① 转子回路串入电阻启动　图6-8是转子串电阻启动实物图，启动时串入全部电阻，而在加速过程中KM_1、KM_2依次吸合逐段切除电阻，最后通过接触器触头将转子绕组短接。串入的电阻级数愈多，启动愈平稳，这种方法普遍应用于桥式吊车、卷扬机及起重设备等。

　　② 转子回路串入频敏变阻器启动　图6-9是转子串频敏变阻器启动实物图，启动时转子回路串入频敏变阻器利用它对频率的敏感而自动进行变阻，所以能实现电动机无级平稳启动，但频敏电阻器的功率因数较低，启动转矩也只能得到最大转矩的50%～60%，所以一般只适用于轻载启动或启动不频繁的设备上。

　　（3）三相异步电动机的制动

　　在电动机轴上施加一个与转向相反的制动转矩，以使电动机停转或从高速运行降低到低速运行的操作，称为制动。制动的方法有机械的方法也有电力的方法。电力制动就是使电动机产生与旋转方向相反的电磁转矩，以阻止电动机的转动，主要有能耗制动、反接制动和发电制动三种。

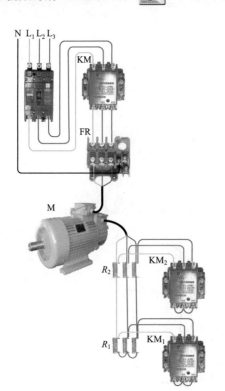

图 6-8　转子串电阻启动电路实物图

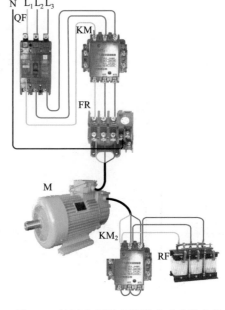

图 6-9　转子串频敏变阻器启动电路实物

① 反接制动　反接制动是使电动机的旋转方向与旋转磁场方向相反，电磁转矩对于转子的旋转起制动作用。反接制动有电源反接制动和负载倒拉反接制动。

a．电源反接制动。图 6-10 是单向运转反接制动电路实物图，启动时 KM₁ 吸合，电动机接入正序电源，停止时 KM₂ 吸合，电动机接入反向电源相序，使它产生的旋转磁场的方向与转子转动方向相反，从而起到制动作用。

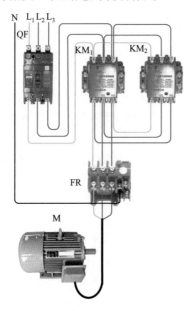

图6-10　单向运转反接制动电路实物图

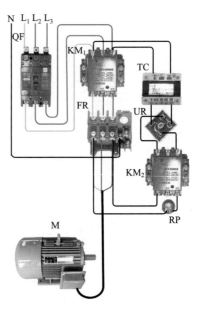

图6-11　单向运转能耗制动电路实物图

反接制动时转差率 $s>1$，这是由于此时同步转速与原方向相反所致。采用反接制动时应当注意，当电动机转速降到零时要迅速切断电源，以免电动机反转。

b．负载倒拉反接制动。负载倒拉反接制动是保持电源相序不变，但当负载转矩大于电动机的电磁转矩时，电动机被负载拖着反转，从而起到制动作用。要实现电动机的电磁转矩小于负载转矩，其方法是增大绕线式电动机转子回路电阻。

② 能耗制动　图6-11是单向运转能耗制动电路实物图。停止时，KM_1失电、KM_2吸合，在定子绕组内通以直流电，产生一个静止磁场，使转子绕组中感生电动势和电流，使电动机减速以致停转。由于这种方法是将转子动能转化为电能并消耗在转子回路的电阻上，所以称为能耗制动。

③ 发电制动　发电制动也称再生回馈制动，当电动机的转速超过定子旋转磁场转速时，转子感应电动势及感应电流的方向也随之发生改变，使得电动机进入发电制动状态。

发电制动只适用于电动机转速 n 高于同步转速 n_0 场合，此时由于 $n>n_0$，转差率 s 为负值。

6.1.3　铭牌

常见三相异步电动机铭牌如图6-12所示。说明如下：

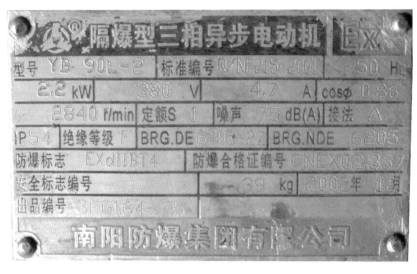

图6-12　三相异步电动机铭牌

（1）型号

型号表示电动机的类型、结构、规格及性能特点的代号。

（2）功率

功率指电动机按铭牌规定的额定运行方式运行时，轴端上输出的额定机械功率，用字母 P_N 表示。

（3）电压、电流和接法

① 电压、电流指额定电压和额定电流。感应电动机的电压、电流和接法三者是相互关联的。

② 额定电压是指电动机额定运行时，定子绕组应接的线电压，用字母 U_N 表示。

③ 额定电流是指电动机外接额定电压，输出额定功率时，电动机定子的线电流，用字母 I_N 表示。

④ 接法是指三相感应电动机绕组的六根引出线头的接线方法，接线时必须注意电压、电流、接法三者之间的关系，例如标有电压220/380V，电流14.7/8.49A，接法△/Y，说明可以接在220V和380V两种电压下使用，220V时接成△，380V时接成Y。

（4）功率因数

功率因素指电动机在额定功率输出时，定子绕组中相电流和相电压之间相角差的余弦值。

（5）转速

转速指电机的额定转速。

（6）工作制（定额）

工作制表示电动机允许的持续运转时间，分为连续、短时、断续三种。

连续表示电动机可以连续不断地输出额定功率，而温升不会超过允许值。

短时表示电动机只能在规定时间内输出额定功率，否则会超过允许温升，短时可分为10min、30min、60min及90min四种。

断续表示电动机短时输出额定功率，但可以多次断续重复。负载持续率为15%、25%、40%及60%四种，以10min为一个周期。

（7）标准编号

标准编号指电机生产使用的国家标准号。

（8）出厂编号

用编号可以区别每一台电动机，并便于分别记载各台电动机试验结果和使用情况，用户可根据产品编号到制造厂去查阅技术档案。

6.1.4 三相异步电动机的接线

三相电动机定子绕组一般采用Y/△两种联结方式，如图6-13所示。生产厂家为方便用户改变接线方法，一般电动机接线盒中电动机三相绕组的6个端子的排列次序有特定的方式，如图6-14所示。

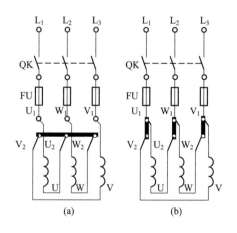

图 6-13　三相异步电动机定子接法

(a) Y连接

(b) △连接

图 6-14　接线盒内端子接法

接线的注意事项。

① 选择合适的导线截面，按接线图规定的方位，在固定好的电气元器件之间测量所需要的长度，截取长短适当的导线，剥去导线两端绝缘皮，其长度应满足连接需要。为保证导

线与端子接触良好，压接时将芯线表面的氧化物去掉，使用多股导线时应将线头绞紧烫锡。

② 走线时应尽量避免导线交叉，先将导线校直，把同一走向的导线汇成一束，依次弯向所需要的方向。走线应横平竖直，拐直角弯。做线时要用手将拐角做成90°的慢弯，导线弯曲半径为导线直径的3～4倍，不要用钳子将导线做成死角，以免损伤导线绝缘层及芯线。做好的导线应绑扎成束用非金属线卡卡好。

③ 将成形好的导线套上写好的线号管，根据接线端子的情况，将芯线弯成圆环或直接压进接线端子。

④ 接线端子应固定好，必要时装设弹簧垫圈，防止电器动作时因受振动而松脱。

⑤ 同一接线端子内压接两根以上导线时，可套一只线号管，导线截面不同时，应将截面大的放在下层，截面小的放在上层，所有线号要用不易褪色的墨水，用印刷体书写清楚。

6.2 三相异步电动机的维修

6.2.1 故障查找方法

（1）绕组接地故障查找

将万用表选在"200Ω"低阻挡，打开电动机引出线，用万用表测量绕组与机壳的直流电阻，最小的一相即为接地相，如图6-15所示；打开极相组连线，用万用表测量绕组与机壳的直流电阻，最小的一组即为接地极相组；最后打开组内连线，同样方法确定接地点（二维码6-1）。

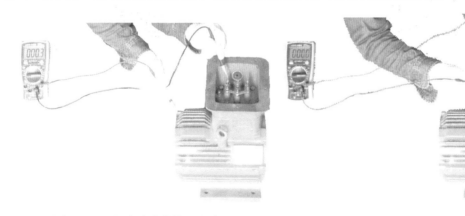

图 6-15 万用表法查找接地故障   图 6-16 万用表法查找短路故障

二维码 6-1

万用表法查找接地故障

二维码 6-2

万用表法查找短路故障

（2）绕组短路故障查找

将万用表选在"200Ω"低阻挡，打开电动机引出线，用万用表测量绕组的直流电阻，与平均值误差较大一相即为短路相，如图6-16所示；打开极相组连线，用万用表测量极相组的直流电阻，最小的一组即为短路极相组（二维码6-2）。

（3）绕组断路故障查找

将万用表选在"200 Ω"电阻挡，分别测量三相绕组的直流电阻值，较大的一相绕组，即为断路相如图6-17所示；然后再分别测量各极相组的直流电阻，电阻较大的一组即为断路极相组；按同样的方法可确定断路线圈的位置（二维码6-3）。

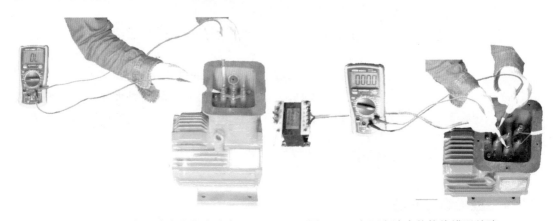

图 6-17　电阻法查找断路故障　　　　图 6-18　电压表法查找接线错误故障

二维码 6-3　　　　　　　　　　　二维码 6-4

电阻法查找断路故障　　　　　　电压表法查找接线错误故障

（4）绕组接线错误查找方法

电压表法，如图6-18所示。

将任意两相绕组按假定头尾串联后接在电压表上，另一相接36V电源，如电压表有指示，说明串联的两相首尾是正确的，如无指示说明串联的两相头尾接反，调换一相接头重试（二维码6-4）。

6.2.2　三相交流电动机的拆装

（1）三相交流电动机的拆装（图6-19）

① 用螺丝刀拆除风罩螺钉，取下风罩；

② 取出固定卡簧；

③ 用螺丝刀轻轻翘出风叶；

④ 拆除轴承室小盖固定螺栓，卸下小盖；

⑤ 拆除前后端盖固定螺栓；

⑥ 将木棒一头顶在转轴非负荷端，用铁锤敲打木棒；

⑦ 待前端盖脱离定子后，两手将带前端盖的转子抽出；

⑧ 将木棒一头定在后端盖上，用铁锤敲打木棒，直至将后端盖打掉（二维码6-5）。

（2）三相交流电动机的装配（图6-20）

二维码 6-5

小型电动机的拆除

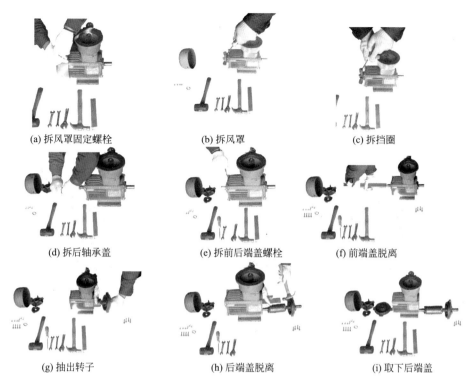

(a) 拆风罩固定螺栓 　　　(b) 拆风罩 　　　(c) 拆挡圈

(d) 拆后轴承盖 　　　(e) 拆前后端盖螺栓 　　　(f) 前端盖脱离

(g) 抽出转子 　　　(h) 后端盖脱离 　　　(i) 取下后端盖

图 6-19　三相交流电动机的拆装

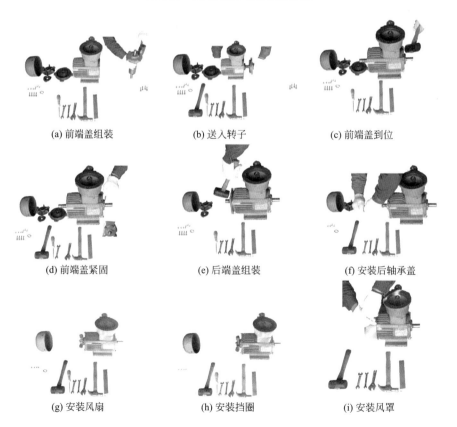

(a) 前端盖组装 　　　(b) 送入转子 　　　(c) 前端盖到位

(d) 前端盖紧固 　　　(e) 后端盖组装 　　　(f) 安装后轴承盖

(g) 安装风扇 　　　(h) 安装挡圈 　　　(i) 安装风罩

图 6-20　三相交流电动机的装配

① 将前端盖安装在转轴负荷侧，可用橡皮锤辅助安装；

② 一手在负荷侧向定子内推，另一手在非负荷侧接，将转子送入定子膛内；

③ 深入止口后，用橡皮锤敲打，使端盖牢靠；

④ 安装前端盖固定螺栓，注意拧紧时要对称；

⑤ 安装后端盖并拧紧螺栓；

⑥ 安装轴承室小盖并固定螺栓；

⑦ 安装外风扇及固定卡簧；

⑧ 安装风罩（二维码6-6）。

二维码6-6   二维码6-7

小型电动机的装配   轴承摆动的检查

6.2.3 滚动轴承的检修

（1）轴承摆动的检查

将手指插入轴承内圈，搬动轴承外圈，使其快速转动，好的轴承应响声均匀无杂声。另一种方法是一手捏住轴承内圈，另一只手搬动外圈，如图6-21所示（二维码6-7）。

(a) 外圈转动   (b) 内圈转动

图 6-21   轴承摆动的检查

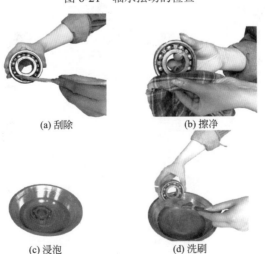

(a) 刮除   (b) 擦净

(c) 浸泡   (d) 洗刷

图 6-22   轴承的清洗方法

（2）轴承的清洗方法（图6-22）

① 用螺丝刀或竹片刮除轴承钢珠（球）上的废旧润滑油。

② 用蘸有洗油的抹布擦去轴承内的残存废旧润滑油。

③ 将轴承浸泡在洗油盆内，约30min，用毛刷蘸洗油擦洗轴承，洗净为止。

④ 换掉洗油，更换新洗油，再清洗一遍，力求清洁。最后将洗净的转轴放在干净的纸上，置于通风场合，吹散洗油（二维码6-8）。

二维码 6-8

轴承的清洗

二维码 6-9

轴承的加油方法

（3）轴承的加油方法

① 用螺丝刀或竹片挑取润滑油，刮入轴承盖内，用量占油腔60%～70%即可。

② 仍用螺丝刀刮取润滑油，将轴承的一侧填满，用手刮抹润滑油，使其能封住钢珠（球），如图6-23所示。同样的方法给另一侧加油（二维码6-9）。

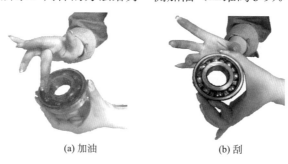

(a) 加油　　　　　　　　(b) 刮

图 6-23　轴承的加油方法

（4）轴承的安装

① 热装法　通过对轴承加热，使其膨胀，里圈内径变大后，套在轴的轴承挡处。冷却后，轴承内径变小，从而与轴形成紧密配合。轴承加热温度应控制在80～100℃，加热时间视轴承大小而定，一般5～10min。加热方法有油煮法、工频涡流加热法、烘箱加热三种。

(a) 用套筒安装滚动轴承　　　　　(b) 用木（铜）棒安装滚动轴承

图 6-24　轴承冷装方法

② 冷装法　一种是用套筒敲击的方法：选一段内径略大于轴承内径、厚度略超过轴承内圈厚度、长度大于轴承、外端面到轴伸端面距离的无缝钢管，将其内圆磨光，一端焊上一块铁板或塞上一个蘑菇头状的铁块抵在轴承内圈上如图2-24(a)所示，用锤子击打套筒顶部将轴承推到预定位置；另一种是用木（铜）棒敲击的方法如图2-24(b)所示，将木（铜）棒沿圆周一上一下、一左一右的对称点击打（二维码6-10）。

二维码 6-10

轴承冷装方法

6.3　单相电容电动机修理

6.3.1　单相电容电动机的拆卸

（1）皮带轮的拆卸（图6-25）

① 将拉马顶丝对正转轴中心孔，旋转丝杠慢慢拉紧。

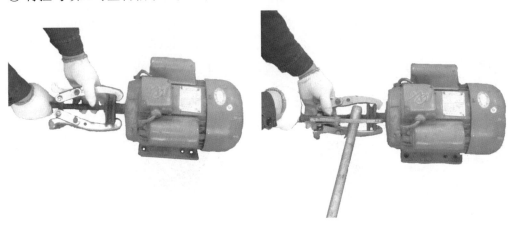

图 6-25　皮带轮的拆卸

② 用扳手旋转丝杠，将皮带轮拉出。

（2）电动机的拆卸（图6-26）

① 用螺丝刀顶住销键，用手锤轻轻敲打螺丝刀，取出销键。

② 拆除螺钉，取下风罩。

③ 用螺丝刀轻轻撬动风扇，拿下风扇。

④ 拆除后端盖螺栓。

⑤ 用螺丝刀撬动后端盖，将其拆下。

⑥ 拆除前端盖螺栓，拆下前端盖。

⑦ 拆除离心开关电源线（电容运转型没有此项）。

⑧ 将转子抽出。

⑨ 用橡胶锤轻轻敲打前端盖，使其与转子脱离。

6.3.2　启动元件的修理

（1）离心开关的修理（图6-27）

① 离心开关沿转轴轴向移动应灵活。

② 离心开关自然状态不闭合，检查弹簧，如有过热现象，可以考虑更换弹簧。

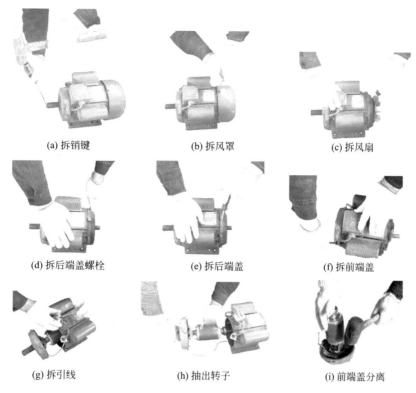

(a) 拆销键　　　　　　　(b) 拆风罩　　　　　　　(c) 拆风扇

(d) 拆后端盖螺栓　　　　(e) 拆后端盖　　　　　　(f) 拆前端盖

(g) 拆引线　　　　　　　(h) 抽出转子　　　　　　(i) 前端盖分离

图 6-26　电容启动运转电动机的拆卸

③用万用表检测，两接线端子直流电阻应为零。

④用器物向里推，再检测直流电阻应为无限大。

⑤触点有电弧灼伤时，可以将支架从端盖上取下。

⑥先用锉刀磨平。

⑦再用细砂纸剖光。

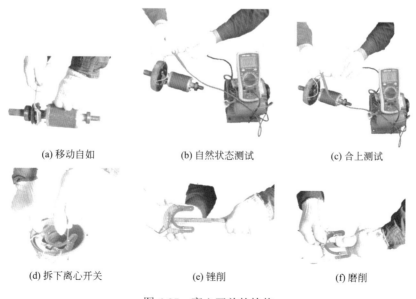

(a) 移动自如　　　　　　(b) 自然状态测试　　　　(c) 合上测试

(d) 拆下离心开关　　　　(e) 锉削　　　　　　　　(f) 磨削

图 6-27　离心开关的检修

（2）兆欧表检测电容器（图6-28）

① 将兆欧表两表笔接电容器两引线，摇兆欧表至120/min约1min。

② 用导线迅速短接两引线，会发出"啪"的一声放电声，声音越大说明电容器越好。

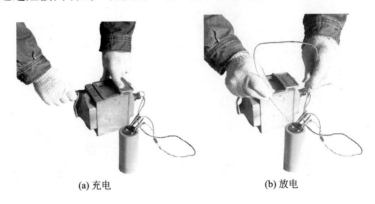

(a) 充电　　　　　　　　　　　(b) 放电

图 6-28　兆欧表检测电容器

(3)万用表检测电容器（图6-29）

① 将万用表打到电容挡。

② 两表笔分别连接电容器两接线端。

③ 开始时没有读数，待电容器充满电后，显示屏即显示电容值。

④ 测量完毕关闭万用表。

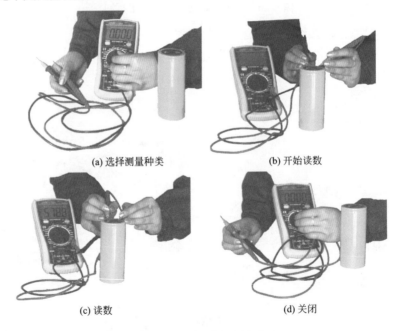

(a) 选择测量种类　　　　　　　　(b) 开始读数

(c) 读数　　　　　　　　　　　(d) 关闭

图 6-29　万用表检测量电容器

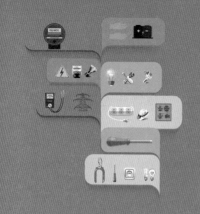

第七章

变压器

7.1 变压器的结构和工作原理

7.1.1 变压器的结构

变压器的基本结构包括器身(铁芯、绕组、绝缘、引线及调压装置)、油箱(油箱本体、附件及有载调控部分)、冷却装置、保护装置、出线套管及变压器油等。

① 铁芯 变压器的磁路部分,由0.35mm或0.5mm硅钢片制成。

② 绕组 变压器的电路部分,由带绝缘的导线制成。

③ 油箱及其他附件 油箱内装有变压器油,起到绝缘和冷却的作用,油箱上面设有油枕,使与空气接触面减小,同时又有调节作用。油枕上装有放置硅胶干燥剂的吸湿器,还装有油位计以观察油箱内的变压器油的变化。

④ 套管 经过套管将引线从油箱内引出油箱外,起到绝缘作用,另外油箱上还装有分接开关,以调节变压器输出电压。

7.1.2 单相变压器工作原理

如图7-1所示。当一次电压u_1加到绕组W_1W_2两端时,流过的电流就在铁芯中产生磁通Φ,这个磁通将在二次绕组中产生感应电动势e_2,此e_2也是交变的,即按正弦规律变化,这样,能量就通过这一装置进行传输。

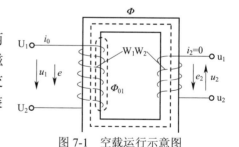

图 7-1 空载运行示意图

7.1.3 电力变压器的连接组别

(1)同名端

在变压器中,当原线圈某一端电位为正时,副线圈必然同时有一个电位为正的对应端,这两个对应端称为同极性端或同名端。

(2)三相绕组的连接方法

三相绕组常用的连接方法有两种:星形接法(记为Y),三角形接法(记为△)。在三角形接法中也有两种,一种是按$U_1U_2 \to V_1V_2 \to W_1W_2$的顺序连接称为正序接法;另一种按$U_1U_2 \to V_1V_2 \to W_1W_2$的顺序连接称为逆序接法。在变压器中三角形接法一般用于二次侧。

（3）时钟表示法

把高压侧线电压相量作为时针的长针放在数字12位置上，低压侧线电压相量作为短针，

短针在钟面上所指示位置对应的数字，就是变压器的连接组别。如图7-2所示。

单相变压器只能连接成 I 形；三相变压器的连接组别有多种，国标规定三相双绕组变压器有五种连接组别，即Yyn0、Yd11、YNd11、YNy0、

图 7-2 时针表示法 Yy0，其中前三种为电力变压器常用；三相三绕组变压器有两种连接组别，即YNyn0d11、YNyn0y0；三相自耦变压器有两种连接组别，即YNaod11、YNaoyn0。

7.1.4 技术参数

（1）型号

根据国家标准规定，电力变压器的分类和型号如表7-1所示。

表7-1 电力变压器的分类和型号

分类	类别	代表符号	
		新符号	旧符号
耦合方式	自耦	O	O
相数	单相	D	D
	三相	S	S
冷却方式	风冷式	F	F
	水冷式	W	S
	油浸风冷	F	F
	油浸水冷	W	S
	干式空气自冷	G	K
	干式绕组绝缘	C	C
	强迫油循环	P	P
	强油循环风冷	FP	FP
	强油循环水冷	WP	SP
线圈数	双线圈	—	—
	三线圈	S	S
调压方式	无激磁调压	不表示	不表示
	有载调压	Z	Z

在变压器型号后面的数字部分，分子表示容量，单位为kV·A；分母表示一次侧额定电压，单位为kV。

（2）额定容量 S_N

指在额定条件下，变压器的输出能力即变压器副边的额定电压与额定电流的乘积，称为视在功率，单位为kV·A。

（3）额定电压 U_{1N} 和 U_{2N}

变压器在额定运行情况下，根据其绝缘强度允许温升规定的原边线电压值，称原边额定线电压 U_{1N}，变压器空载时的副边线电压的保证值，称作副边额定电压 U_{2N}。

（4）空载电流 I_{10}

指当变压器空载运行时，即副边开路原边施加额定电压时的电流值，一般用百分数

（即 $\dfrac{I_{10}}{I_{1N}}\%$ ）表示。

（5）空载损耗 ΔP_0

变压器在空载状态时所产生的损耗，主要由铁芯的磁滞损耗和涡流损耗引起，所以又称铁损耗，单位为kW。

（6）短路电压 U_d

当副边短路，在原边施加额定电流时的电压称短路电压，又称阻抗电压，一般都用额定电压的百分数（即 $\dfrac{U_{10}}{U_{1N}}\%$ ）表示。

（7）短路损耗 ΔP_d

当副边短路，在原边通过额定电流时所产生的损耗，称短路损耗，又称铜耗，单位为kW。

7.2 变压器并列运行

7.2.1 并列条件

将两台以上的变压器一次线圈并联接在公共电源上，二次线圈也并联在一起的运行方式叫变压器的并列运行。

变压器并列运行的条件除必须相序相同外，还必须满足以下条件：

① 连接组别相同；

② 变压比必须相等，差值不超过 $\pm0.5\%$ ；

③ 短路阻抗尽量相等，差值不超过 $\pm10\%$ ，以合理分配变压器负载。

7.2.2 并列运行条件分析

① 连接组别如果不同，将会在二次绕组产生环流，例如Y yn0与Y d11两台变压器并列，那么在两台变压器副边的对应线电压之间就有30°的相位差，如图7-3所示，其合成电压是两对应线电压相量之差，即

$$\Delta \dot{U} = \dot{U}_{ab1} - \dot{U}_{ab2} = 0.52\dot{U}_{ab}$$

在这一电压作用下，虽然副边没有负载，电路中也会出现几倍于额定电流的环流。

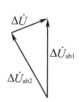

图 7-3　副边电压相量

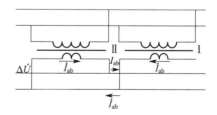

图 7-4　变比不等的两台变压器并列

② 如果两台变压器变比不等，不妨设 $K_1 > K_2$ ，由于两台变压器的原边接在同一电源上，因此它们的原边电压相等，而副边电压却不等，由于两台变压器的副边也并联在同一母线上，所以在电位差 $\Delta \dot{U} = \dot{U}_{a1} - \dot{U}_{a2}$ 的作用下，副边线圈中就产生环流，环流的出现，增加了变压器的损耗，影响了变压器的容量，变比相差越大，环流就越大，如图7-4所示。

③ 短路阻抗尽量相等是为了合理分配变压器的容量，一般希望容量大的多输出一些，容量小的少输出一些；为了合理利用并列变压器的全部容量，希望电流的分配和它们的额定电流成正比，即 $\dfrac{I_A}{I_B} = \dfrac{I_{NA}}{I_{NB}}$，由于两台变压器并列，那么就有 $I_A \sqrt{R_{DLA}^2 + X_{DLA}^2} = I_B \sqrt{R_{DLB}^2 + X_{DLB}^2}$，式中 R_{DL}、X_{DL} 分别为相应短路阻抗、短路电抗，而变压器的短路电压等于它的额定电流和短路阻抗的乘积，即有 $\dfrac{I_A}{I_B} = \dfrac{U_{DLB} I_{NA}}{U_{DLA} I_{NB}}$，因而只有 $\dfrac{U_{DLB}}{U_{DLA}} = 1$ 才能合理分配变压器容量。

7.3 专用变压器

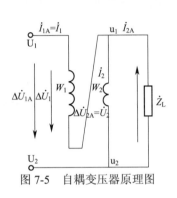

图 7-5　自耦变压器原理图

7.3.1 自耦变压器

把普通变压器的一次、二次绕组串联起来作为新的一次绕组，而二次绕组仍作为带负载的绕组，就得到了一台降压的自耦变压器，如图 7-5 所示。

从原理图可以看出，自耦变压器的一次、二次绕组之间既有磁的联系，也有电的联系。

（1）变比 K_A

若普通变压器两绕组匝数分别为 W_1、W_2，那么由图 7-5 可知：

$$K_A = \frac{W_1 + W_2}{W_2} = 1 + K$$

式中，K 为两绕组变压器的变比。

（2）副边电流

$$I_a = I_1 + I_2$$

(3) 额定容量

$$S_{NA} = S_N + U_{N2} I_{N1}$$

式中，$U_{N2} I_{N1}$ 为自耦变压器靠传导输送的电功率。

7.3.2 整流变压器

（1）特点

整流变压器是整流电路中的电源变压器，其特点是：由于整流变压器各臂在一个周期内轮流导通，流经整流臂的电流波形不是连续的正弦波，使整流变压器二次绕组电流可能不是连续正弦波，因此整流变压器的直流输出量取决于整流电路形式及负载性质。

（2）整流电路参数（见表 7-2）

表 7-2　整流电路参数

电路名称	单相半波	单相全波	单相桥式（全波）	三相半波（Y）	三相星形桥式	六相星形半波
接法	I/I	I_d/I	I_e/I	Y 或△/Y	Y 或△/Y	Y 或△
一次相电流	$1.21KI$	$1.11\,KI_d$	$1.11\,KI_d$	$0.47\,KI_d$	$0.816\,KI_d$	$0.576\,KI_d$
二次相电压	$2.22U_d + ne$	$1.11\,U_d + ne$	$1.11\,U_d + 2ne$	$0.855\,U_d + ne$	$0.427\,U_d + 2ne$	$0.744\,U_d + ne$

电路名称	单相半波	单相全波	单相桥式（全波）	三相半波（Y）	三相星形桥式	六相星形半波
二次相电流	$1.57I_d$	$0.785I_d$	$1.11I_d$	0.577_dI_d	$0.816I_d$	$0.407\,I_d$
一次侧容量	$2.69U_dI_d$	$1.23U_dI_d$	$1.23\,U_dI_d$	$1.21\,U_d\,I_d$	$1.05U_dI_d$	$1.28\,U_dI_d$
二次侧容量	$3.49\,U_dI_d$	$1.74\,U_dI_d$	$1.23\,U_dI_d$	$1.49\,U_dI_d$	$1.05\,U_dI_d$	$1.81\,U_dI_d$
平均容量	$3.09\,U_dI_d$	$1.48\,U_dI_d$	$1.23\,U_dI_d$	$1.35\,U_dI_d$	$1.05\,U_dI_d$	$1.43\,U_dI_d$

注：e——整流元件的正向压降；n——串联整流元件只数；$K=u_1/u_2$。

7.3.3　电流互感器

（1）电流互感器的用途

电流互感器是专门用来改变交流电流大小以供仪表和继电器用的电器。

（2）电流互感器的工作原理

电流互感器是根据变压器原理制成的，在变压器中有

$$\frac{I_{1N}}{I_{2N}}=\frac{N_2}{N_1}=n_{LH}$$

由于电流互感器中原线圈匝数 N_1 比副线圈 N_2 匝数少，因此副边电流小。

一般规定无论原边电压多高，副边电流都为5A。

（3）电流互感器的使用注意事项

① 二次侧决不允许开路并可靠接地；

② 外壳必须接地。

（4）连接方式

电流互感器的连接方式很多，图7-6给了单相式、完全星形式、不完全星形式三种常用连接方式，在图7-6中将测量仪表的电流线圈改为继电器的电流线圈，就成为电流互感器与常用保护装置的连接图。在测量功率、功率因数时，要注意电流互感器的极性。电流互感器原副线圈端钮上通常标有极性，原边用L_1、L_2表示(或X_1、X_2)，副边用K_1、K_2表示(或C_1、C_2)，电压正端与K_1为同极性。

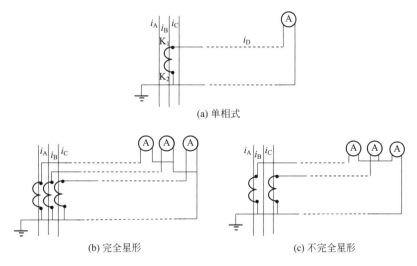

图 7-6　电流互感器与测量仪表连接图

7.3.4　电压互感器

（1）电压互感器的用途

电压互感器是专门用来改变交流电压大小以供给仪表和继电器用的电器。

（2）电压互感器的工作原理

电压互感器的原线圈匝数比副线圈多，因此，原边电压比副边电压高，它相当于一个空载变压器，原副边的电压关系为

$$\frac{U_{N1}}{U_{N2}} = \frac{N_1}{N_2} = n_{LH}$$

式中，n_{LH} 为电压互感器额定变比。

一般规定电压互感器副边线圈的额定电压为 100V 或 $100/\sqrt{3}\text{V}$。

（3）接线方式

在三相系统中需要测量和引用的电压有相电压、线电压和零序电压，因而需要电压互感器有各种不同连接方式。图7-7(a)用在只需测量任意两相间的相间的线电压的场所。图7-7(b)用在只需测量三相线电压的场所，应用于中性点不接地系统或经消弧线圈接地的系统；图7-7(c)Y形接线中既可测量相电压，又可测量线电压，在开口三角形接线中还可测量零序电压以实现单相接地保护；图7-7(d)也可测量相电压、线电压和零序电压，应用于三相中性点不接地系统中。

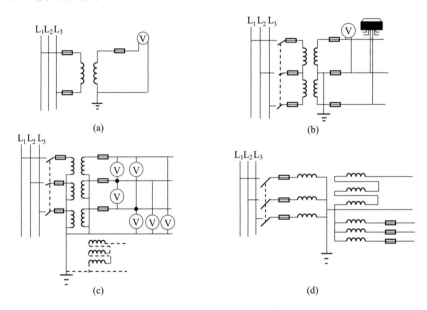

图 7-7　电压互感器的接线图

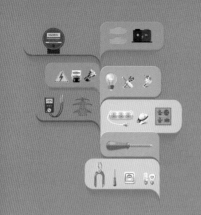

第八章 08

Chapter

三相异步电动机控制电路

8.1 笼型三相异步电动机控制电路

8.1.1 点动正转启动电路

工作原理：合上断路器QF，按下启动按钮SB，接触器KM得电吸合并自保，主触点KM闭合，电动机启动运行，停车时松开按钮SB，接触器KM线圈失电，主触点KM断开，电动机停转，如图8-1（二维码8-1）所示。

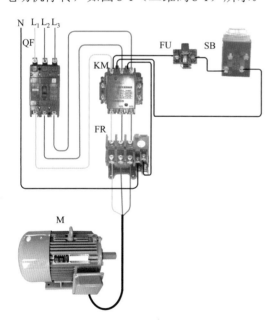

图 8-1 单向点动启动控制电路

二维码 8-1

8.1 节所有电路原理图及元件动作过程图

8.1.2 带指示灯的自保功能的正转启动电路

工作原理：合上断路器QF，指示灯H2亮。按下SB₁，接触器KM得电吸合并自保，主触点KM闭合，电动机启动运行，其动合辅助触点闭合，一对用于自保，一对接通指示灯H1，

H1亮，KM的动断触点断开，H2灭。停车时按下SB₂，接触器KM失电释放，主触点KM断开，电动机停转。这时KM的动合触点复位，指示灯H2亮，H1灭，如图8-2（二维码8-1）所示。

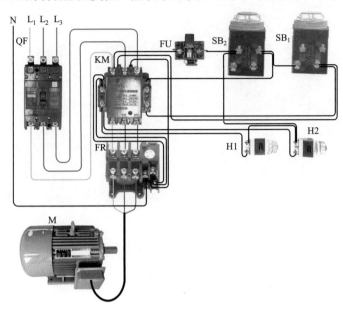

图 8-2　带指示灯的自保功能的正转启动电路

8.1.3　单按钮控制单向启动电路

工作原理：合上断路器QF，按下SB，中间继电器KA₁得电吸合，其动合触点闭合，接触器KM得电吸合并自保，主触点KM闭合，电动机启动运行。

欲使电动机停转，再次按下SB，这时由于KA₁的动断触点已经复位闭合，因此KA₂得电吸合。KA₂的动断触点断开KM线圈回路，电动机停转，如图8-3（二维码8-1）所示。

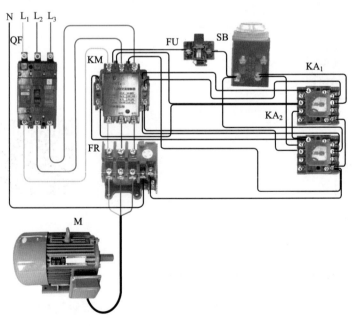

图 8-3　单按钮控制单向启动电路

8.1.4 接触器联锁正反转启动电路

工作原理：合上断路器QF，正转时按下SB$_1$，接触器KM$_1$得电吸合并自保，主触点KM$_1$闭合，电动机正转启动，其动断辅助触点KM$_1$断开，使KM$_2$线圈不能得电，实现联锁。

反转时，按下SB$_2$，KM$_2$的动断触点先断开KM$_1$回路，然后KM$_2$动合触点闭合，接触器KM$_2$的得电吸合并自保，主触点KM$_2$闭合，电动机反转，如图8-4（二维码8-1）所示。

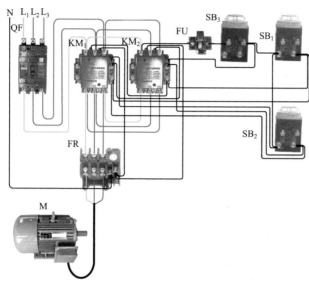

图 8-4　接触器联锁正反转启动电路

8.1.5 按钮和接触器双重联锁正反转启动电路

工作原理：合上断路器QF，正转时按下SB$_1$，SB$_1$的动断触点先断开KM$_2$线圈回路，然后动合触点接通，接触器KM$_1$得电吸合并自保，主触点KM$_1$闭合，电动机正转运行，接触器KM$_1$的动断触点断开KM$_2$线圈回路，使KM$_2$线圈不能得电。见图8-5（二维码8-1）。反转的过程与此相同。

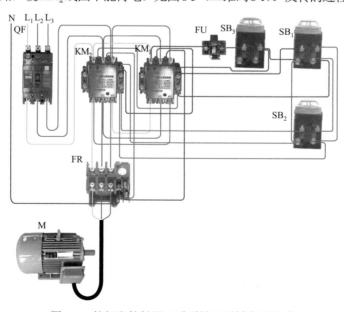

图 8-5　按钮和接触器双重联锁正反转启动电路

8.1.6 定子回路串入电阻手动降压启动电路

工作原理：合上断路器 QF，按下 SB_1，接触器 KM_1 得电吸合并自保，主触点 KM_1 闭合，电动机降压启动，经过一段时间后，按下 SB_2，KM_2 线圈得电吸合并自保，主触点闭合，同时 KM_2 线圈动断触点断开，KM_1 线圈失电，电动机全压运行，如图 8-6（二维码8-1）所示。

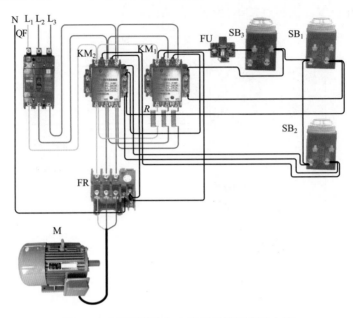

图 8-6 定子回路串入电阻手动降压启动电路

8.1.7 定子回路串入电阻自动降压启动电路

工作原理：合上断路器 QF，按下 SB_1，接触器 KM_1 得电吸合并自保，主触点 KM_1 闭合，电动机降压启动，同时时间继电器 KT 开始计时，经过一段时间后，其延时动合触点闭合，KM_2 得电吸合并自保，主触点闭合，短接电阻R，电动机全压运行，如图 8-7（二维码8-1）所示。

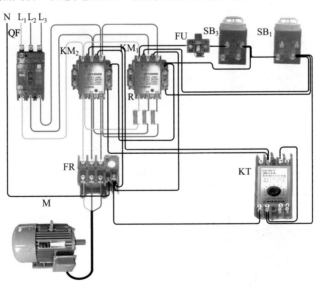

图8-7 定子回路串入电阻自动降压启动电路

8.1.8 定子回路串入电阻手动、自动降压启动电路

工作原理：合上断路器QF，手动时，SA动断触点闭合，按下SB₁，接触器KM₁得电吸合并自保，电动机降压启动，当转速接近额定转速时按下SB₂，KM₂得电吸合并自保，其动断辅助触点断开KM₁电源，电动机全压运行。

自动时，SA动合触点闭合，按下SB₁，接触器KM₁得电吸合并自保，电动机降压启动，同时时间继电器KT开始计时，经过一段时间后，其延时动合触点闭合，KM₂得电吸合并自保，KM₂动断触点断开，KM₁失电，电动机全压运行，如图8-8（二维码8-1）所示。

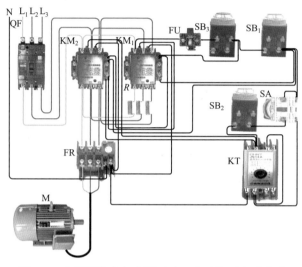

图 8-8　定子回路串入电阻手动、自动降压启动电路

8.1.9 手动 Y-△ 降压启动电路

工作原理：合上断路器QF，按下启动按钮SB₁，接触器KM₁和KM₂得电吸合，并通过KM₁自保。电动机三相绕组的尾端由KM₂连接在一起，在Y形接法下降压启动。当电动机转速达到一定值时，按下按钮SB₂，SB₂的动断触点断开，接触器KM₂失电释放，而其动合触点闭合，KM₃得电吸合并自保，电动机在△形接法下全压运行，如图8-9（二维码8-1）所示。

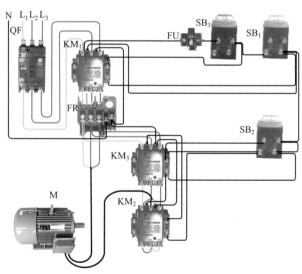

图 8-9　手动 Y-△降压启动电路

8.1.10 时间继电器控制自动Y-△降压启动电路

工作原理：合上断路器QF，按下按钮SB_1，接触器KM_1和KM_2得电吸合并通过KM_1自保。电动机接成Y形降压启动。同时时间继电器KT开始延时，经过一定时间，KT动断触点断开接触器KM_2回路，而KT动合触点接通KM3线圈回路，电动机在△形接法下全压运行，如图8-10（二维码8-1）所示。

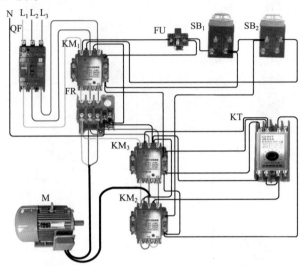

图 8-10 时间继电器控制自动 Y- △降压启动电路

8.1.11 电流继电器控制自动Y-△降压启动电路

工作原理：按下按钮SB_1，接触器KM_2得电吸合并自保，其动合辅助触点闭合，KM_1得电吸合，电动机接成Y形降压启动。电流继电器KI的线圈通电，其动断触点断开。当电流下降到一定值时，电流继电器KI失电释放，KI动断触点复位闭合，KM_3得电吸合，KM_2失电释放，KM_3动合辅助触点闭合，KM_1重新得电吸合，定子绕组接成△形，电动机进入全压正常运行,如图8-11（二维码8-1）所示。

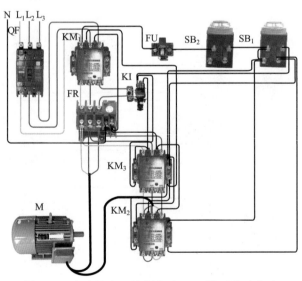

图 8-11 电流继电器控制自动 Y- △降压启动电路

8.1.12 手动延边 △ 降压启动电路

工作原理：合上断路器QF，按下SB₁，接触器KM₁、KM₃得电吸合并通过KM₁自保，主触点闭合，电动机接成延边△降压启动，经过一定时间后，按下启动按钮SB₂，KM₃失电、KM₂闭合，电动机接成△运行，如图8-12（二维码8-1）所示。

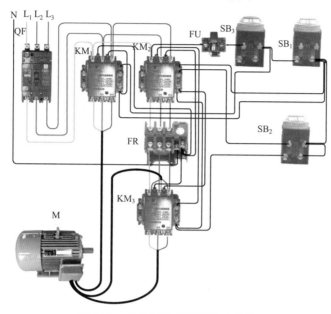

图 8-12　手动延边△降压启动电路

8.1.13 自动延边 △ 降压启动电路

工作原理：合上断路器QF，按下按钮SB₁，接触器KM₁得电吸合并自保，KM₃也吸合，电动机接成延边△形降压启动。同时时间继电器KT开始延时，经过一定时间后，其动断触点断开KM₃线圈回路，而动合触点接通接触器KM₂线圈回路，电动机转为△形连接，进入正常运行，如图8-13（二维码8-1）所示。

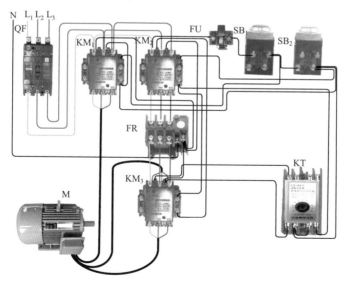

图 8-13　自动延边△降压启动电路

8.1.14 延边 △ 形二级降压启动控制电路

工作原理：合上断路器QF，按下按钮SB₁，接触器KM₁、KM₂先后得电吸合，电动机绕组连成Y形启动。经过一段时间后，再按下按钮SB₂，接触器KM₂失电释放，而KM₃得电吸合并自保，电动机绕组转换成延边△形接法，开始第二级降压启动，再经过一段时间后，按下启动按钮SB₃，接触器KM₃失电释放，KM₄得电吸合并自保，电动机绕组转换成△形接法，投入正常运行。如图8-14（二维码8-1）所示。

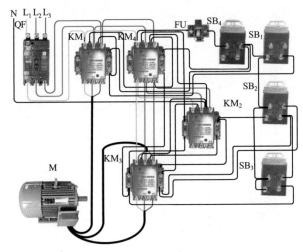

图 8-14　延边△形二级降压启动控制电路

8.1.15 定子回路串入自耦变压器手动、自动降压启动电路

工作原理：合上断路器QF，手动时，SA动断触点闭合，按下SB₁，接触器KM₁得电吸合并自保，电动机降压启动，当转速达到一定值时按下SB₂，KM₂得电吸合并自保，其动断辅助触点断开KM₁电源，电动机全压运行。

自动时，SA动合触点闭合，按下SB₁，接触器KM₁得电吸合并自保，电动机降压启动，同时时间继电器KT开始计时，经过一段时间后，其动合触点闭合，KM₂得电吸合并自保，电动机全压运行，如图8-15（二维码8-1）所示。

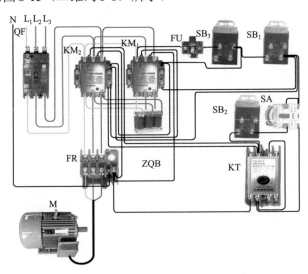

图 8-15　定子回路串入自耦变压器手动、自动降压启动电路

8.1.16　复合按钮点动与连续运行电路

原理分析：点动时只使用SB₂按钮，按下按钮SB₂，电动机启动运行，松开SB₂，电动机停止运行。

连续运行时，使用SB₁按钮，按下按钮SB₁，接触器KM得电吸合并自保，电动机连续运行，按下按钮SB₃，电动机M停止运行，如图8-16（二维码8-1）所示。

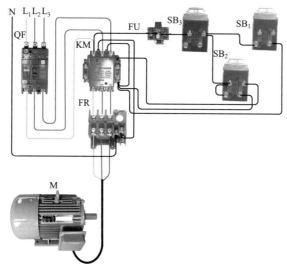

图 8-16　复合按钮点动与连续运行电路

8.1.17　带手动开关的点动与连续运行电路

原理分析：点动时，SA断开，按下按钮SB₁，电动机启动运行，松开SB，电动机停止运行。

连续运行时，SA闭合，按下按钮SB₁，接触器KM得电吸合并自保，电动机连续运行，按下按钮SB₂，电动机M停止运行，如图8-17（二维码8-1）所示。

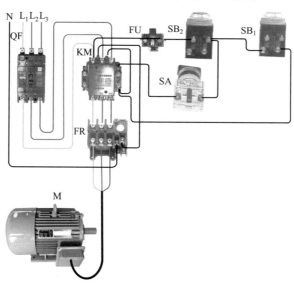

图 8-17　带手动开关的点动与连续运行电路

8.1.18 　行程开关控制正反转启动电路

　　原理分析：合上断路器QF，按下SB₁，接触器KM₁得电吸合并自保，主触点KM₁闭合，电动机正转运行，KM₁动断辅助触点断开，使KM₂线圈不能得电。挡铁碰触行程开关SQ₁时电动机停转。中途需要反转时，先按下SB₃，再按SB₂。反转运行原理相同，如图8-18（二维码8-1）所示。

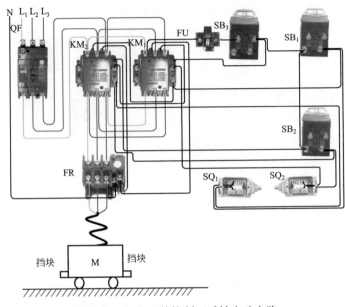

图 8-18　行程开关控制正反转启动电路

8.1.19 　行程开关控制按周期重复运行的单向运行电路

　　原理分析：按下按钮SB₁，线圈KM得电吸合并通过行程开关SQ₁的动断触点自保，电动机M启动运行，当挡块碰触行程开关SQ₁时，电动机M停止运行，同时SQ₁动合触点接通时间继电器回路，KT开始延时，经过一段时间后，KT动合触点闭合，继电器KA得电并通过行程开关SQ₂自保，KA动合触点闭合，使KM得电，电动机运行。电动机M运行到脱离行程开关SQ₁时，SQ₁复位，同时KT线圈回路断开，其动合触点断开。当电动机运行到挡块碰触SQ₂时，KA断电，电动机继续运行挡块碰触SQ₁，重复以上过程，如图8-19（二维码8-1）所示。

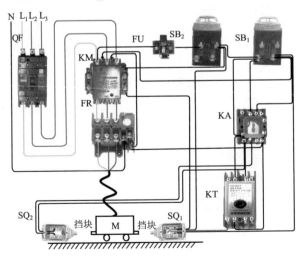

图 8-19　行程开关控制按周期重复运行的单向运行电路

8.1.20 两台电动机控制电路按顺序启动的电路

原理分析：合上断路器QF，按下SB₁，接触器KM₁得电吸合并自保，电动机M₁启动运行。再按下SB₂，接触器KM₂得电吸合并自保，电动机M₂启动运行。按下SB₃，两台电动机同时停止运行，如图8-20（二维码8-1）所示。

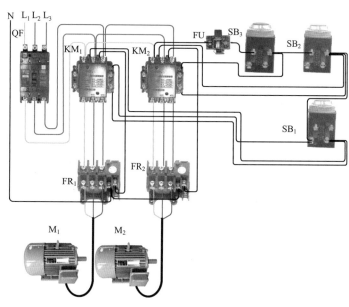

图 8-20 两台电动机控制电路按顺序启动的电路

8.1.21 两台电动机控制电路按顺序停止的电路

原理分析：合上断路器QF，按下SB₁，接触器KM₁得电吸合并自保，电动机M₁启动运行。再按下SB₂，接触器KM₂得电吸合并自保，电动机M₂启动运行。停止时先按下SB₄，电动机M₂停止运行，再按下SB₃，电动机M₁停止运行，如图8-21（二维码8-1）所示。

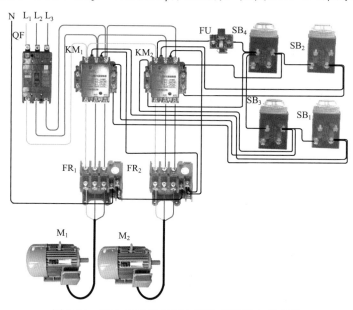

图 8-21 两台电动机控制电路按顺序停止的电路

8.1.22　两台电动机按顺序启动、停止的控制电路

原理分析：合上断路器QF，按下SB$_1$，接触器KM$_1$得电吸合并自保，电动机M$_1$启动运行。同时时间继电器KT$_1$开始延时，经过一定时间，KT$_1$动合触点闭合，电动机M$_2$启动运行。停止时按下SB$_2$，电动机M$_2$停止运行。同时时间继电器KT2开始延时，经过一定时间，KT$_2$动断触点断开KM$_1$回路，电动机M$_1$停止运行，如图8-22（二维码8-1）所示。

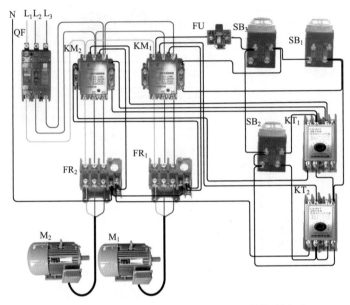

图 8-22　两台电动机按顺序启动、停止的控制电路

8.1.23　两台电动机按顺序启动、一台自由开停的控制电路

原理分析：合上断路器QF，按下SB$_1$，接触器KM$_1$得电吸合并自保，电动机M$_1$启动运行。再按下SB$_2$，接触器KM$_2$得电吸合并自保，电动机M$_2$启动运行。要使M$_2$停止，按下SB$_3$。只有按下SB$_4$，电动机M$_1$、M$_2$才同时停止运行，如图8-23（二维码8-1）所示。

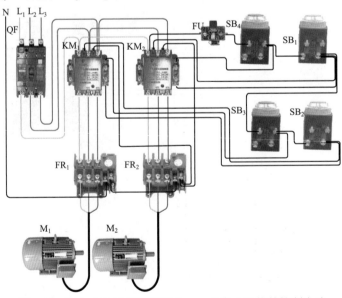

图 8-23　两台电动机按顺序启动、一台自由开停的控制电路

8.1.24　接触器控制正反转及点动电路

原理分析：合上断路器QF，正向点动时按下SB$_2$，电动机正向运行，松开SB$_2$电动机停止运行。正向连续时，按下SB$_1$，接触器KM$_1$得电吸合并自保，主触点KM$_1$闭合，电动机正转运行，其动断辅助触点KM$_1$断开，使KM$_2$线圈不能得电。反转原理相同，如图8-24（二维码8-1）所示。

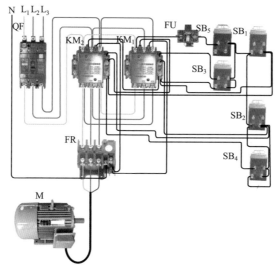

图 8-24　接触器控制正反转及点动电路

8.1.25　行程开关控制延时自动往返控制电路

原理分析：合上断路器QF，按下启动按钮SB$_1$，接触器KM$_1$得电吸合并自保，电动机正转启动。当挡铁碰触行程开关SQ$_1$时，其动断触点断开，停止正向运行，同时SQ$_1$的动合触点接通时间继电器KT$_2$线圈，经过一段时间延时，KT$_2$动合触点闭合，接通反向接触器KM$_2$的线圈，电动机反向启动运行，当挡铁碰触行程开关SQ$_2$时，重复以上过程，如图8-25（二维码8-1）所示。

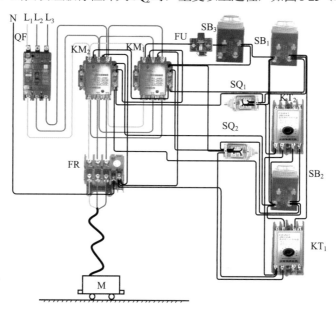

图 8-25　行程开关控制延时自动往返控制电路

8.1.26 时间继电器控制按周期重复运行的单向运行电路

原理分析：按下按钮SB₁、线圈KM得电吸合并自保，电动机M启动运行，同时KT₁开始延时，经过一段时间后，KT₁的动断触点断开，电动机停转。同时，KT₂开始延时，经过一定时间后，KT₂动合触点闭合，接通线圈KM回路，以下重复，如图8-26（二维码8-1）所示。

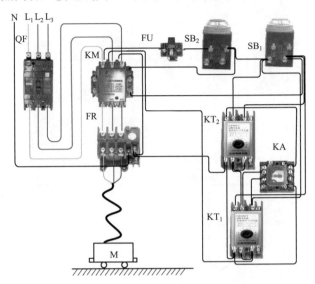

图 8-26 时间继电器控制按周期重复运行的单向运行电路

8.1.27 两台电动机自动互投的控制电路

原理分析：合上断路器QF，按下启动按钮SB₁，接触器KM₁得电吸合并自保，电动机M₁运行。同时断电延时继电器KT₁得电。如果电动机M₁故障停止，则经过延时，KT₁动合触点闭合，接通KM₂线圈回路，KM₂得电吸合并自保，电动机M₂投入运行。如果先开M₂，工作原理相同，如图8-27（二维码8-1）所示。

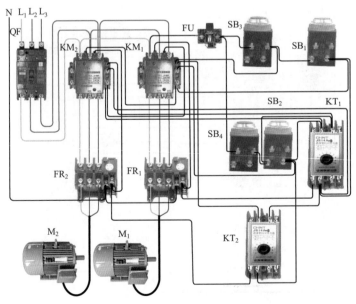

图 8-27 两台电动机自动互投的控制电路

8.1.28　时间继电器控制按周期自动往复可逆运行电路

原理分析：合上开关SA，时间继电器KT$_1$得电吸合并开始延时，经过一段时间延时，时间继电器延时动合触点闭合，接触器KM$_1$得电吸合并自保，电动机正转启动，同时时间继电器KT$_2$开始延时，经过一段时间延时，KT$_2$延时动合触点闭合，接触器KM$_2$得电吸合并自保，电动机反向启动运行，同时KM$_1$失电，时间继电器KT$_1$开始延时，经过一段时间后，其延时闭合辅助触点闭合，重复以上过程，如图8-28（二维码8-1）所示。

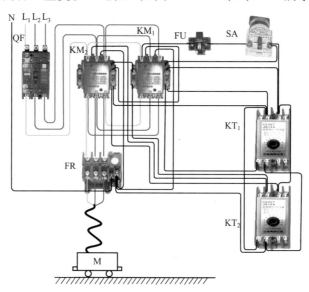

图 8-28　时间继电器控制按周期自动往复可逆运行电路

8.1.29　2Y/△ 接法双速电动机控制电路

原理分析：合上断路器QF，按下低速启动按钮SB$_1$，接触器KM$_1$得电吸合并自保，电动机为△形连接低速运行。

按下停止按钮SB$_3$后，再按高速启动按钮SB$_2$，接触器KM$_2$、KM$_3$得电吸合并通过KM$_2$自保，此时电动机为2Y形连接高速运行，如图8-29（二维码8-1）所示。

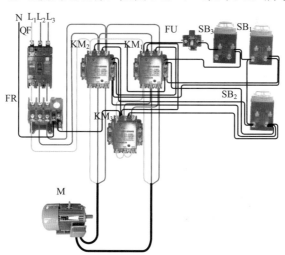

图 8-29　2Y/ △接法双速电动机控制电路

8.1.30 2Y/△接法电动机升速控制电路

原理分析：合上断路器QF，按下启动按钮SB₁，接触器KM₁得电吸合并自保，电动机为△形连接低速运行。同时时间继电器KT线圈得电，经过一段延时后，其动断触点断开，接触器KM₁失电释放，其动合触点闭合，接触器KM₂和KM₃得电吸合并通过KM₂自保，此时电动机为2Y形连接，进入高速运行，如图8-30（二维码8-1）所示。

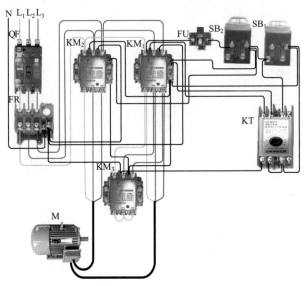

图 8-30　2Y/△接法电动机升速控制电路

8.1.31 长时间断电后来电自启动控制电路

原理分析：合上转换开关SA，按下SB，接触器KM得电吸合并自保，电动机M运行。当出现停电时，KA、KM都将失电释放，KA动断触点复位，当再次来电时，时间继电器KT的线圈得电，经过延时接通KM线圈回路，电动机重新启动运行，如图8-31（二维码8-1）所示。

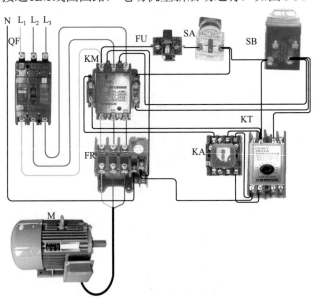

图 8-31　长时间断电后来电自启动控制电路

8.1.32 电动机综合保护器正反转运行电路

原理分析：合上断路器QF，正转时按下SB_1，接触器KM_1得电吸合并自保，电动机正转运行。电动机故障时，综合保护器切断KM_1线圈回路，电动机停止运行，如图8-32（二维码8-1）所示。

反转过程相同。

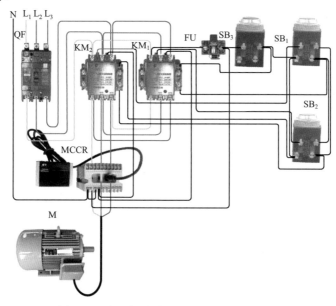

图 8-32　电动机综合保护器正反转运行电路

8.1.33 PLC控制两台电动机顺序启动电路

原理分析：合上开关QF，按下SB_1，继电器Y0（参见二维码8-1中本例梯形图，后同）得电吸合并自保。电动机M_1启动，Y0动合触点串接在Y1回路中，实现顺序控制，另外利用时间继电器T的延时作用，只有M_1启动10s后M_2才能启动，如图8-33（二维码8-1）所示。

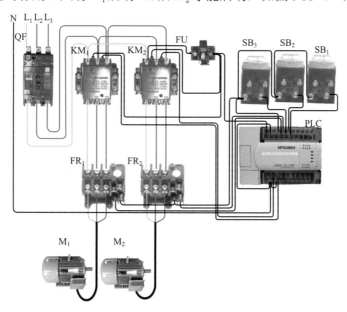

图 8-33　PLC控制两台电动机顺序启动电路

8.1.34　PLC和变频器控制电动机正反转电路

原理分析：按下SB_1，输入继电器X_1（参见二维码8-1中本例梯形图，后同）动作，输出继电器Y0得电并自保，接触器KM动作，变频器接通电源。

按下SB_4，继电器X_4动作，输出继电器Y1得电并自保，变频器FWD接通，电动机正向启动并运行。

按下SB_5，继电器X_5动作，输出继电器Y2得电并自保，变频器REV接通，电动机反向启动并运行。

在电动机运行过程中，如果变频器发生故障而跳闸，则X0动作，Y0复位，变频器切断电源，如图8-34（二维码8-1）所示。

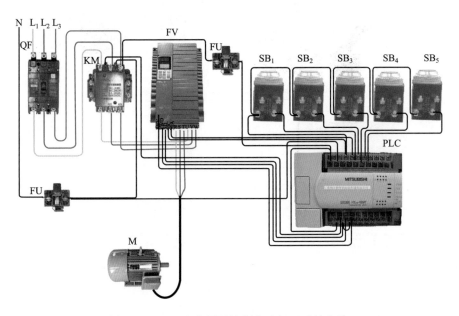

图 8-34　PLC 和变频器控制电动机正反转电路

8.1.35　速度继电器单向运转反接制动电路

原理分析：合上断路器QF，按下启动按钮SB_1，接触器KM_1得电吸合并自保，电动机直接启动。当电动机转速升高到一定值后，速度继电器KS的触点闭合，为反接制动做准备。停机时，按下停止按钮SB_2，接触器KM_1失电释放，其动断触点闭合，接触器KM_2得电吸合，电动机反接制动。当转速低于一定值时，速度继电器KS触点打开，KM_2失电释放，制动过程结束，如图8-35（二维码8-1）所示。

8.1.36　时间继电器单向运转反接制动电路

原理分析：合上断路器QF，按下启动按钮SB_1，接触器KM_1得电吸合并自保，电动机直接启动，时间继电器得电吸合。停机时，按下停止按钮SB_2，接触器KM_1失电释放，KM_1动断触点闭合，KM_2得电吸合并自保，电动机反接制动。同时时间继电器开始延时，经过一定时间后，KT动断触点断开，KM_2失电释放，制动过程结束，如图8-36（二维码8-1）所示。

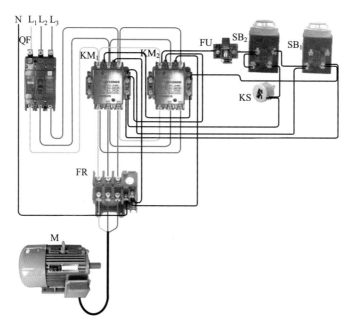

图 8-35　速度继电器单向运转反接制动电路

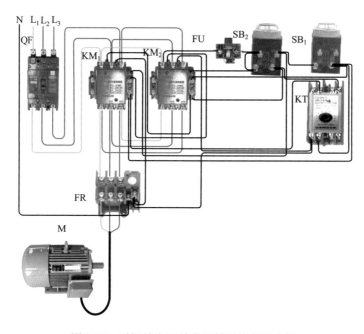

图 8-36　时间继电器单向运转反接制动电路

8.1.37　单向电阻降压启动反接制动电路

原理分析：合上电源开关 QS，按下启动按钮 SB_1，接触器 KM_1 得电吸合并自保，其动合触点闭合，电动机经电阻 R 降压启动。当转速上升到一定值时，速度继电器 KS 触点闭合，中间继电器 KA 得电吸合并自保，其动合触点闭合，接触器 KM_3 得电吸合，其主触点闭合，短接了降压电阻 R，电动机进入全压正常运行。

停机时，按下按钮 SB_2，接触器 KM_1、KM_3 先后失电释放，使降压电阻串入电动机定子回路。这时电动机因惯性作用仍然运行，速度继电器KS触点仍闭合，故KA仍然吸合。由于KM$_1$动断辅助触点已闭合，所以KM$_2$得电吸合，电动机反接制动，而此时电阻R起限制制动电流的作用。当电动机转速下降到一定值时，KS触点断开，KA失电释放，其动合触点断开，KM$_2$失电释放，反接制动结束，如图8-37（二维码8-1）所示。

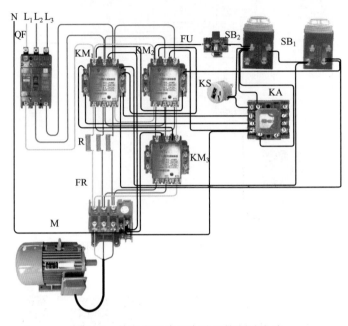

图 8-37　单向电阻降压启动反接制动电路

8.1.38　正反向运转反接制动电路

原理分析：合上电源开关QS，按下启动按钮SB$_1$，接触器KM$_1$得电吸合并自保，电动机正转。当电动机转速达到一定值后，速度继电器KS触点闭合，为反接制动做好准备。停机时，按下停止按钮SB$_3$，接触器KM$_1$失电释放，其动断触点闭合，中间继电器KA得电吸合，其动合触点闭合，接触器KM$_2$得电吸合，改变了电动机定子绕组电源相序，电动机反接制动，迫使电动机转速迅速下降。当转速低于一定值或接近于零时，KS触点打开，KM$_2$和KA先后失电释放，电动机脱离电源，制动结束。

电动机反转及制动与上述的过程相似。启动时，按反转启动按钮SB$_2$，反向正常运行时，速度继电器KS的另一副触点闭合，停车时仍按下停止按钮SB$_3$，如图8-38（二维码8-1）所示。

8.1.39　正反向电阻降压启动反接制动电路

原理分析：合上断路器QF，按下启动按钮SB$_1$，接触器KM$_1$得电吸合并自保，电动机正转降压启动。当转速上升到一定值后，速度继电器KS$_2$动合触点闭合，KA$_1$得电吸合，接触器KM$_3$得电吸合，短接电阻R，电动机进入全压正常运行。

停机时，按下停止按钮SB$_3$，接触器KM$_1$、KM$_3$失电释放，而接触器KM$_2$得电吸合，电动机串入电阻反接制动。当转速低于一定值时，速度继电器KS$_2$动合触点打开，KM$_2$失电释放，电动机制动结束。

电动机反转及其制动过程与上述过程相似，如图8-39（二维码8-1）所示。

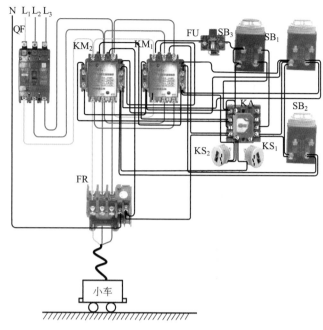

图 8-38　正反向运转反接制动电路

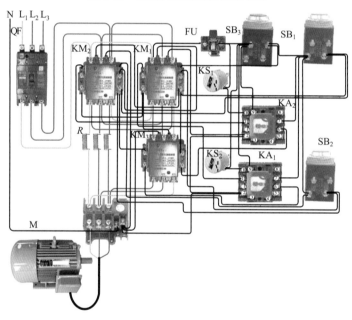

图 8-39　正反向电阻降压启动反接制动电路

8.1.40 手动单向运转能耗制动电路

原理分析：合上断路器QF，按下启动按钮SB_1，接触器KM_1得电吸合并自保，电动机启动运转，若需要对电动机进行能耗制动时，可按下停止按钮SB_2，其动断触点首先切断接触器KM_1的线圈电路，KM_1失电释放，电动机脱离三相交流电源，而后SB_2动合触点闭合，接触器KM_2得电吸合，其主触点闭合，于是降压变压器T二次侧电压经整流桥VC整流后加到两相定子绕组上，电动机进入能耗制动状态，待电动机惯性转速迅速下降至零时，松开停止按钮SB_2，接触器KM_2失电释放，切断直流电源，能耗制动结束，如图8-40（二维码8-1）所示。

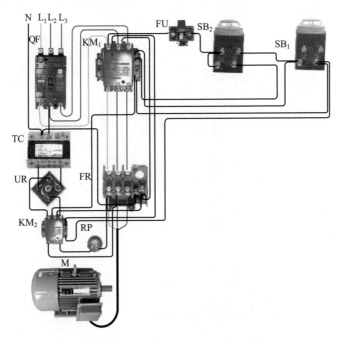

图 8-40　手动单向运转能耗制动电路

8.1.41　断电延时单向运转能耗制动电路

原理分析：合上断路器QF，按下启动按钮SB₁，接触器KM₁得电吸合并自保，电动机启动运行。

停机时，按下停止按钮SB₂，接触器KM₁失电释放，而接触器KM₂得电吸合并自保，电动机处于能耗制动状态，同时时间继电器KT开始延时，经过一定时间，其动断触点断开，KM₂失电释放，制动过程结束，如图8-41（二维码8-1）所示。

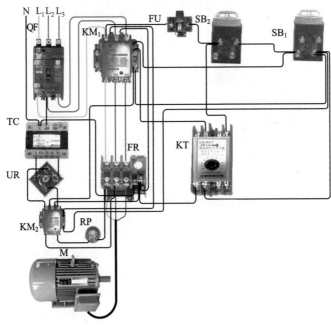

图 8-41　断电延时单向运转能耗制动电路

8.1.42　单向自耦降压启动能耗制动电路

原理分析：合上断路器QF，按下启动按钮SB₁，接触器KM₁得电吸合并自保，电动机接入自耦变压器降压启动，经过延时KT₁动合触点闭合，KM₂得电吸合并自保，KM₁失电释放，电动机全压运行。

停机时，按下停止按钮SB₂，接触器KM₂失电释放，同时接触器KM₃得电吸合并自保，电动机进行能耗制动，时间继电器KT₂开始延时，过一段时间，其动断触点断开，KM₃失电释放，制动过程结束，如图8-42（二维码8-1）所示。

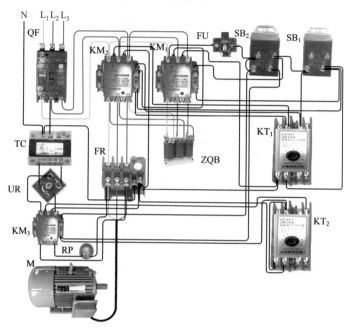

图 8-42　单向自耦降压启动能耗制动电路

8.1.43　单向Y-△降压启动能耗制动电路

原理分析：合上电源开关QF正转启动按钮SB₁，接触器KM₁得电吸合并自保，电动机正向降压启动，经过延时时间继电器KT₁延时断开触点断开KM₃电源、延时闭合触点接通KM₂电源，电动机接成△形全压运转。停机时，按下停止按钮SB₂，接触器KM₁失电释放，电动机脱离三相交流电源做惯性旋转，其动断辅助触点闭合，接触器KM₄得电吸合，KM₄主触头闭合，接通了整流桥UR的输出回路，电动机进入正向能耗制动状态，经过一段时间延时后，KT₂延时释放触点断开，KM₄失电释放，电动机脱离直流电源，能耗制动结束，如图8-43（二维码8-1）所示。

8.1.44　时间继电器正反转能耗制动电路

原理分析：若需正转，合上断路器QF，按下正转启动按钮SB₁，接触器KM₁得电吸合并自保，电动机正向启动运转，停机时，按下停止按钮SB₃，接触器KM₁失电释放，接触器KM₃得电吸合并自保，电动机进入能耗制动状态，同时时间继电器KT得电吸合，经过一段时间延时后，KT延时动断触点断开，KM₃失电释放，电动机脱离直流电源，正向能耗制动结束。

电动机反转及反向能耗制动原理与正转及正向能耗制动相同，如图8-44（二维码8-1）所示。

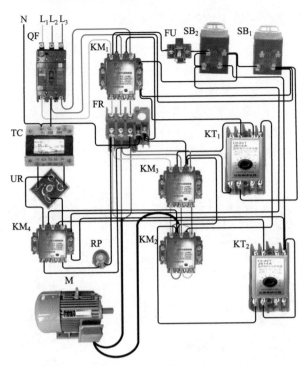

图 8-43 单向 Y-△降压启动能耗制动电路

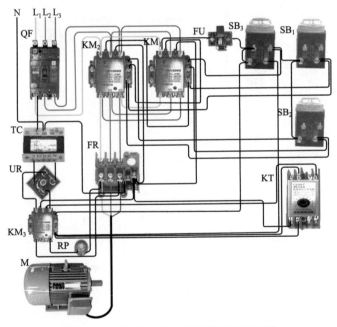

图 8-44 时间继电器正反转能耗制动电路

8.1.45 速度继电器控制的可逆运行能耗制动电路

原理分析：若需正转，合上电源开关QF，按下正转启动按钮SB₁，接触器KM₁得电吸合并自保，电动机正向启动运转，当转速升高到一定值后，速度继电器KS₁动合触点闭合，为停机制动做准备。停机时，按下停止按钮SB₃，接触器KM₁失电释放，KM₁动断辅助触点闭合，接触器KM₃得电吸合，KM₃主触头闭合，接通了整流桥UR的输出回路，电动机进入正向能耗制动状态，随着转速下降，速度继电器KS_1断开，电动机脱离直流电源，正向能耗制动结束。

如需电动机反转及反向能耗制动，可分别按反转启动按钮SB_2和停止按钮SB_3，其原理分析与正转及正向能耗制动相同，如图8-45（二维码8-1）所示。

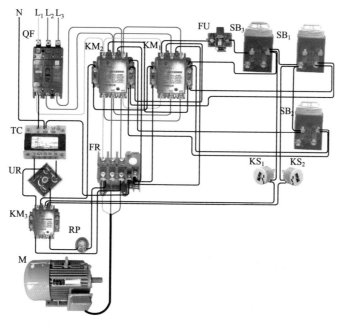

图8-45 速度继电器控制的可逆运行能耗制动电路

8.1.46 自激发电–短接制动电路

原理分析：合上电源开关QF，按下启动按钮SB_1，接触器KM_1得电吸合并自保，电动机启动运行。

停机时，按住按钮SB_2，KM_1失电释放，而KM_2吸合，电动机进入自激发电-短接制动状态。松开SB_2，制动结束，如图8-46（二维码8-1）所示。

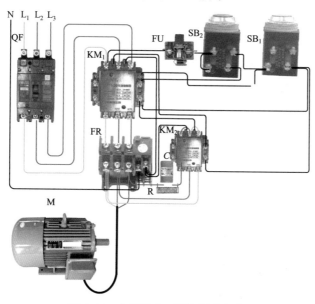

图8-46 自激发电 - 短接制动电路

8.1.47　单向运转短接制动电路

原理分析：合上断路器QF，按下启动按钮SB₁，接触器KM₁得电吸合并自保，电动机启动运行。

停机时，按住按钮SB₂，KM₁失电释放，其动断触点闭合，KM₂吸合，三相定子绕组自相短接，电动机进入短接制动状态。松开SB₂，制动结束，如图8-47（二维码8-1）所示。

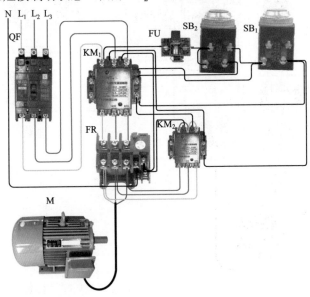

图 8-47　单向运转短接制动电路

8.1.48　正反向运转短接制动电路

原理分析：合上断路器QF，按下启动按钮SB₁，接触器KM₁得电吸合并自保，电动机正向启动运行，停机按下停止按钮SB₃，KM₁失电释放，同时KM₃得电吸合，电动机开始短接制动，松开SB₃，制动结束。

反转原理与此相同，如图8-48（二维码8-1）所示。

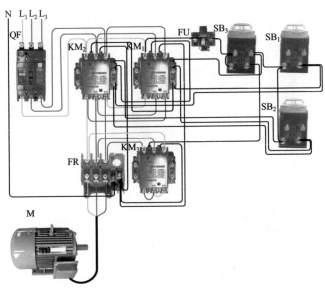

图 8-48　正反向运转短接制动电路

8.2 低压电气控制电路设计

8.2.1 控制电路的分析设计法

分析设计法是根据生产工艺的要求去选择适当的基本控制环节（单元电路）或经过考验的成熟电路，按各部分的联锁条件组合起来并加以补充和修改，综合成满足控制要求的完整电路。当找不到现成的典型环节时，可根据控制要求边分析边设计，将主令信号经过适当的组合与变换，在一定条件下得到执行元件所需要的工作信号。设计过程中，要随时增减元器件和改变触点的组合方式，以满足拖动系统的工作条件和控制要求，经过反复修改得到理想的控制电路。由于这种设计方法是以熟练掌握各种电气控制电路的基本环节和具备一定的阅读分析电气控制电路为基础的，所以又称经验设计法。

电气分析设计法的特点是无固定的设计程序，设计方法简单，容易为初学者所掌握，对于具有一定工作经验的电气人员来说，也能较快地完成设计任务，因此在电气设计中被普遍采用。其缺点是设计方案不一定是最佳方案，当经验不足或考虑不周时会影响电路工作的可靠性。

8.2.2 电气设计时选择元器件的方法

（1）熔断器的选用

熔断器选用时应根据使用环境和负载性质选择合适类型的熔断器；熔体额定电流的选择应根据负载性质选择；熔断器的额定电压必须大于或等于电路的额定电压，熔断器的额定电流必须等于或大于所装熔体的额定电流；熔断器的分断能力应大于电路中可能出现的最大短路电流。

对于不同的负载，熔体按以下原则选用：

① 照明和电热电路。应使熔体的额定电流 I_{RN} 稍大于所有负载额定电流 I_N 之和，即

$$I_{RN} \geqslant \sum I_N$$

② 单台电动机电路。应使熔体的额定电流不小于 $1.5 \sim 2.5$ 倍电动机的额定电流 I_N，即

$$I_{RN} \geqslant (1.5 \sim 2.5) I_N$$

启动系数取 2.5 仍不能满足时，可以放大到不超过 3。

③ 多台电动机电路。应使熔体的额定电流满足如下关系式：

$$I_{RN} \geqslant I_{Nmax} + \sum I_N$$

式中　I_{Nmax}——最大一台电动机的额定电流，A；

　　　$\sum I_N$——其他所有电动机额定电流之和，A。

如果电动机的容量较大，而实际负载又较小时，熔体额定电流可适当选小些，小到以启动时熔体不熔断为准。

（2）断路器的选择

① 断路器的工作电压应大于或等于电路或电动机的额定电压。

② 断路器的额定电流应大于或等于电路的实际工作电流。

③ 热脱扣的整定电流应等于所控制电动机或其他负载的额定电流。

④ 电磁脱扣器的瞬时动作整定电流应大于负载电路正常工作时可能出现的峰值电流。对单台电动机主电路电磁脱扣器额定电流可按下式选取：

$$I_{NL} \geqslant K I_{st}$$

式中　K——安全系数，对DZ型取K=1.7，对DW型取K=1.35；

　　　I_{st}——电动机的启动电流。

⑤ 断路器欠电压脱扣器的额定电压应等于电路额定电压。

（3）封闭式负荷开关的选用

选用封闭式负荷开关时应使其额定电压不应大于电路工作电压；用于照明、电热负荷的控制时，开关额定电流应不小于所有负载额定电流之和；用于控制电动机时，开关的额定电流应不小于电动机额定电流的3倍。

（4）热继电器的选用

① 热继电器的额定电压应大于或等于电动机的额定电压。

② 热继电器的额定电流应大于或等于电动机的额定电流。

③ 在结构形式上，一般都选用三相结构；对于△形联结的电动机，可选用带断相保护装置的热继电器。

对于短时工作制的电动机，如机床刀架或工作台快速进给的电动机以及长期运行、过载可能性较小的电动机，如排风扇等，可不用热继电器来进行过载保护。

（5）接触器的选用

① 接触器类型的选用。根据被控制的电动机或负载电流的类型选择相应的接触器类型，即交流负载选用交流接触器，直流负载选择直流接触器；如果控制系统中主要是交流电动机，而直流电动机或直流负载的容量比较小时，也可以选用交流接触器进行控制，但是触头的额定电流应适当选择大一些。

② 接触器触头额定电压的选用。接触器触头的额定电压应大于或等于负载回路的额定电压。

③ 接触器主触头额定电流的选择。控制电阻性负载（如电热设备）时，主触头的额定电流应等于负载的工作电流；控制电动机时，主触头额定电流应大于或等于电动机的额定电流，也可以根据所控制电动机的最大功率查表进行选择。

④ 接触器吸引线圈的电压选择。一般情况下，接触器吸引线圈的电压应等于控制回路的额定电压。

⑤ 接触器触头的数量、种类选择。接触器触头的数量、种类应满足控制电路的要求。如果接触器使用在频繁启动、制动和频繁可逆的场合时，一般可选用大一个等级的交流接触器。

（6）开关的选用

① 根据使用场合选择开关的种类，如正启式、保护式和防水式等。

② 根据用途选用合适的形式，如一般式、旋钮式和紧急式等。

③ 根据控制回路的需要，确定不同的按钮数，如单联按钮、双联按钮和三联按钮等。

④ 按工作状态指示和工作情况要求，选择按钮和指示灯的颜色。

（7）制动电磁铁的选用

① 电源的性质　制动电磁铁取电应遵循就近、容易、方便的原则。此外，当制动装置的动作频率超过300次/h时，应选用直流电磁铁。

② 行程的长短　制动电磁铁行程的长短，主要根据机械制动装置制动力矩的大小、动作时间的长短以及安装位置来确定。

③ 线圈连接方式　串励电动机的制动装置都是采用串励制动电磁铁，并励电动机的制动装置则采用并励制动电磁铁。有时为安全起见，在一台电动机中，既用串励制动电磁铁，又用并励制动电磁铁。

④ 容量的确定　制动电磁铁的形式确定以后，要进一步确定容量、吸力、行程和回转角等参数。

（8）控制变压器

① 控制变压器一、二次电压应符合交流电源电压、控制电路和辅助电路电压的要求。

② 保证接在变压器二次侧的交流电磁器件启动时可靠地吸合。

③ 电路正常运行时，变压器的温升不应超过允许值。

（9）整流变压器的选用

① 整流变压器一次电压应与交流电源电压相等，二次电压应满足直流电压的要求。

② 整流变压器的容量 P_T 要根据直流电压、直流电流来确定，二次侧的交流电压 U_2、交流电流 I_2 与整流方式有关。整流变压器的容量可按下式计算：

$$P_T = U_2 I_2$$

（10）其他电器的选用

① 机床工作灯和信号灯的选用　应根据机床结构、电源电压、灯泡功率、灯头形式和灯架长度，确定所用的工作灯。信号灯的选用主要是确定其额定电压、功率、灯壳、灯头型号、灯罩颜色及附加电阻的功率和阻值等参数。目前各种型号发光二极管可替代信号灯，它具有各种电流小、功耗低、寿命长、性能稳定等优点。

② 接线板的选用　根据连接电路的额定电压、额定电流和接线形式，选择接线板的形式与数量。

③ 导线的选用　根据负载的额定电流选用铜芯多股软线，考虑其强度，不能采用0.75mm²以下的导线（弱电电路除外），应采用不同颜色的导线表示不同电压及主、辅电路。

8.2.3　手动正反向电阻降压启动反接制动电路的设计

（1）初步设计

将定子回路串入电阻手动降压启动电路（图8-6）变换整理后得到电路如图8-49所示。

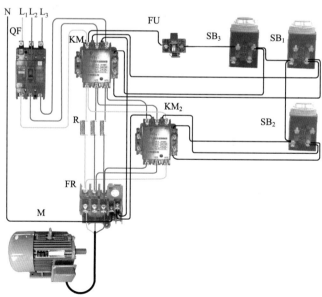

图 8-49　定子回路串入电阻手动降压启动电路

将图8-36时间继电器单向运转反接制动电路改成手动单向运转反接制动电路如图8-50所示。

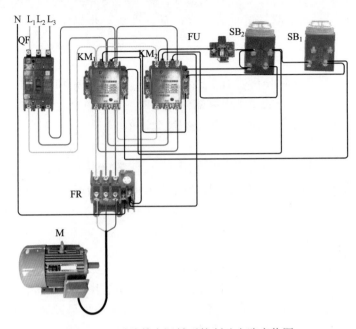

图 8-50　手动单向运转反接制动电路实物图

将图8-50的制动部分与图8-49叠加,得到图8-51的手动单向电阻降压启动反接制动电路。

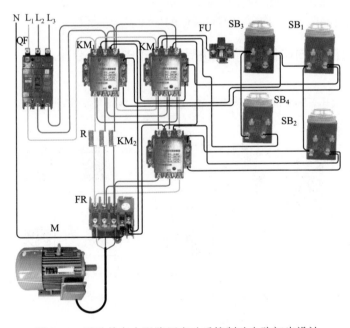

图 8-51　手动单向电阻降压启动反接制动电路初步设计

（2）检查与完善

图8-51已经能够实现控制要求，但停止时需要同时按下两个按钮，很不方便，采用复合按钮就可解决这个矛盾，另外启动过程也不能确保SB_1（带电阻启动）先按下、SB_2（切除电阻）后按下的控制要求，为此在SB_2的电路中加入KM_1的动合触点，保证先带电阻降压启动后全压启动的控制要求。完善后的控制电路如图8-52所示。

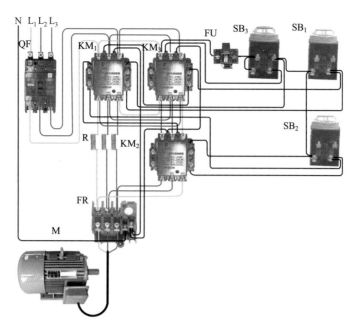

图 8-52　手动单向电阻降压启动反接制动电路的最终设计

8.3　三相异步电动机控制电路的安装

8.3.1　电气控制电路安装配线的一般原则

（1）电气控制柜（箱或板）的安装

① 电气元件的安装　按照电气元件明细表配齐电气设备和元件，安装步骤如下：

a．掌握电路工作原理的前提下，绘制出电气安装接线图。

b．检查电气元件的质量。包括检查元件外观是否完好、各接线端子及紧固件是否齐全、操作机构和复位机构的功能是否灵活、绝缘电阻是否达标等。

c．底板选料与剪裁。底板可选择2.5～5mm厚的钢板或5mm厚的层压板等，按电气元件的数量和大小、摆放位置和安装接线图确定板面的尺寸。

d．电气元件的定位。按电气产品说明书的安装尺寸，在底板上确定元件安装孔的位置并固定钻孔中心。选择合适的钻头对准钻孔中心进行冲眼。此过程中，钻孔中心应该保持不变。

e．电气元件的固定。用螺栓加以适当的垫圈，将电气元件按各自的位置在底板上进行固定。

② 电气元件之间导线的安装

a．导线的接线方法。在任何情况下，连接器件必须与连接的导线截面积和材料性质相适应，导线与端子的接线，一般一个端子只连接一根导线。有些端子不适合连接软导线时，可在导线端头上采用针形、叉形等冷压端子。如果采用专门设计的端子，可以连接两根或多根导线，但导线的连接方式必须是工艺上成熟的各种方式，如夹紧、压接、焊接、绕接等。导线的接头除必须采用焊接方法外，所有的导线应当采用冷压端子。若电气设备在运行时承受的振动很大，则不许采用焊接的方式。接好的导线连接必须牢固，不得松动。

b．导线的标志。在控制板上安装电气元件，导线的线号标志必须与电气原理图和电气安装接线图相符合，并在各电气元件附近做好与原理图上相同代号的标记，注意主电路和控制电路的编码套管必须齐全，每一根导线的两端都必须套上编码套管。套管上的线号可用环乙酮与龙胆紫调合，不易褪色。在遇到6和9或16和91这类倒序都能读数的号码时，必须作记号加以区别，以免造成线号混淆。导线颜色的规定参见表8-1。

表8-1　电工成套装置中的导线颜色

导线工作区域	导线颜色	导线工作区域	导线颜色
保护导线	黄绿双色	直流控制电路	蓝色
动力电路中的中性线和中间线	浅蓝色	与保护导线连接的控制电路	白色
交、直流动力电路	黑色	与电网直接连接的联锁电路	橘黄色
交流控制电路	红色		

③ 导线截面积的选择　对于负载为长期工作制的用电设备，其导线截面积按用电设备的额定电流来选择；当所选择的导线、电缆截面积大于95mm²时，宜改为用两根截面积小的导线代替；导线、电缆截面积选择后应满足允许温升及机械强度要求；移动设备的橡套电缆铜芯截面积不应小于2.5mm²；明敷时，铜线不应小于1mm²，铝线不应小于2.5mm²；穿管敷设与明敷相同；动力电路铜芯线截面积不应小于1.5mm²；铜芯导线可与大一级截面积的铝芯线相同使用。

对于绕线转子电动机转子回路导线截面积的选择可按以下原则：

a．转子电刷短接。负载启动转矩不超过额定转矩50%时，按转子额定电流的35%选择截面积；在其他情况下，按转子额定电流的50%选择。

b．转子电刷不短接。按转子额定电流选择截面积。转子的额定电流和导线的允许电流，均按电动机的工作制确定。

④ 导线允许电流的计算

a．反复短时工作制的周期时间$T \leqslant 10\text{min}$，工作时间$t_G \leqslant 4\text{min}$时，导线或电缆的允许电流按下列情况确定：

截面积小于或等于6mm²的铜线，以及截面积小于或等于10mm²的铝线，其允许电流按长期工作制计算。

截面积大于6mm²的铜线，以及截面积大于10mm²的铝线，其允许电流等于长期工作制允许电流乘以系数$0.875\sqrt{\varepsilon}$。ε为用电设备的额定相对接通率（暂载率）。

b．短时工作制的工作时间$t_G \leqslant 4\text{min}$，并且停歇时间内导线或电缆能冷却到周围环境温度时，导线或电缆的允许电流按反复短时工作制确定。当工作时间超过4min或停歇时间不足以使导线、电缆冷却到环境温度时，则导线、电缆的允许电流按长期工作制确定。

⑤ 线管选择　线管选择主要是指线管类型和直径的选择。

a．根据敷设场所选择线管类型。潮湿和有腐蚀气体的场所内明敷或埋地，一般采用管壁较厚的白铁管，又称水煤气管；干燥场所内明敷或暗敷，一般采用管壁较薄的电线管；腐蚀性较大的场所内明敷或暗敷，一般采用硬塑料管。

b．根据穿管导线截面积和根数选择线管的直径。一般要求穿管导线的总截面积（包括绝缘层）不应超过线管内径截面积的40%。白铁管和电线管的管径可根据穿管导线的截面积和根数选择，参见表8-2。

表8-2　白铁管和电线管的管径选择

穿导线根数 导线截面积 /mm²	白铁管的标称直径（内径）/mm					电线管的标称直径（外径）/mm				
	两根	三根	四根	六根	九根	两根	三根	四根	六根	九根
16	25	25	32	38	51	25	32	32	38	51
20	25	32	32	51	64	25	32	38	51	64
25	32	32	38	51	61	32	38	38	51	64
35	32	38	51	51	64	32	38	51	65	64
50	38	51	51	64	76	38	51	64	64	76

⑥ 导线共管敷设原则

a．同一设备或生产上互相联系的各设备的所有导线（动力线或控制线）可共管敷设。

b．有联锁关系的电力及控制电路导线可共管敷设。

c．各种电机、电气及用电设备的信号、测量和控制电路导线可共管敷设。

d．同一照明方式（工作照明或事故照明）的不同支线可共管敷设，但一根管内的导线数不宜超过8根。

e．工作照明与事故照明的电路不得共管敷设。

f．互为备用的电路不得共管敷设。

g．控制线与动力线共管，当电路较长或弯头较多时，控制线的截面积应不小于动力线截面积的10%。

⑦ 导线连接的步骤　分析电气元件之间导线连接的走向和路径，选择合理的走向。根据走向和路径及连接点之间的长度，选择合适的导线长度，并将导线的转弯处弯成90°角。用电工工具剥除导线端子处的绝缘层，套上导线的编码套管，压上冷压端子，按电气安装接线图接入接线端子并拧紧压紧螺钉。按布线的工艺要求布线，所有导线连接完毕之后进行整理。做到横平竖直，导线之间没有交叉、重叠且相互平行。

（2）电气控制柜（箱或板）的配线

① 配线时一般注意事项总结如下

a．根据负载的大小、配线方式及电路的不同选择导线的规格、型号，并考虑导线的走向。

b．从主电路开始配线，然后再对控制电路配线。

c．具体配线时应满足每种配线方式的具体要求及注意事项。

d．导线的敷设不应妨碍电气元件的拆卸。

e．配线完成之后应根据各种图样再次检查是否正确无误，没有错误，将各种紧压件压紧。

② 板前配线。又称明配线，适用于电气元件较少，电气电路比较简单的设备，这种配线方式导线的走向较清晰，对于安全维修及故障的检查较方便。配线时应注意以下几条：

a．连接导线一般选用BV型的单股塑料硬线。

b．导线和接线端子应保证可靠的电气连接，线端应该压上冷压端子。对不同截面积的导线在同一接线端子连接时，大截面积在下，小截面积在上，且每个接线端子原则上不超过两根导线。

c．电路应整齐美观、横平竖直。导线之间不交叉、不重叠，转弯处应为直角，成束的导线用线束固定。导线的敷设不影响电气元件的拆卸。

③ 板后配线，又称暗配线。这种配线方式的板面整齐美观且配线速度快。采用这种配线方式应注意以下几个方面：

a．配电盘固定时，应使安装电气元件的一面朝向控制柜的门，便于检查和维修。安装板与安装面要留有一定的余地。

b．板前与电气元件的连接线应接触可靠，穿板的导线应与板面垂直。

c．电气元件的安装孔、导线的穿线孔的位置应该准确，孔的大小应合适。

④ 线槽配线。该方式综合了明配线和暗配线的优点。适用于电气电路较复杂、电气元件较多的设备，不仅安装、检查维修方便且整个板面整齐美观，是目前使用较广的一种接线方式。线槽一般由槽底和盖板组成，其两侧留有导线的进出口，槽中容纳导线（多采用多股软导线作连接导线），视线槽的长短用螺钉固定在底板上。采用这种配线方式应注意以下几个方面：

a．用线槽配线时，线槽装线不要超过线槽容积的70%，以便安装和维修。

b．线槽外部的配线，对装在可拆卸门上的电气接线必须采用互连端子板或连接器，它们必须牢固地固定在框架、控制箱或门上。

对于内部配线而言，从外部控制电路、信号电路进入控制箱内的导线超过10根时，必须用端子板或连接器件过渡，但动力电路和测量电路的导线可以直接接到电气的端子上。

⑤ 线管配线

a．尽量取最短距离敷设线管，管路尽量少弯曲，若不得不弯曲，其弯曲半径不应小于线管外径的6倍。若只有一个弯曲时，可减至4倍。敷设在混凝土内的线管，弯曲半径不应小于外径的10倍。管子弯曲后不得有裂缝、凹凸等缺陷，弯曲角度不应小于90°，椭圆度不应大于10%。若管路引出地面，离地面应有一定的高度，一般不小于0.2m。

b．明敷线管时，布置应横平竖直、排列整齐美观。电线管的弯曲处及长管路，一般每隔0.8～1m用管夹固定。多排线管弯曲度应保持一致。埋设的线管与明设的线管的连接处，应装设接线盒。

c．根据使用的场合、导线截面积和导线根数选择线管类型和管径，且管内应留有40%的余地。对同一电压等级或同一回路的导线允许穿在同一线管内。管内的导线不准有接头，也不准有绝缘破损之后修补的导线。

d．线管埋入混凝土内敷设时，管子外径不应超过混凝土厚度的1/2，管子与混凝土模板间应有20mm间距。并列敷设在混凝土内的管子，应保证管子外皮相互间有20mm以上的间距。

e．线管穿线前，应使用压力约为0.25Pa的压缩空气，将管内的残留水分和杂物吹净，也可在铁丝上绑以抹布，在管内来回拉动，使杂物和积水清除干净，然后向管内吹入滑石粉；对于较长的管路穿线时，可以采用直径1.2mm的钢丝作引线，送线时需两人配合送线，一人送线，一人拉铁丝，拉力不可过大，以保证顺利穿线。放线时应量好长度，用手或放线架逆着导线在线轴上绕，使线盘旋转，将导线放开。应防止导线扭动、打扣或互相缠绕。

f. 线管应可靠地保护接地和接零。

⑥ 金属软管配线

a. 金属软管只适用于电气设备与铁管之间的连接或铁管施工有困难的个别线段，金属软管的两端应配置管接头，每隔0.5m处应有弧形管夹固定，而中间引线时采用分线盒。

b. 金属管口不得有毛刺，在导线与管口接触处，应套上橡皮或塑料管套，以防止导线绝缘损伤，管中导线不得有接头，并不得承受拉力。

（3）电路的调试方法

① 通电前检查　安装完毕的每个控制柜或电路板，必须经过认真检查后，才能通电试车，以防止错接、漏接造成不能实现控制功能或短路事故。检查内容有：

a. 按电气原理图或电气接线图从电源端开始，逐段核对接线及接线端子处线号。重点检查主电路有无漏接、错接及控制电路中容易接错之处。检查导线压接是否牢固，接触是否良好，以免带负载运转时产生打弧现象。

b. 用万用表检查电路的通断情况。可先断开控制电路，用电阻挡检查主电路有无短路现象。然后断开主电路，再检查控制电路有无开路或短路现象，自锁、联锁装置的动作及可靠性。

c. 用绝缘电阻表对电动机和连接导线进行绝缘电阻检查。用绝缘电阻表检查，应分别符合各自的绝缘电阻要求，如连接导线的绝缘电阻不小于$7M\Omega$，电动机的绝缘电阻不小于$0.5M\Omega$等。

d. 检查时要求各开关按钮、行程开关等电气元件应处于原始位置；调速装置的手柄应处于最低速位置。

② 试车　为保证人身安全，在通电试运转时，应认真执行安全操作规程的有关规定，一人监护，一人操作。试运转前应检查与通电试运转有关的电气设备是否有不安全的因素存在，查出后应立即整改，方能试运转。

通电试运转的顺序如下：

a. 空操作试车。断开主电路，接通电源开关，使控制电路空操作，检查控制电路的工作情况，如按钮对继电器、接触器的控制作用；自锁、联锁的功能；急停器件的动作；行程开关的控制作用；时间继电器的延时时间，观察电气元件动作是否灵活，有无卡阻及噪声过大等现象，有无异味。如有异常，立刻切断电源开关检查原因。

b. 空载试车。若a步通过，接通主电路即可进行空载试车。首先点动检查电动机的转向及转速是否符合要求；然后调整好保护电气的整定值，检查指示信号和照明灯的完好性等。

c. 负载试车。a步和b步经反复几次操作，均正常后，才可进行带负载试车。此时，在正常的工作条件下，验证电气设备所有部分运行的正确性，特别是验证在电源中断和恢复时对人身和设备的伤害、损坏程度。此时进一步观察机械动作和电气元件的动作是否符合工艺要求；进一步调整行程开关的位置及挡块的位置；对各种电气元件的整定数值进一步调整。

③ 试车的注意事项　调试人员在调试前必须熟悉生产机械的结构、操作规程和电气系统的工作要求；通电时，先接通主电源；通电后，注意观察各种现象，随时做好停车准备，以防止意外事故发生。如有异常，应立即停车，待查明原因之后再继续进行，未查明原因不得强行送电。

8.3.2　按钮联锁正反向启动控制电路安装示例

（1）熟悉电路原理

如图8-53所示（参照图8-2），合上断路器QF，指示灯HLG亮。按下SB₁，接触器KM得电吸合并自保，主触点KM闭合，电动机启动运行，其动合辅助触点闭合，一对用于自保，一对接通指示灯HLR，HLR亮，KM的动断触点断开，HLG灭。停车时按下SB₂，接触器KM失电释放，主触点KM断开，电动机停转。这时KM的动开触点复位，指示灯HLG亮，HLR灭。

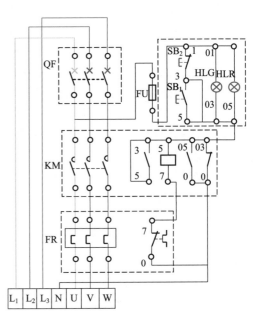

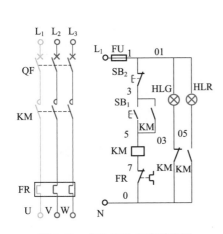

图 8-53　单向启动电路原理图　　　　　图 8-54　单向直接启动电路接线图

（2）配电板的选材与制作

电气安装图如图8-54所示。先根据电动机的容量选择断路器、接触器、热继电器、熔断器、按钮、指示灯、HLK系列开关柜。先将所有的元器件备齐，在主电路板、箱门上将这些元器件进行模拟排列。元器件布局要合理，总的原则是力求连接导线短，各电器排列的顺序应符合其动作规律。用划针在主电路板、箱门上画出元器件的装配孔、行线槽、端子排位置，然后拿开所有的元器件。核对每一个元器件的安装孔尺寸，然后钻中心孔、钻孔、攻螺纹，加工后的HLK系列开关柜内部布置如图8-55所示。

（3）元器件的安装

二维码 8-2

按照模拟排列的位置，将元器件、行线槽、端子排安装好，贴上端子排线号，并去掉行线槽部分小齿，如图8-56所示。要求元器件与底板保持横平竖直，所有元器件在底板上要固定牢固，不得有松动现象（二维码8-2）。

元器件的安装

（4）主电路的连接

① 根据电路走向，弯制黄色导线，剪掉多余导线，将导线一端剥掉绝缘层并弯成羊眼圈接入L₁相进线端子排，另一端剥掉绝缘层接入断路器上端，如图8-57所示。同样方法连接L₂、L₃相导线。

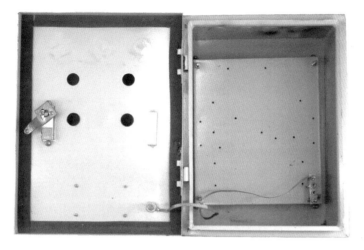

图 8-55　加工后的 HLK 系列开关柜内部布置图

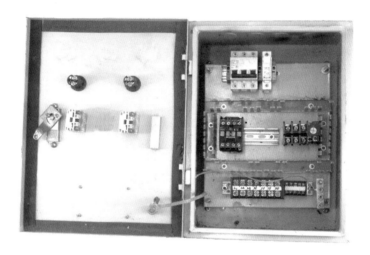

图 8-56　安装元器件后的 HLK 系列开关柜内部布置图

(a) 导线制作　　　　　　　(b) 配线后的主电路板

图 8-57　主电路配线

② 连接断路器和接触器 KM 之间的导线，并连接断路器和熔断器之间导线。

③ 连接KM与热继电器FR之间的导线。

④ 连接热继电器FR与端子U、V、W之间的导线。

⑤ 全部连接好后检查有无漏线、接错（二维码8-3）。

（5）控制电路的连接

① 将控制线一端冷压上端子，套上线号后接入SB_1上端，另一端按走向留够余线后剪掉、套上线号，并打上弯扣，如图8-58所示。

二维码 8-3

主电路配线

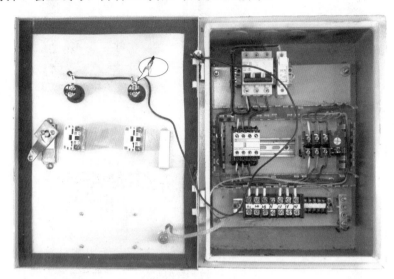

图 8-58　控制线路配线

② 用同样的方法连接其他导线，绑上螺旋带将导线绑成一束，绑扎固定并根据导线长度剪掉余线。

③ 按安装图弯制其他控制线，并将线头镀锡后，接入对应元器件或接线端子，扣上行线槽盖(二维码8-4)。

二维码 8-4

控制线路配线

（6）控制电路的调试

① 试车前的准备工作　准备好与启动控制电路有关的图样，安装、使用以及维修调试的说明书；准备电工工具、绝缘电阻表、万用表和钳形电流表，参照原理图8-53对电气元件进行检查，具体内容如下：

a. 测量三台电动机绕组间和对地绝缘电阻是否大于0.5MΩ，否则要进行浸漆烘干处理；测量电路对地电阻是否大于7MΩ；检查电动机是否转动灵活，轴承有无缺油等异常现象。

b. 检查低压断路器、熔断器是否和电气元件表一致，热继电器整定值调整是否合理。

c. 检查主电路和控制电路所有电气元件是否完好，动作是否灵活；有无接错、掉线、漏接和螺钉松动现象；接地系统是否可靠。

② 控制电路的试车　首先空操作试车，将电动机M接线端的接线断开，并包好绝缘。

a. 接通低压断路器QF，测试断路器前后有无380V电压。

b. 测试FU后面电压是否正常，观察指示灯HLG是否亮。

c. 按下电动机M的启动按钮SB_1，接触器线圈KM得电吸合，观察KM主触头是否正常吸合，同时测试U_1、V_1和W_1之间有无正常的380V电压。按下停车按钮SB_2，线圈KM失电释放，同时 U_1、V_1 和 W_1 之间应该无电压，接触器无异常响声。

③ 主电路的试车　首先空载试车。接通电动机 M 与端子 U_1、V_1、W_1 之间的连线。按控制电路操作中 c 项的顺序操作。观察电动机 M 运转是否正常。需要注意以下内容：

a. 观察电动机旋转方向是否与工艺要求相同；测试电动机空载电流是否正常。

b. 经过一段时间试运行，观察电动机有无异常响声、异味、冒烟、振动和温升过高等异常现象。

以上都没有问题，这时电动机带上机械负载，再按控制电路操作中 c 项的顺序操作。测试能否满足工艺要求而动作，并按最大负载运转，检查电动机电流是否超过额定值等。再按上述两项的内容检查电动机。以上测试完毕全部合格后，才能投入使用。

8.4　三相异步电动机控制电路的维修

8.4.1　故障判断步骤

（1）细读电气原理图

电动机的控制电路是由一些电气元件按一定的控制关系连接而成的，这种控制关系反映在电气原理图上。为顺利地安装接线，检查调试和排除电路故障，必须认真阅读原理图。要看懂电路中各电气元件之间的控制关系及连接顺序，分析电路控制动作，以便确定检查电路的步骤与方法。明确电气元件的数目、种类和规格，对于比较复杂的电路，还应看懂是由哪些基本环节组成的，分析这些环节之间的逻辑关系。

（2）熟悉安装接线图

原理图是为了方便阅读和分析控制原理而用"展开法"绘制的，并不反映电气元件的结构、体积和实现的安装位置。为了具体安装接线、检查电路和排除故障，必须根据原理图查阅安装接线图。安装接线图中各电气元件的图形符号及文字符号必须与原理图核对，在查阅中作好记录，减少工作失误。

（3）电气元件的检查

① 电气元器件外观是否整洁，外壳有无破裂，零部件是否齐全，各接线端子及坚固件有无缺损、锈蚀等现象。

② 电气元器件的触头有无熔焊粘连变形、氧化锈蚀等现象；触头闭合分断动作是否灵活；触头开距、超程是否符合要求；压力弹簧是否正常。

③ 电器的电磁机构和传动部件的运动是否灵活；衔铁有无卡住，吸合位置是否正常等，使用前应清除铁芯端面的防锈油。

④ 用万用表检查所有电磁线圈的通断情况。

⑤ 检查有延时作用的电气元器件功能，如时间继电器的延时动作、延时范围及整定机构的作用；检查热继电器的热元件和触头的动作情况。

⑥ 核对各电气元器件的规格与图纸要求是否一致。

（4）电路的检查

① 核对接线。对照原理图、接线图，从电源端开始逐段核对端子接线线号，排除错误和漏接线现象，重点检查控制电路中容易错接线的线号，还应该核对同一导线两端线号是否一致。

② 检查端子接线是否牢固。检查端子上所有接线压接是否牢固，接触是否良好，不允许有松动、脱落现象，以免通电试车时因导线虚接造成故障。

③ 用万用表检查。在控制电路不通电时，用手动来模拟电器的操作动作，用万用表测量电路的通断情况。应根据控制电路的动作来确定检查步骤和内容；根据原理图和接线图选择测量点，先断开控制电路检查主电路，再断开主电路检查控制电路，主要检查以下内容：

a．主电路不带负荷（即电动机）时相间绝缘情况，接触主触头接触的可靠性，正反转控制电路的电源换相电路和热继电器、热元件是否良好，动作是否正常等。

b．控制电路的各个环节及自保、联锁装置的动作情况及可靠性，设备的运动部件、联动元器件动作的正确性及可靠性，保护电器动作准确性等。

（5）试车

① 空操作试验。装好控制电路中熔断器熔体，不接主电路负载，试验控制电路的动作是否可靠，接触器动作是否正常，检查接触器自保、联锁控制是否可靠，用绝缘棒操作行程开关，检查其行程及限位控制是否可靠，观察各电器动作灵活性，注意有无卡住现象，细听各电器动作时有无过大的噪声，检查线圈有无过热及异常气味。

② 带负载试车。控制电路经过数次操作试验动作无误后，即可断开电源，接通主电路带负载试车。电动机走动前应先准备好停车准备，走动后要注意电动机运行是否正常。若发现电动机启动困难，发出噪声，电动机过热，电流表指示不正常，应立即停车断开电源进行检查。

③ 有些电路的控制动作需要调试，如定时运转电路的运行和间隔的间；Y-△起运控制电路的转换时间；反接制动控制电路的终止速度等。

8.4.2　三相电动机控制电路故障判断方法

（1）试电笔法

试电笔（验电器）查找断路故障的方法如图8-59所示。

用试电笔依次测试1、3、5、7各点（参照图8-54，下同），并按下按钮SB$_2$，测量到哪一点试电笔不亮即为断路处（二维码8-5）。

二维码 8-5

验电器查找断路故障

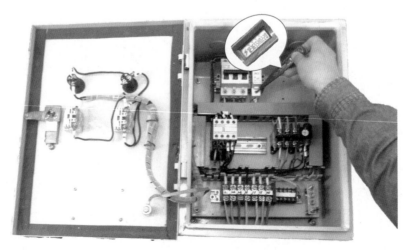

图 8-59　验电器查找断路故障

测试注意事项：

① 当对一端接地的220V电路进行测量时，要从电源侧开始，依次测量，且要注意观察试电笔的亮度，防止因外部电场、泄漏电流引起氖管发亮，而误认为电路没有断路。

② 当检查380V并有变压器的控制电路中的熔断器是否熔断时，要防止电源电压通过另一相熔断器和变压器的一次线圈回到已熔断的熔断器的出线端，造成熔断器未熔断的假象。

（2）万用表电压测量法

分为分阶测量法和分段测量法两种，检查时将万用表的选择开关旋到交流电压"500V"挡位。

① 分阶测量法　如图8-60所示。检查时，首先可测量1、0点间的电压，若为220V说明电压正常，然后按住SB₁不放，同时将一表棒接到0号线上，另一表棒按3、5、7线号依次测量，分别测量0-3、0-5、0-7各阶之间的电压，各阶的电压都为220V说明电路工作正常；若测到0-5电压为220V，而测到0-7无电压，说明接触器线圈断路（二维码8-6）。

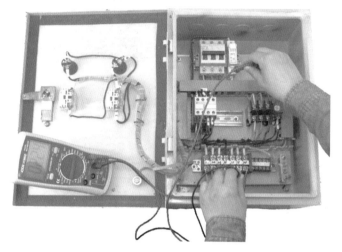

图8-60　电压分阶法查找断路故障

二维码8-6

电压分阶法查找断路故障

② 分段测量法　如图8-61所示。检查时，可先测试1-0两点间电压，若为220V，说明电源电压正常。然后按下SB₁后，逐段测量相邻线号1-3、3-5、4-7、7-0间的电压（二维码8-7）。

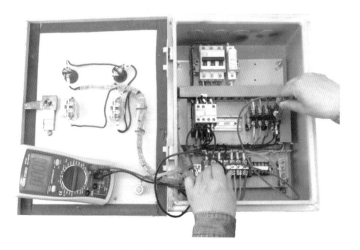

二维码8-7

电压分段法查找断路故障

图8-61　电压分段法查找断路故障

（3）万用表电阻测量法

① 电阻分阶测量法　图8-62所示。按下SB_1，KM不吸合说明电路有断路故障。首先断开电源，然后按下SB_1不放，可用万用表的电阻挡测量1-0两点间的电阻，若电阻为无穷大，说明1-0之间电路断路，然后分别测量1-3、1-5、1-7、1-0各点之间的电阻值，若某点电阻值为0（或线圈电阻值）说明电路正常；若测量到某线号之间的电阻值为无穷大，说明该触点或连接导线有断路故障（二维码8-8）。

二维码 8-8

电阻分阶法查找断路故障

图8-62　电阻分阶法查找断路故障

② 电阻分段测量法　电阻的分段测量法如图8-63所示。

检查时，先按下SB_1，然后依次逐段测量相邻两线号1-3、3-5、4-7、7-0间的电阻值，若测量某两线号的电阻值为无穷大，说明该触点或连接导线有断路故障（二维码8-9）。

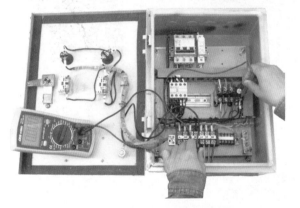

二维码 8-9

电阻分段法查找断路故障

图 8-63　电阻分段法查找断路故障

电阻测量法虽然安全，但测得的电阻值不准确时，容易造成错误判断，应注意以下事项：

用电阻测量法检查故障时，必须先断开电源。

若被测电路与其他电路并联时，必须将该电路与其他电路断开，否则所测得的电阻值误差较大。

（4）短接法

短接法是利用一根导线，将所怀疑断路的部位短接，若短接过程中电路被接通，则说明该处断路。短接法有局部短接法和长短接法两种。

① 局部短接法　局部短接法如图8-64所示。按下SB_2时，KM_1不吸合，说明该电路有断路故障。

检查时，可先用万用表电压挡测量0-1两点之间的电压值，如电压正常，可按下SB₁不放，然后手持一根带绝缘的导线，分别短接1-3、3-5、7-0，当短接到某两点时，接触器吸合，说明断路故障就在这两点之间（二维码8-10）。

二维码 8-10

局部短接法查找断路故障

图 8-64　局部短接法查找断路故障

② 长短接法　长短接法如图8-65所示，长短接法是指一次短接两个或多个触点来检查断路故障的一种方法。

检查时，可先用万用表电压挡测量0-1两点之间的电压值，如电压正常，可按下SB₁不放，然后手持一根带绝缘的导线，先将1-5短接，若KM吸合，说明1-5两点之间有断路故障，然后再短接1-3、3-5，查找故障点。若KM不吸合，说明故障点在4-0之间，也就是热继电器FR的动断触点断路（二维码8-11）。

二维码 8-11

长短接法查找断路故障

图 8-65　长短接法查找断路故障

检查注意事项：

由于短接法是用手拿着绝缘导线带电操作，因此一定要注意安全，以免发生触电事故。

短接法只适用于检查压降极小的导线和触头之间的断路故障，对于压降较大的电器，如电阻、接触器和继电器线圈、绕组等断路故障，不能采用短接法，否则就会出现短路故障。

对于机床的某些要害部位，必须确保电气设备或机械部位不会出现事故的情况下，才能采用短接法。

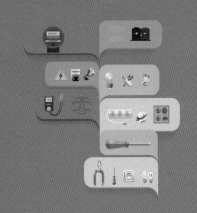

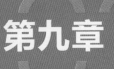

第九章

配线与照明工程

9.1 配线的基本知识

室内配线就是常说的内线工程。按敷线的方式分为明配线和暗配线两种。导线沿墙壁、天花板、桁架及柱子等明敷设称为明配线。明配线方式通常有瓷（塑）夹板配线、瓷瓶配线、瓷珠（瓷柱）配线、槽板配线、钢（塑料）管配线、铅皮卡（钢精轧头）配线以及钢索配线等。导线穿管埋设在墙内、地坪内，装设在顶棚内称为暗配线。暗配线需与土建施工配合，而且与土建结构、配电箱、盘、柜的安装方式有关，如何进行室内配线，必须按设计要求进行施工。通常是明配管对应于明配电箱、盒、盘；暗配管对应于暗装箱、盘。

9.1.1 室内配线的技术要求

① 使用导线的额定电压应大于线路的工作电压。导线的绝缘应符合线路的安装方式和敷设的环境条件。导线的截面应满足供电和机械强度的要求。

② 导线应尽量避免有接头，因为常常由于导线接头不好而造成事故。接头必须采取压接方式和焊接方式。导线连接和分支处不应受机械力的作用。穿在管内的导线，在任何情况下，都不能有接头。必要时，尽可能将接头放在接线盒或灯头盒内。

③ 明配线路在建筑物内安装时要保持水平和垂直。水平敷设时，导线距地面不小于2.5m；垂直敷设时，导线离地面不小于2m。否则应将导线穿在管内，以防机械损伤。配线位置应便于检查和维修。

④ 当导线穿过楼板时，要用钢管加以保护，钢管长度应从离楼板面2m高处，到楼板下出口处为止。导线穿墙要加装保护套管，保护套管可采用瓷管、钢管、塑料管，保护套管两端出线口伸出墙面不小于10mm，以防止导线和墙壁接触，避免墙壁潮湿而产生漏电等现象。当导线沿墙壁或天花板敷设时，导线与建筑物之间的距离一般应不小于10mm。在通过伸缩缝的地方，导线敷设应稍微松弛，对于钢管配线，应装补偿盒，以适应建筑物的伸缩性。当导线互相交叉时，为避免碰线，在每根导线上套以塑料管或其他绝缘管，并将套管固定牢，不使其移动。

⑤ 为确保安全用电，室内电气管线和配电设备与其他管道、设备间以及建筑物与地面的最小距离都有一定的规定，见表9-1～表9-4。

表9-1 明布线的有关距离要求

固定方式	导线截面 /mm²	固定点最大距离 /m	线间最小距离 /m	与地面最小距离 /m	
				水平布线	垂直布线
槽板	≤ 4	0.5	—	2.0	1.3
卡钉	≤ 10	0.2	—	2.0	1.3
瓷（塑料）夹	≤ 6	0.8	25	2.0	1.3
瓷柱	≤ 16	3.0	50	2.0	1.3（2.7）
	16 ~ 25	3.0	100	2.5	1.8（2.7）
瓷瓶	≥ 35	6.0	150	2.5	1.8（2.7）

注：括号内数字指屋外敷设时的要求。

表9-2 管配线明敷时固定点的最大距离
单位：m

管子类别	管径 /mm				
	20 及以下	25 ~ 32	40	50	65 ~ 100
钢管	1.5	2.0	2.5	2.5	3.5
电线管	1.0	1.5	2.0	—	—
硬塑料管	1.0	1.5	2.5	2.0	2.0

注：电线管管径指外径，其余指内径。

表9-3 绝缘导线至建筑物间的距离

布线位置	最小距离 /mm
水平敷设时垂直距离：在阳台、平台上和跨越建筑屋顶	2500
在窗户上	300
在窗户下	800
垂直敷设时至阳台、窗户的水平距离	600
导线至墙壁和构件的距离（挑檐下除外）	35

表9-4 屋内电气管线和电缆与其他管道之间的最小净距
单位：m

敷设方式	管线及设备名称	管线	电缆	绝缘导线	裸母线	滑触线	插接式母线	配电设备
平行	煤气管	0.1	0.5	1.0	1.5	1.5	1.5	1.5
	乙炔管	0.1	1.0	1.0	2.0	3.0	3.0	3.0
	氧气管	0.1	0.5	0.5	1.5	1.5	1.5	1.5
	蒸汽管	0.1/0.5	1.0/0.5	1.0/0.5	1.5	1.5	1.0/0.5	0.5
	热水管	0.3/0.2	0.5	0.3/0.2	1.5	1.5	0.3/0.2	0.1
	通风管		0.5	0.1	1.5	1.5	0.1	0.1
	上下水管	0.1	0.5	0.5	1.5	1.5	0.1	0.1
	压缩空气管		0.5	0.1	1.5	1.5	0.1	0.1
	工艺设备				1.5	1.5		
交叉	煤气管	0.1	0.3	0.3	0.5	0.5	0.5	
	乙炔管	0.1	0.5	0.5	0.5	0.5	0.5	
	氧气管	0.1	0.3	0.3	0.5	0.5	0.5	
	蒸汽管	0.3	0.3	0.3	0.5	0.5	0.3	
	热水管	0.1	0.1	0.1	0.5	0.5	0.1	

敷设方式	管线及设备名称	管线	电缆	绝缘导线	裸母线	滑触线	插接式母线	配电设备
交叉	通风管		0.1	0.1	0.5	0.5	0.1	
	上下水管		0.1	0.1	0.5	0.5	0.1	
	压缩空气管		0.1	0.1	0.5	0.5	0.1	
	工艺设备				1.5	1.5		

注：1.表中的分数，分子数字为线路在管道上面时和分母数字为管道下面时的最小净距。

2.电气管线与蒸汽管不能保持表中距离时，可在蒸汽管与电气管线之间加隔热层，这样平行净距可减至0.2m，交叉处只考虑施工维修方便。

3.电气管线与热水管线不能保持表中距离时，可在热水管外包隔热层。

4.裸母线与其他管道交叉不能保持表中距离时，应在交叉处的裸母线外面加装保护网或罩。

9.1.2　室内配线导线的选择

室内配线安装方式和导线的选择，一般根据周围环境的特征以及安全要求等因素决定，见表9-5。

表9-5　室内线路的安装方式及导线的选用

环境特征	配线方式	常用导线
干燥环境	瓷（塑料）夹板、铝片卡、明配线	BLV、BLW、BLXF、BLX
	绝缘子明配线	BLV、LJ、BLXF、BLX
	穿管明敷或暗敷	BLV、BLXF、BLX
潮湿和特别潮湿的环境	绝缘子明配线（敷设高度＞3.5m）	BLV、BLXF、BLX
	穿塑料管、钢管明敷或暗敷	
多尘环境（不包括火灾及爆炸危险尘埃）	绝缘子明配线	BLV、BLVV、BLXF、BLX
	穿管明敷或暗敷	BLV、BLXF、BLX
有腐蚀性的环境	绝缘子明配线	BLV、BLX
	穿塑料管明敷或暗敷	BLV、BV、BLXF
有火灾危险的环境	绝缘子明配线	BLV、BLX
	穿钢管明敷或暗敷	
有爆炸危险的环境	穿钢管明敷或暗敷	BV、BX

9.1.3　照明灯具的选择

（1）灯具的种类

灯具的种类繁多，按安装方式分类的方法及使用场所见表9-6。

表9-6　灯具按安装方式分类及使用场所

灯具名称	安装方式	使用场所
壁灯	墙壁、庭柱	用于局部照明、装饰照明或没有顶棚的场所
吸顶灯	顶棚	主要用于没有吊顶的房间。吸顶式的光带适用于计算机房、变电站等
嵌入式	嵌入在吊顶内	适用于吊顶的房间，与吊顶结合能形成美观的装饰艺术效果
半嵌入式	一半或部分嵌入顶棚	适用于顶棚吊顶深度不够的场所，在走廊处应用较多
吊灯	吊杆（管）、吊链（线）	普通房间
地脚灯	走廊地脚	应用在医院病房、公共走廊、宾馆客房、卧房等，便于人员行走
台灯	写字台、工作台	作为书写阅读使用

灯具名称	安装方式	使用场所
落地灯		主要用于高级客房、宾馆、带茶几沙发的房间以及家庭的床头或书房旁
庭院灯	庭、院地坪	适用于公园、街心花园、宾馆及机关学校的庭院照明
道路广场灯	道路旁、广场	用于车站广场、机场前广场、港口、码头、公共汽车站广场、立交桥、停车场、室外体育场等
移动式灯		用于室内、外移动件的工作场所以及室外电视、电影的摄影等场所
应急照明灯	随照明灯具布置	适用于公共场所的应急照明、紧急疏散照明、安全防火照明等

（2）灯具选择

① 在工厂厂房中，普遍使用光效较高的开敞式直接配光灯具。例如在高大厂房（6m以上）使用探照型灯具，在不高的厂房使用余弦型或光照型灯具。而在办公室及公共建筑等处，由于天棚和墙面反射特性好，除采用开敞式灯具外，亦可使用漫射或间接配光灯具，从而获得舒适的视觉条件及良好的艺术效果。

② 采用表面积大、符合亮度限制要求的照明器（例如格栅、漫射罩等）对限制眩光有益；而采用使视线方向的反射光通减小到最低限度的特殊配光（例如蝙蝠翼配光）照明器，可使光幕反射显著减弱。但均应对光的利用加以综合考虑。

③ 在特别潮湿的场所，宜采用防潮灯具；在有腐蚀性气体的场所，宜采用耐腐蚀材料制成的密闭灯具；而在有爆炸或火灾危险的场所，应根据爆炸或火灾危险的介质分类等级选择相应的灯具。

④ 一般灯具安装配件选择见表9-7。

表9-7　一般灯具安装配件选择表

安装方式		吊线灯	吊链灯	吊杆灯	吸顶灯	壁灯
设计图中标注符号		X	L	G		
导线		JBVV 2×0.5	RVS 2×0.5		与线路相同	
吊盒或灯架		一般房间用胶质潮湿房间用瓷质	金属吊盒		金属灯架	
灯口		100W 以下用胶质灯口，潮湿房间及封闭灯具用瓷质灯口				
木台	厚度	20mm		25mm		30mm
	油漆	四周先刷防水漆一道，外表面再刷白漆两遍				
	固定方式	一般采用机螺钉固定，如用木螺钉时，应用塑料胀管或预埋木砖固定				
	材料	用 0.5mm 铁板或 1.0mm 厚的铝板制造，超过 100W 时，应作通风孔				
	油漆	内表面喷银粉，外表面烤漆				

注：1.设计图中对吊线灯的标注符号：X为自在器式吊线灯；X1为固定式吊线灯；W为弯式；T为台上安装式；BR为墙壁嵌入式；J为支架安装式；Z为柱上安装式；X2为防潮、防水式吊线灯；X3为人字式吊线灯；DR为吸顶嵌入式；ZH为座装式。
2.活动吊线灯的导线长度，应以垂直伸长时灯泡距地面不小于800mm为准。

9.1.4　器具盒位置的确定

（1）跷板（扳把）开关盒位置确定

① 安装暗扳把或跷板及触摸开关盒，一般应在室内距地坪1.3m处埋设，在门旁开关盒边距门框（或洞口）边水平距离应为180mm。当建筑物与门平行的墙体长度较大时，为了使盒内立管躲开门上方预制过梁，门旁开关盒也可在距门框边250mm处设置，但同一工程中

图 9-1 跷板开关一般位置

位置应一致。见图9-1。开关盒的设置应先考虑门的开启方向，以方便操作。

② 当门框旁设有混凝土柱时，开关盒与门框边的距离也不应随意改变，应根据柱的宽度及柱与墙的位置关系，将开关设在柱内、外的适当位置上。当门旁混凝土柱的宽度为240mm且柱旁有墙时，应将盒设在柱外贴紧柱子处。当柱宽度为370mm，应将86系列（75mm×75mm×60mm）开关盒埋设在柱内距柱旁180mm的位置上，当柱旁无墙或柱子与墙平面不在同一直线上时，应将开关盒设在柱内中心位置上，如图9-2所示，如果开关盒为146系列（135mm×75mm×60mm），就无法埋设在柱内，只能将盒位改设在其他位置上。

③ 当门口处设有装饰贴脸时，盒边距门框边的距离应适当增加贴脸宽度的尺寸，尽量与装饰贴脸协调、美观。

(a) 柱宽度为240mm

(b) 柱宽度为370mm

(c) 柱370mm边无墙

图 9-2 关盒位置与门旁混凝土柱的关系

图 9-3 盒与门旁墙跺的位置关系

④ 在确定门旁开关盒位置时，除了门的开启方向外，还应考虑与门平行的墙跺的尺寸，最小应有370mm时，才能设置86系列盒，且应设在墙跺中间处，如图9-3所示。设置146系列盒时，墙跺的尺寸不应小于450mm，盒也应设在墙跺中心处，这样位置恰当，看起来也较美观，并能满足规范的要求。如门旁墙跺尺寸大于700mm时，开关盒位就应在距门框边180mm处设置。

⑤ 在门旁边与开启方向相同一侧的墙跺小于370mm，且有与门垂直的墙体时，应将开关盒设在此墙上，盒边应距与门平行的墙体内侧250mm，如图9-4(a)。

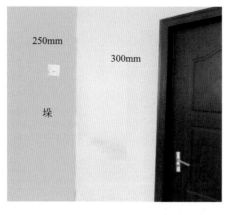 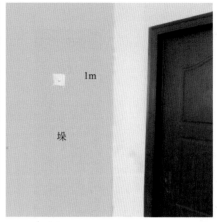

(a) 盒边距墙250mm　　　　　　　　　　(b) 盒边距墙1m

图 9-4　门垂直的墙体上的开关盒位置

　　⑥ 在与门开启方向一侧墙体上无法设置盒位，而在门后有与门垂直的墙体时，开关盒应设在距与门垂直的墙体内侧1m处，如图9-4(b)所示，防止门开启后开关被挡在门后。

　　⑦ 当门后有拐角长为1.2m墙体时，开关盒应设在墙体门开启后的外边，距墙拐角250mm处。当此拐角墙长度小于1.2m时，开关盒设在拐角另一面的墙上，盒边距离拐角处250mm，如图9-5所示。

(a) 拐角墙长1.2m　　　　　　　　　　(b) 拐角墙长小于1.2m

图 9-5　开关盒在门后拐角上的位置

　　⑧ 当建筑物两门中间墙体宽为0.37～1.0m范围内，且此墙处设有一个开关位置时，开关盒宜设在墙跺的中心处，如开关偏向一旁时会影响观瞻，开关盒的设置如图9-6(a)所示。若两门中间墙体超过1.2m时，应在两门边分别设置开关盒，盒边距门180mm，如图9-6(b)所示。

　　⑨ 楼梯间的照明灯控制开关，应设在方便使用和利于维修之处，不应设在楼梯踏步上方。当条件受限制时，开关距地高度应以楼梯踏步表面确定标高，如图9-7所示。

(a) 中间墙体宽为0.37～1.0m

距门180mm

(b) 中间墙体宽大于1.2m

图 9-6　两门中间墙上的开关盒位置

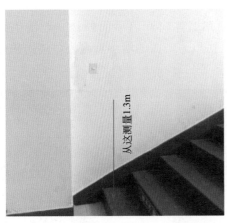

从这测量1.3m

图 9-7　楼梯踏步上方开关盒位置图

⑩ 厨房、厕所（卫生间）、洗漱室等潮湿场所的开关盒应设在房间的外墙处。

⑪ 走廊灯的开关盒，应在距灯位较近处设置，当开关盒距门框（或洞口）旁不远处时，也应将盒设在距门框（或洞口）边180mm或250mm处。

⑫ 壁灯（或起夜灯）的开关盒，应设在灯位盒的正下方，并在同一垂直线上。

⑬ 室外门灯、雨棚灯的开关盒不宜设在外墙处，应设在建筑物的内墙上。

（2）插座盒位置确定

① 插座是线路中最容易发生故障的地方，插座的型式、安装高度及位置，应根据工艺和周围环境及使用功能确定，应保证安全、方便、利于维修。

② 安装插座应使用开关盒，且与插座盖板相配套。

③ 插座盒一般应在距室内地坪1.3m处埋设，潮湿场所其安装高度应不低于1.5m。

④ 托儿所、幼儿园及小学校、儿童活动场所，应在距室内地坪不低于1.8m处埋设。

⑤ 在车间及实验室安装插座盒，应在距地坪不低于300mm处埋设；特殊场所一般不应低于150mm，但应首先考虑好与采暖管的距离。

⑥ 住宅内插座盒距地1.8m及以上时，可采用普通型插座；如使用安全插座时，安装高度可为300mm。

⑦ 住宅10m² 及以上的居室中，应在最易使用插座的两面墙上各设置一个插座位置；10m² 以下的居室中，可设置一个插座；过厅可设一个插座位置。

⑧ 旅馆客房各种插座及床头控制板用接线盒，一般装在墙上，当隔音条件要求高且条件允许时，可安装在地面上。

⑨ 为了方便插座的使用，在设置插座盒时应事先考虑好，插座不应被挡在门后，在跷板等开关的垂直上方或拉线开关的垂直下方，不应设置插座盒，插座盒与开关盒的水平距离不宜小于250mm。

⑩ 为使用安全，插座盒（箱）不应设在水池、水槽（盆）及散热器的上方，更不能被挡在散热器的背后。

⑪ 插座如设在窗口两侧时，应对照采暖图，插座盒应设在采暖立管相对应的窗口另一侧墙垛上。

⑫ 插座盒不应设在室内墙裙或踢脚板的上皮线上，也不应设在室内最上皮瓷砖的上口线上。

⑬ 插座盒不宜设在宽度小于370mm墙垛（或混凝土柱）上。如墙垛或柱宽为370mm时，应设在中心处，以求美观大方。

⑭ 住宅楼餐厅内只设计一个插座时，应首先考虑在能放置冰箱的位置处设置插座盒。随着厨用电器的增多，厨房内应设有多个三眼插座盒，装在橱柜上或橱柜对面墙上。

⑮ 住宅厨房内设置供排油烟机使用是插座盒，应设在煤气台板的侧上方。

（3）照明灯具位置的确定

① 照明灯具安装位置，要根据房间的用途、室内采光方向，以及门的位置和楼板的结构等因素确定。

② 照明灯具安装除板孔穿线和板孔内配管，需在板孔处打洞安装灯具外，其他暗配管施工均需设置灯位盒即（90mm×90mm×45mm）八角盒。

③ 室外照明灯具在墙上安装时，不可低于2.5m；室内灯具一般不应低于2.4m；住宅壁灯（或起夜灯）由于楼层高度的限制，灯具安装高度可适当降低，但不宜低于2.2m；旅馆床头灯不宜低于1.5m。

（4）壁灯灯盒位置确定

① 壁灯灯具的安装高度是指灯具中心对地而言，故在确定灯位盒时，应根据所采用灯具的式样及灯具高度，准确确定灯位盒的预埋高度。

② 壁灯如在柱上安装灯位盒应设在柱中心位置上。

③ 壁灯灯位盒在窗间墙上设置时，应预先考虑好采暖立管的位置，防止灯位盒被采暖管挡在后面。

④ 住宅蹲便厕所（卫生间）一般宜设置壁灯，坐便厕所在有条件时也宜设壁灯，其壁灯灯位盒应躲开给、排水管及高位水箱的位置。

⑤ 成排埋设安装壁灯的灯位盒，应在同一直线上，高低位差不应大于5mm。可防止安装灯具后超差。

（5）楼（屋）面板上灯位盒位置确定

① 楼板上设置照明灯灯位盒，应根据楼板的结构形式及管子敷设的部位确定。

② 现浇混凝土楼板，当室内只有一盏灯时，其灯位盒应设在纵横轴中心的交叉处。有两盏灯时，灯位盒应设在短轴线中心与长轴线1/4的交叉处，如图9-8(a)所示。

③ 现浇混凝土楼板上设置按几何图形组成的灯位，灯位盒的位置应相互对称。

④ 预制空心楼板配管管路需沿板缝敷设时，特别是同一房间使用不同宽度的楼板时，为了在合理位置上安装管路及灯具，电工要配合安排好楼板的排列次序，以利配管方便和电气装置安装对称。

(a) 一盏灯

(b) 两盏灯

图 9-8　楼（层）面板上灯位盒位置图

⑤ 预制空心楼板，室内只有一盏灯时，灯位盒应设在接近屋中心的板缝内。由于楼板宽度的限制，灯位无法在中心时，应设在略偏向窗户一侧的板缝内。如果室内设有两盏（排）灯时，两灯位之间的距离，应尽量等于墙距离的2倍，如图9-8(b)所示。如室内有梁时，灯位盒距梁侧面的距离，应与距墙的距离相同。

⑥ 成套（组装）吊链荧光灯灯位盒埋设，应先考虑好灯具吊链开档的距离；安装简易荧光灯的两个灯位盒中心距离应符合下列要求：

a. 20W荧光灯为600mm；

b. 30W荧光灯为900mm；

c. 40W荧光灯为1200mm。

⑦ 楼（屋）面板上设置三个及以上成排灯位盒时，应沿灯位盒中心处拉通线定灯位，成排的灯位盒应在同一条直线上，偏差不应大于5mm。

⑧ 公共建筑走廊照明灯，应按其顶部建筑结构不同来合理地布置灯位盒的位置，当走廊顶部无凸出楼板下部的梁时，除考虑好楼梯对应处的灯位盒外，其他灯位盒宜均匀分布；如有凸出楼板下部的梁，确定灯位盒时，应考虑到灯位与梁的位置关系，灯位盒与梁之间的距离应协调，均匀一致，力求实用美观。

⑨ 住宅楼厨房灯位盒，应设在厨房间本体的中心处；厕所（卫生间）吸顶灯灯位盒一般不宜设在其本体的中心处，应配合给排水、暖卫专业，确定适当位置，但应在窄面的中心处，其灯位盒及配管距预留孔边缘不应小于200mm，防止管道预留孔不正而扩孔时，破坏电气管、盒。

（6）中间接线盒位置确定

① 管路敷设应尽量减少中间接线盒，只有在管路较长或有弯曲时（管入盒处弯曲除外），才允许加装接线盒或放大管径。

② 管路水平敷设时，接线点之间距离应符合下列要求：

a. 无弯管路。不超过30m。

b. 两个接线点之间有一个弯时，不超过20m。

c. 两个接线点之间有两个弯时，不超过15m。

d. 两个接线点之间有三个弯时，不超过8m。

e. 暗配管两个接线点之间不允许出现四个弯。

③ 管路垂直敷设时，距离要符合下列要求：

a．无弯管路。不超过30m。

b．导线截面50mm²以下为30m。

c．导线截面70～95mm²为20m。

d．导线截面120～240mm²为18m。

④ 管路的弯曲角度，规定为90°～105°；当弯曲角度大于此值时，每两个120°～150°弯折算为一个弯曲角度；管进盒处的弯曲不应按弯计算。

9.2 常用配线方法

9.2.1 绝缘子线路配线

（1）绝缘子的安装

① 划线 用粉线袋划出导线敷设的路径，再用铅笔或粉笔划出绝缘子位置，当采用1～2.5mm²截面的导线时，绝缘子间距为600mm；采用4～10mm²截面的导线时，绝缘子间距为800mm，然后在每个开关、灯具和插座等固定点的中心处画一个"×"号。

② 凿眼 按划线的定位点用电锤钻凿眼，如图9-9所示，孔深按实际需要而定。

(a) 凿眼

(b) 安装木榫

(c) 安装绝缘

图 9-9 绝缘子在砖墙安装步骤

③ 安装木榫或其他紧固件 埋设木榫或缠有铁丝的木螺钉，然后用水泥沙浆填平，当水泥砂浆干燥至相当硬度后，旋出木螺钉，装上绝缘子或木台。

④ 木结构上固定绝缘子，可用木螺钉直接旋入，如图9-10所示。

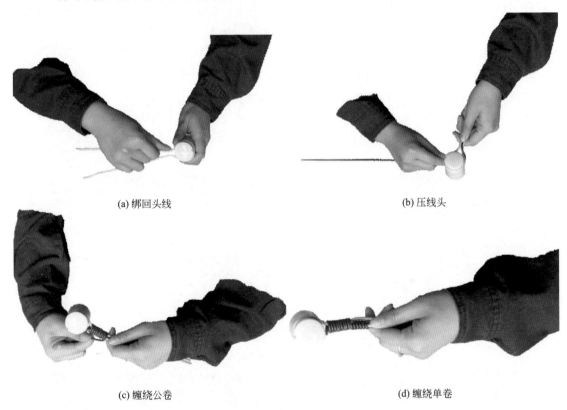

图 9-10 绝缘子在木结构上安装

（2）导线绑扎

① 终端导线的绑扎步骤

a. 将导线余端从绝缘子的颈部绕回来。如图9-11所示。

(a) 绑回头线

(b) 压线头

(c) 缠绕公卷

(d) 缠绕单卷

图 9-11 绝缘子终端导线绑扎步骤

b. 将绑线的短头扳回压在两导线中间。

c. 手持绑线长线头在导线上缠绕10圈。

d. 分开导线余端，留下绑线短头，继续缠绕绑线5圈，剪断绑线余端（二维码9-1）。

导线的终端可绑回头线，如图9-11所示。绑扎线宜用绝缘线，绑扎线的线径和绑扎卷数见表9-8。

② 直线段导线的绑扎 鼓形瓷瓶和碟形瓷瓶配线的直线绑扎方法，可

二维码 9-1

绝缘子终端
导线绑扎步骤

根据绑扎导线的截面积大小来决定。导线截面在6mm²以下的采用单花绑法，其绑扎方法及绑扎步骤如图9-12所示（二维码9-2）；导线截面在10mm²以上的采用双绑法，其绑扎方法和绑扎步骤如图9-13所示（二维码9-3）。

表9-8　绑扎线的线经和绑扎卷数

导线截面 /mm²	绑线直径 /mm			绑线卷数	
	砂包铁芯线	铜芯线	铝芯线	公卷数	单卷数
1.5 ～ 10	0.8	1.0	2.0	10	5
10 ～ 35	0.89	1.4	2.0	12	5
50 ～ 70	1.2	2.0	2.6	16	5
95 ～ 120	1.24	2.6	3.0	20	5

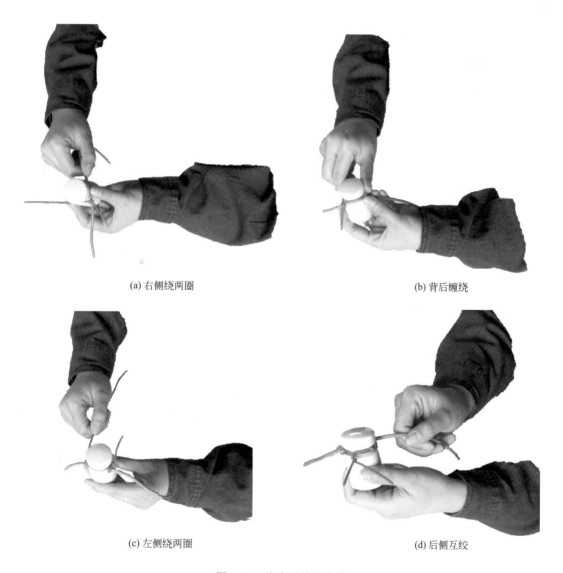

(a) 右侧绕两圈　　　　　　　　　　　　(b) 背后缠绕

(c) 左侧绕两圈　　　　　　　　　　　　(d) 后侧互绞

图 9-12　绝缘子单花绑法

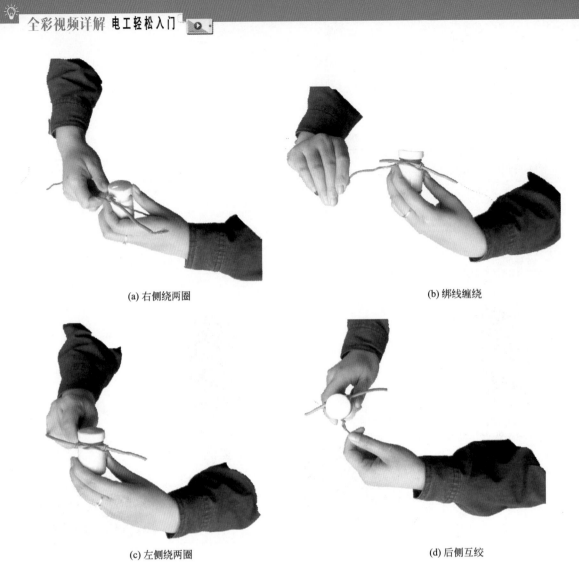

(a) 右侧绕两圈　　　　　　　　　　　　　　　(b) 绑线缠绕

(c) 左侧绕两圈　　　　　　　　　　　　　　　(d) 后侧互绞

图9-13　绝缘子双花绑法

二维码 9-2　　　　　　　　　　　　　二维码 9-3

绝缘子单花绑法　　　　　　　　　　　　绝缘子双花绑法

（3）导线安装要求

① 在建筑物的侧面或斜面配线时，必须将导线绑扎在绝缘子的上方，如图9-14(a)所示。

② 转弯时如果导线在不同平面转弯，则应在凸角的两面上各装设一个绝缘子，如图9-14(b)所示；如果导线在同一平面内转弯，则应将绝缘子敷设在导线转弯拐角的内侧，如图9-14(c)所示。

(a) 建筑物侧面安装

(b) 不同平面转角

(c) 同平面转角

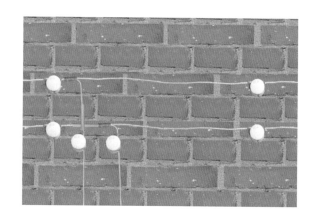

(d) 分支与交叉

图 9-14　导线安装要求

③ 导线分支时，必须在分支点处设置绝缘子，用以支持导线，导线相互交叉时，应在交叉部位的导线上套瓷管保护，如图9-14(d)所示。

④ 平行的两根导线，应位于两绝缘子的同一侧或位于两绝缘子的外侧，而不应位于两绝缘子的内侧。

⑤ 绝缘子沿墙壁垂直排列敷设时，导线弛度不得大于5mm，沿屋架或水平支架敷设时，导线弛度不得大于10mm。

9.2.2　护套线配线

（1）弹线定位

① 导线定位　根据设计图纸要求，按线路的走向，找好水平和垂直线，用粉线沿建筑物表面由始端至终端划出线路的中心线，同时标明照明器具及穿墙套管和导线分支点的位置，以及接近电气器具旁的支持点和线路转弯处导线支持点的位置。

② 支持点定位　塑料护套线的支持点的位置，应根据电气器具的位置及导线截面大小来确定。塑料护套线配线在终端、转弯中点、电气器具或接线盒边缘的距离为50～100mm处；直线部位导线中间平均分布距离为150～200mm处；两根护套线敷设遇有十字交叉时距离交叉口50～100mm处，都应有固定点，护套线配线各固定点的位置如图9-15所示。

（2）导线固定

① 预埋木砖或木钉

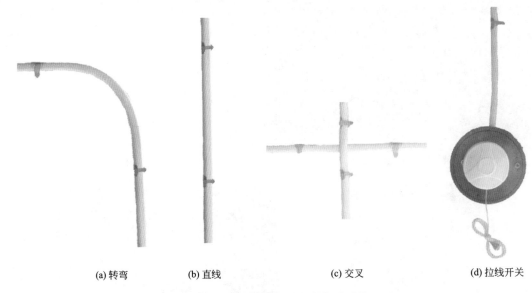

(a) 转弯 　　　　(b) 直线 　　　　(c) 交叉 　　　　(d) 拉线开关

图 9-15　塑料护套线固定点位置要求

　　a．在配合土建施工过程中，还应根据规划的线路具体走向，将固定线卡的木砖预埋在准确的位置上，如图 9-16(a) 所示。预埋木砖时，应找准水平和垂直线，梯形木砖较大的一面应埋入墙内，较小的一面应与墙面平齐或略凸出墙面。

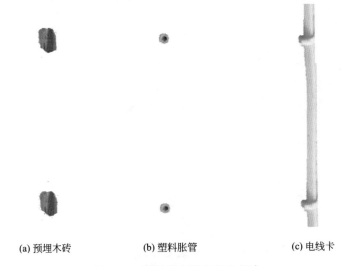

(a) 预埋木砖 　　　　(b) 塑料胀管 　　　　(c) 电线卡

图 9-16　塑料护套线固定点方法

　　b．采用木钉固定铝线卡时，应在室内装饰抹灰前将木钉下好，可用电锤钻打孔装木钉，木钉外留长度不应高出抹灰层。

　　② 现埋塑料胀管　可在建筑装饰工程完成后，按划线定位的方法，确定器具固定点的位置，从而准确定位塑料胀管的位置。按已选定的塑料胀管的外径和长度选择钻头进行钻孔，孔深应大于胀管的长度，埋入胀管后应与建筑装饰面平齐，如图 9-16(b) 所示。

　　③ 塑料钢钉电线卡固定　用塑料钢钉电线卡固定护套线，应先敷设护套线，在护套线两端预先固定收紧后，在线路上按已确定好的位置直接钉牢塑料电线卡上的钢钉即可，如图 9-16(c) 所示。

（3）导线夹持

① 用铝线卡夹持护套线的步骤如图9-17所示，用铝线卡夹持导线时，应注意护套线必须置于线夹钉位或粘贴位的中心，在扳起线夹片头尾的同时，应用手指顶住支持点附近的护套线（二维码9-4）。

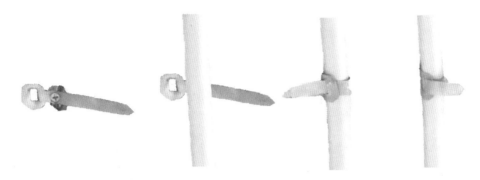

图 9-17　塑料护套线安装步骤

② 若护套线敷设距离较短，用铝线卡固定时，将护套线调直后，敷设时从开始端，一只手托线，另一只手用卡子夹持，边夹边敷。

③ 每夹持4～5个支持点，应进行一次检查。如果发现偏斜，可用小锤轻轻敲击突出的线卡予以纠正。

④ 护套线在转角、穿墙处及进入电气器具木（塑料）台或接线盒前等部位。到了护套线末端敷设部位，距离较短，如弯曲或扭曲严重就要戴上手套，用大拇指顺向按捺和推挤，使导线挺直平服，紧贴建筑物表面，再夹上铝线卡。

二维码 9-4

塑料护套线安装步骤

（4）导线平行或垂直敷设

① 几条护套线成排平行或垂直敷设时，可用绳子把护套线吊挂起来，敷设时应上下或左右排列紧密、间距一致，不能有明显空隙。

② 水平或垂直敷设的护套线，平直度和垂直度不应大于5mm。应及时检查所敷设的线路是否横平竖直、整齐和固定可靠。用一根平直的靠尺板靠在线路旁测量，如果导线不完全紧贴在靠尺板上，可用螺丝刀柄轻轻敲击，让导线的边缘紧贴在靠尺板上，使线路整齐美观。

③ 护套线在跨越建筑物变形缝时，导线两端应固定牢固，中间变形缝处应留有适当余量。

（5）导线弯曲敷设

① 塑料护套线在建筑物同一平面或不同平面上敷设，需要改变方向时，都要进行转弯处理，弯曲后导线必须保持垂直，且弯曲半径不应小于护套线厚度的3倍。

② 护套线在弯曲时，不应损伤线芯的绝缘层和保护层。在不同平面转角弯曲时，敷设固定好一面后，在转角处用拇指按住护套线，弯出需要的弯曲半径。当护套线在同一平面上弯曲时，用力要均匀，弯曲处应圆滑，应用两手的拇指和食指，同时捏住护套线适当部位两侧的扁平处，由中间向两边逐步将护套线弯出所需的弯曲弧来，也可用一只手将护套线扁平面按住，另一只手逐步弯出弧形来。

③ 多根护套线在同一平面同时弯曲时，应将弯曲侧里边弯曲半径最小的护套线先弯

曲好，再由里向外弯曲其余的护套线，几根线的弯曲部位应贴紧、无缝隙。在弯曲处，一个线卡内不宜超过4根护套线。

9.2.3 塑料线槽明敷设

（1）塑料线槽明敷设

① 塑料线槽无附件安装方法

a. 将线槽用钢锯锯成需要形状。

b. 如果有毛刺时可用壁纸刀修整。

c. 用半圆头木螺钉固定在墙壁塑料胀管上，如图9-18所示（二维码9-5）。

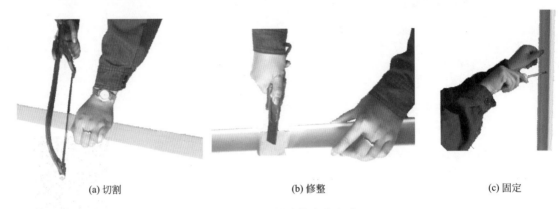

(a) 切割   (b) 修整   (c) 固定

图 9-18 塑料线槽安装方法

（2）塑料线槽无附件安装方法

① 塑料线槽槽底用塑料胀管盒半圆头木螺钉固定在墙壁上，线槽底固定点间距及固定方法如图9-19所示。

塑料线槽十字交叉敷设，如图9-20，锯槽时要在槽盖侧边预留插入间隙。

塑料线槽分支敷设如图9-21所示。

二维码 9-5

塑料线槽安装方法

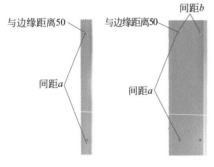

槽宽度/mm	a/mm	b/mm
25	500	—
40	800	—
60	1000	30
80、100、120	800	50

(a) 60以下槽板   (b) 60以上槽板   (c) 有关数据

图 9-19 塑料槽板无附件安装

塑料线槽转角敷设如图9-22所示。

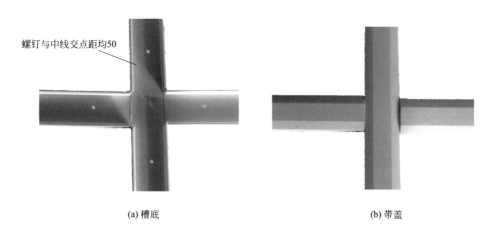

(a) 槽底   (b) 带盖

图 9-20　塑料槽板十字交叉敷设

(a) 槽底   (b) 带盖

图 9-21　塑料槽板分支敷设

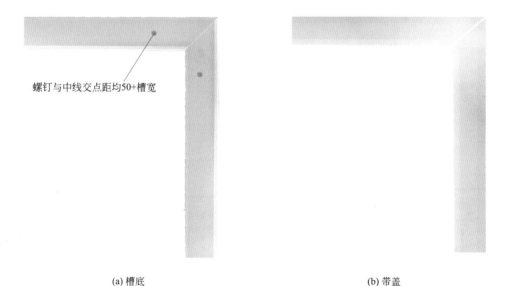

(a) 槽底   (b) 带盖

图 9-22　塑料槽板转角敷设

（3）明敷线槽导线敷设方法

① 线槽组装成统一整体并经清扫后，才允许将导线装入线槽内。清扫线槽时，可用抹

布擦净线槽内残存的杂物，使线槽内外保持清洁。

②放线前应先检查导线的选择是否符合设计要求。导线分色是否正确，放线时应边放边整理，不应出现挤压背扣、巴结、损伤绝缘等现象，并应将导线按回路（或系统）绑扎成捆，绑扎时应采用尼龙绑扎带或线绳，不允许使用金属导线或绑线进行绑扎，导线绑扎好后，应分层排放在线槽内并做好永久性编号标志。

③电线或电缆在金属线槽内不宜有接头，但在易于检查的场所，可允许在线槽内有分支接头，电线电缆和分支接头的总截面（包括外护层）不应超过该电线槽内截面的75%。

④强电、弱电线路应分槽敷设，消防线路（火灾和应急呼叫信号）应单独使用专用线槽敷设。

⑤同一回路的所有相线和中性线（如果有），应敷设在同一线槽内。

⑥同一路径无防干扰要求的线路，可敷设于同一金属线槽内。但同一线槽内的绝缘电线和电缆都应具有与最高标称回路电压回路绝缘相同的绝缘等级。

⑦线槽内电线或电缆的总截面（包括外护层）不应超过线槽内截面的20%，载流电线不宜超过30根。

⑧控制、信号或与其相类似的非载流导体，电线或电缆的总截面不应超过线槽内的50%，电线或电缆根数不限。

⑨在线槽垂直或倾斜敷设时，应采取措施防止电线或电缆在线槽内移动，使绝缘造成损坏、拉断导线或拉脱拉线盒（箱）内导线。

⑩引出线槽的配管管口处应有护口，电线或电缆在引出部位不得遭受损伤。

9.3 导线连接与绝缘恢复

9.3.1 绝缘层的去除

（1）塑料导线绝缘层的去除

①将电工刀以近于90°切入绝缘层，如图9-23所示。

(a) 90°　　　　　　　(b) 45°推削　　　　　　　(c) 翻过切除

图9-23　塑料导线绝缘层的去除

②将电工刀以45°角沿绝缘层向外推削至绝缘层端部。

③将剩余绝缘层翻过来切除（二维码9-6）。

（2）护套线绝缘层的去除

①如图9-24所示。将电工刀自两芯线之间切入，破开外绝缘层。

(a) 中间剖开

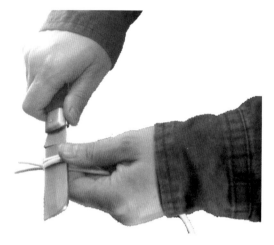
(b) 翻回切除

图9-24　护套线绝缘层的去除

②将外绝缘层翻过来切除（二维码9-7）。

二维码 9-6

塑料导线绝缘层的去除

二维码 9-7

护套线绝缘层的去除

9.3.2　导线的连接

（1）导线连接的质量要求

①在割开导线的绝缘层时，不应损伤线芯。

②铜（铝）芯导线的中间连接和分支连接应使用熔焊、线夹、瓷接头或压接法连接。

③分支线的连接接头处、干线不应受来自支线的横向拉力。

④ 截面为$10mm^2$及以下的单股铜芯线、截面为$2.5mm^2$及以下的多股铜芯线和单股铝芯线与电气器具的端子可直接连接，但多股铜芯线的线芯应先拧紧挂锡后再连接。

⑤ 多股铝芯线和截面$2.5mm^2$的多股铜芯线的终端，应焊接或压接端子后再与电气器具的端子连接。

⑥ 使用压接法连接铜（铝）芯导线时，连接管、接线端子、压模的规格应与线芯截面

相符；使用气焊法或电弧焊接法连接铜（铝）芯导线时，焊缝的周围应有凸起呈圆形的加强高度，凸起高度为线芯直径的15%～30%，不应有裂缝、夹渣、凹陷、断股及根部未焊接的缺陷。导线焊接后，接头处的残余焊药和焊渣应清除干净。

⑦ 使用锡焊法连接铜芯线时，焊锡应灌得饱满，不应使用酸性焊剂。

⑧ 绝缘导线的中间和分支接头，应用绝缘带包缠均匀、严密，并不低于原有的绝缘强度；在接线端子的端部与导线绝缘层的空隙处应用绝缘带包缠严密。

二维码 9-8

单股铜芯导线的直接绞接法步骤

（2）单股导线连接的方法

① 直接连接

a．绞接法。适用于4.0mm² 及以下单芯线连接。如图9-25所示，将两线相互交叉，用双手同时把两芯线互绞两圈后，再扳直与连接线成90°，将每个线芯在另一线芯上缠绕5圈，剪断余头（二维码9-8）。

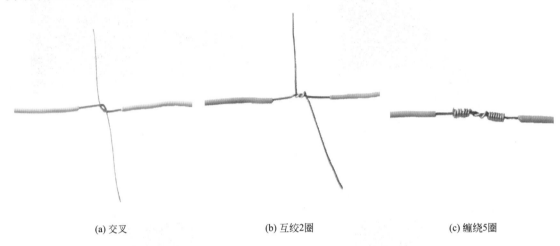

(a) 交叉　　　　　(b) 互绞2圈　　　　　(c) 缠绕5圈

图 9-25　单股铜芯导线的直接绞接法步骤

b．缠卷法。适用于6.0mm² 及以上的单芯直接连接，有加辅助线和不加辅助线两种。如图9-26所示，将两线相互并和，加辅助线后，用绑线在并和部位中间向两端缠卷（即公卷），长度为导线直径的10倍，然后将两线芯端头折回，在此向外单卷5圈，与辅助捻卷2圈，余线剪掉（二维码9-9）。

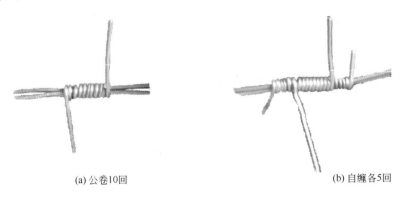

(a) 公卷10回　　　　　　　(b) 自缠各5回

(c) 与辅助互绞2圈   (d) 剪掉余线

图 9-26　单股铜芯导线的直接缠卷法步骤

二维码 9-9   二维码 9-10

单股铜芯导线的直接缠卷法步骤   单股铜芯导线的 T 字绞接法步骤

② 分支接法

a．T 字绞接法。适用于 4.0mm² 以下的单芯线。如图 9-27 所示，用分支的导线的线芯往干线上交叉，先粗卷 1～2 圈（或打结以防松脱），然后再密绕 5 圈，余线剪掉（二维码 9-10）。

图 9-27　单股铜芯导线的 T 字绞接法步骤

b．T 字缠绕法。适用于 6.0mm² 及以上的单芯连接。如图 9-28 所示，将分支导线折成

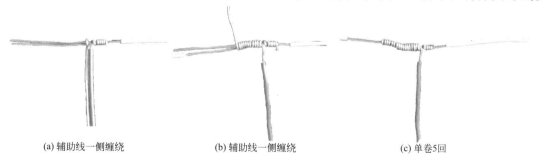

(a) 辅助线一侧缠绕   (b) 辅助线一侧缠绕   (c) 单卷5回

图 9-28　单股铜芯导线的 T 字缠卷法步骤

90°紧靠干线，先用辅助线在干线上缠5圈，然后在另一侧缠绕，公卷长度为导线直径的10倍，单卷5圈后余线剪掉（二维码9-11）。

二维码9-11

c．十字分支连接法可以参照T字绞接法，如图9-29所示。

（3）7股芯线连接方法

单股铜芯导线的
T字缠绕法步骤

① 直线接法

a．复卷法。如图9-30所示。将剥去绝缘层的芯线逐根拉直，绞紧占全长1/3的根部，把余下2/3的芯线分散成伞状。把两个伞状芯线隔根对插，并捏平两端芯线；把一端的7股芯线按2、2、3根分成三组，接着把第一组2根芯线扳起，按顺时针方向缠绕2圈后扳直余线；再把第二组的2根芯线，按顺时针方向紧压住前2根扳直的余线缠绕2圈，并将余下的芯线向右扳直。再把下面的第三组的3根芯线按顺时针方向紧压前4根扳直的芯线向右缠绕。缠绕3圈后，弃去每组多余的芯线，钳平线端；用同样方法再缠绕另一边芯线（二维码9-12）。

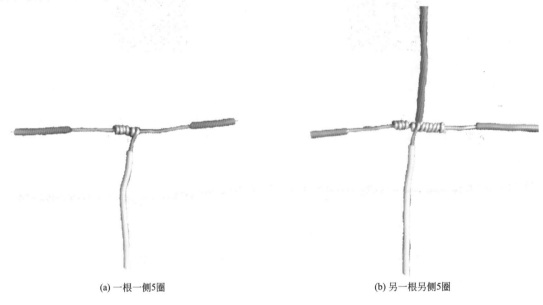

(a) 一根一侧5圈　　　　　　　　　　(b) 另一根另侧5圈

图9-29　单股铜芯导线的十字分支连接法步骤

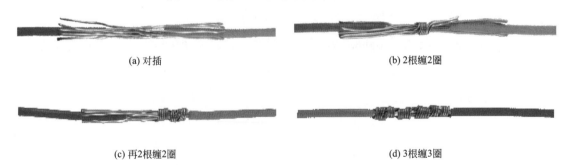

(a) 对插　　　　　　　　　　　　(b) 2根缠2圈

(c) 再2根缠2圈　　　　　　　　　　(d) 3根缠3圈

图9-30　7股铜芯导线的直接复卷法步骤

b．单卷法。如图9-31所示，先按图9-30捏平两端芯线，取任意两相邻线芯，在接合处中央交叉，用一线端的一根线芯做绑扎线，在另一侧导线上缠绕5～6圈后，再用另一根线芯与绑扎线相绞后把原绑扎线压在下面继续按上述方法缠绕，缠绕长度为导线直径的10倍，最后缠绕的线端与一余线捻绞2圈后剪断。另一侧导线依同样方法进行，应把线芯相绞处排列在一条直线上（二维码9-13）。

图9-31　7股铜芯导线的直接单卷法步骤

二维码9-12

7股铜芯导线的直接复卷法步骤

二维码9-13

7股铜芯导线的直接单卷法步骤

② 7股铜芯线T字分支接法

a.复卷法。如图9-32所示。把支路芯线松开钳直，将近绝缘层1/8处线段绞紧，把7/8线段的芯线分成4根和3根两组，然后用螺钉旋具将干线也分成4根和3根两组，并将支线中一组芯线插入干线两组芯线间；把右边3根芯线的一组往干线一边顺时针紧紧缠绕3～4圈，再把左边4根芯线的一组按逆时针方向缠绕4～5圈，钳平线端并切去余线（二维码9-14）。

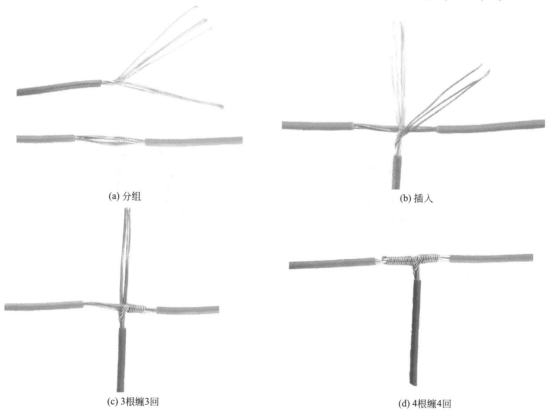

(a) 分组

(b) 插入

(c) 3根缠3回

(d) 4根缠4回

图9-32　7股铜芯线T字复卷法步骤

b.缠卷法：将分支线破开根部折成90°紧靠干线，用分支线中的一根线芯在干线上缠卷，缠卷3～5圈后剪掉，再用另一根线芯，继续缠卷3～5圈后剪掉，依此方法直至连接到双根导线直径的5倍时为止，如图9-33所示，应使剪断处处在一条直线上（二维码9-15）。

二维码 9-14

7 股铜芯导线的 T 字复卷法步骤

（4）导线在接线盒内的连接

① 两根导线连接　如图9-34所示，将连接线端并合，在距绝缘层15mm处将线芯捻绞2圈以上，留余线适当长度剪掉折回压紧，防止线端插破所绑扎的绝缘层（二维码9-16）。

(a) 靠紧　　　　　　　　　　　　　　　　(b) 缠绕

图 9-33　7 股铜芯导线的 T 字缠卷法步骤

(a) 互绞　　　　　　　　　　　　　　　　(b) 剪掉扳回

图 9-34　盒内两根导线连接步骤

二维码 9-15　　　　　　　　　　　　　二维码 9-16

7 股铜芯导线的 T 字缠卷法步骤　　　　盒内两根导线连接步骤

② 单芯线并接接法　如图9-35所示，三根及以上导线连接时，将连接线端相并合，在距离绝缘层15mm处用其中一根线芯，在其连接线端缠绕5圈剪掉。把余线有折回压在缠绕线上（二维码9-17）。

(a) 1根缠绕，剪掉　　　　　　　　　　　(b) 其余剪掉扳回

图 9-35　盒内多根导线连接步骤

③ 绞线并接法　如图9-36所示，将绞线破开顺直并合拢，用多芯分支连接缠卷法弯制绑线，在合拢线上缠卷。其长度为双根导线直径的5倍（二维码9-18）。

(a) 合拢

(b) 辅助线缠绕

图 9-36　盒内绞线连接步骤

二维码 9-17

盒内多根导线连接步骤

二维码 9-18

盒内绞线连接步骤

二维码 9-19

盒内不同线径导线连接步骤

④ 不同直径导线连接法　如图 9-37 所示，如果细导线为软线时，则应先进行挂锡处理。先将细线压在粗线距离绝缘层 15mm 处交叉，并将线端部向粗线端缠卷 5 圈，将粗线端头折回，压在细线上（二维码 9-19）。

(a) 细线缠绕

(b) 粗线剪掉扳回

图 9-37　盒内不同线径导线连接步骤

（5）线头与针孔式接线桩连接

如单股芯线与接线桩头插线孔大小适宜，则把芯线先按电器进线位置弯制成型，然后将线头插入针孔并旋紧螺钉，如图 9-38 所示。如单股芯线较细，可将芯线线头折成双根，插入针孔再旋紧螺钉（二维码 9-20）。

(a) 造型

(b) 插入拧紧

图 9-38　线头与针孔式接线桩连接步骤

9.3.3 导线绝缘恢复

（1）基本要求

① 在包扎绝缘带前，应先检查导线连接处是否有损伤线芯，是否连接紧密，以及是否存有毛刺，如有毛刺必须先修平。

② 缠包绝缘带必须掌握正确的方法，才能达到包扎严密、绝缘良好，否则会因绝缘性能不佳而造成短路或漏电事故。

（2）包扎工艺

① 绝缘带应先从完好的绝缘层上包起，先从一端1～2个绝缘带的带幅宽度开始包扎，如图9-39(a)所示。在包扎过程中应尽可能的收紧绝缘带，包到另一端在绝缘层上缠包1～2圈，再进行回缠，如图9-39(b)所示（二维码9-21）。

二维码9-20

线头与针孔式接
线桩连接步骤

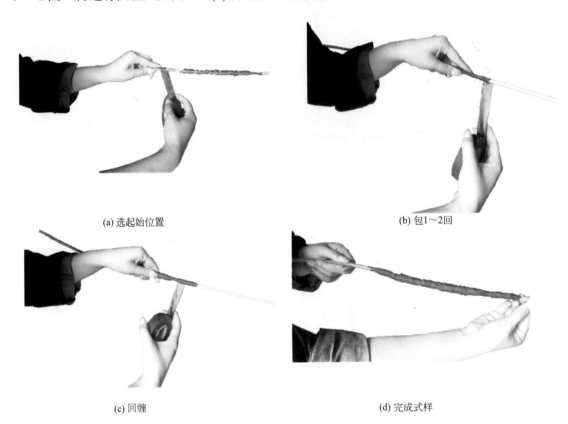

(a) 选起始位置

(b) 包1～2回

(c) 回缠

(d) 完成式样

图9-39　直线接头绝缘恢复步骤

② 用高压绝缘胶布包缠时，应将其拉长2倍进行包缠，并注意其清洁，否则无黏性，如图9-40(a)所示。

③ 采用黏性塑料绝缘包布时，应半叠半包缠不少于2层。当用黑胶布包扎时，要衔接好，应用黑胶布的黏性使之紧密地封住两端口，并防止连接处线芯氧化。

④ 并接头绝缘包扎时，包缠到端部时应再多缠1～2圈，然后由此处折回反缠压在里面，应紧密封住端部，如图9-40(b)所示。

(a) 拉长   (b) 缠2圈折回压住   (c) 枣核形

图 9-40　终端接头绝缘恢复步骤

⑤ 还要注意绝缘带的起始端不能露在外部，终了端应再反向包扎 2～3 圈，防止松散。连接线中部应多包扎 1～2 层，使之包扎完的形状呈枣核形，如图 9-40(c) 所示（二维码9-22）。

二维码 9-21

直线接头绝缘恢复步骤

二维码 9-22

终端接头绝缘恢复步骤

9.4　照明安装

9.4.1　开关和插座安装

（1）木台（塑料台）安装

二维码 9-23

木台明装方法

① 木台与照明装置的配置要适当，不宜过大，一般情况木台应比灯具法兰或吊线盒、平灯座的直径或长、宽大 40mm。

② 安装木台前，应先用电钻将木台的出线孔钻好；木台钻孔时，两孔不宜顺木纹（二维码9-23）。

③ 固定直径 100mm 及以上的木（塑料）台的螺栓不能少于两根；木（塑料）台直径在 75mm 及以下时，可用一个螺栓固定。木（塑料）台安装应牢固，紧贴建筑物表面无缝隙。安装木（塑料）台时，不能把导线压在木（塑料）台的边缘上。

④ 混凝土屋面暗配线路，灯具木（塑料）台应固定在灯位盒的缩口盖上。安装在铁制灯位盒上的木（塑料）台，应用机械螺栓固定，如图 9-41(b) 所示。

⑤ 混凝土屋面明配线路，应预埋木砖或打洞，使用木螺丝或塑料胀管固定木（塑料）台，如图 9-41(c) 所示。

⑥ 在木梁或木结构的顶棚上，可用木螺栓直接把木（塑料）台拧在木头上。较重的灯具必须固定在楞木上，如不在楞木位置，必须在顶棚内加固。

⑦ 塑料护套线直敷配线的木（塑料）台，按护套线的粗度挖槽，将护套线压在木（塑料）台下面，在木（塑料）台内不得剥去护套绝缘层。

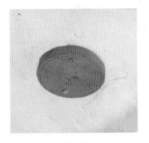

(a) 实物图

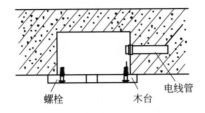
(b) 现浇混凝土楼板上剖视图

螺栓　　　木台　　电线管

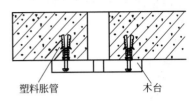
(c) 混凝土楼板上剖视图

塑料胀管　　　　木台

图 9-41　木台安装方法

⑧ 潮湿场所除要安装防水、防潮灯外，还要在木台与建筑物表面安装橡胶垫，橡胶垫的出线孔不应挖大孔。应一线一孔，孔径与线径相吻合，木台四周应刷一道防水漆，再刷两道白漆，以保持木质干燥。

（2）拉线开关安装

① 暗配线安装拉线开关，可以装设在暗配管的八角盒上，先将拉线开关与木（塑）台固定好，在现场一并接线及固定开关连同木（塑）台。

② 明配线安装拉线开关，应先固定好木（塑）台，拧下拉线开关盖，把两个线头分别穿入开关底座的两个穿线孔内，用两枚直径≤20mm木螺栓将开关底座固定在木（塑）台上，把导线分别接到接线桩上，然后拧上开关盖，如图9-42所示。注意拉线口应垂直朝下不使拉线口发生摩擦，防止拉线磨损断裂（二维码9-24）。

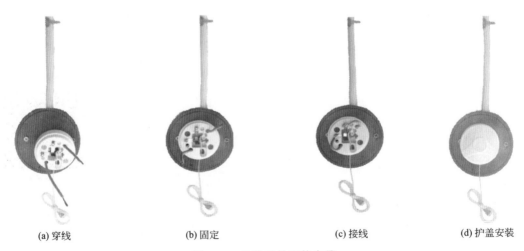

(a) 穿线　　　　　　　(b) 固定　　　　　　　(c) 接线　　　　　　　(d) 护盖安装

图 9-42　拉线开关明装步骤

③ 多个拉线开关并装时，应使用长方形木台，拉线开关相邻间距不应小于20mm。

④ 安装在室外或室内潮湿场所的拉线开关，应使用瓷质防水拉线开关。

二维码 9-24

拉线开关明装步骤

（3）跷把开关安装

① 跷把开关安装方法如图9-43、图9-44所示。

(a) 导线切断　　　　　　(b) 接线　　　　　　(c) 底板固定　　　　　(d) 面板安装

图 9-43　跷把开关安装步骤

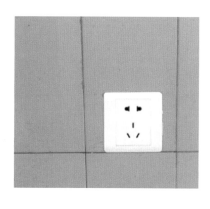 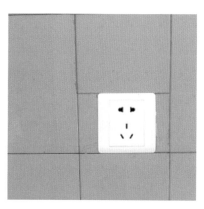

正确　　　　　　　　　　　　　　　不正确

图 9-44　开关镶贴方法

② 双联以上的跷把开关接线时，电源线应并接好分别接到与动触头相连通的接线桩上，把开关线桩接在静触头线桩上。如果采用不断线连接时，管内穿线时，盒内应留有足够长度的导线，开关接线后两开关之间的导线长度不应小于150mm，且在线芯与接线桩上连接处不应损伤线芯（二维码9-25）。

二维码 9-25

多极跷把开关安装

③ 暗装开关应有专用盒，严禁开关无盒安装。开关周围抹灰处应尺寸正确、阳角方正、边缘整齐、光滑。墙面裱糊工程在开关盒处应交接紧密、无缝隙。饰面板（砖）镶贴时，开关盒处应用整砖套割吻合，不准用非整砖拼凑镶贴，如图9-44所示。

④ 跷把开关无论是明装、还是暗装，均不允许横装，即不允许把手柄处于左右活动位置，因为这样安装容易因衣物勾拉而发生开关误动作。

（4）插座安装

① 插座安装前与土建施工的配合以及对电气管、盒的检查清理工作应同开关安装同时进行。安装插座应有专用盒，严禁无盒安装，安装步骤如图9-45所示。

② 插座是长期带电的电器，是线路中最易发生故障的地方，插座的接线孔都有一定的排列位置，不能接错，尤其是单相带保护接地的三孔插座，一旦接错，就容易发生触电伤亡事故。插座接线时，应仔细辨认识别盒内分色导线，正确地与插座进行连接。面对插座，单相双孔插座应水平排列，右孔接相线，左孔接中性线；单相三孔插座，上孔

接保护地线（PEN），右孔接相线，左孔接中性线；三相四孔插座，保护接地（PEN）应在正上方，下孔从左侧分别接在L1、L2、L3相线。同样用途的三相插座，相序应排列一致。

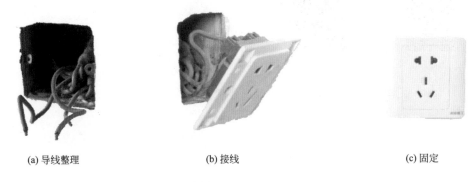

(a) 导线整理   (b) 接线   (c) 固定

图 9-45　插座安装步骤

③ 插座接线完成后，将盒内安装在导线顺直，也盘成圆圈状塞入盒内。

④ 插座面板的安装不应倾斜，面板四周应紧贴建筑物表面，无缝隙、孔洞。面板安装后表面应清洁。

⑤ 埋地时还可埋设塑料地面出现盒，但盒口调整后应与地面相平，立管应垂直于地面（二维码9-26）。

二维码 9-26

插座安装步骤

9.4.2　灯具吊装

（1）软线吊灯安装

① 软线加工　截取所需长度（一般为2m）的塑料软线，两端剥出线芯拧紧（或制成羊眼圈状）挂锡。

② 灯具组装　拧下吊灯座和吊线盒盖，将吊线盒底与木（塑料）台固定牢，把软线分别穿过灯座和吊线盒盖的孔洞，然后打好保险扣，防止灯座和吊线盒螺栓承受拉力。将软线的一端与灯座的两个接线桩分别连接，另一端与吊线盒的邻近隔脊的两个接线桩分别相连接，并拧好灯座螺口及中心触点的固定螺栓，防止松动，最后将灯座盖拧好。如图9-46所示。

③ 灯具安装　把灯位盒内导线由木台穿线孔穿入吊线盒内，分别与底座穿线孔邻近的接线桩上连接，把零线接在与灯座螺口触点相连接的接线桩上，导线接好后用木螺栓把木（塑料）台连同灯具固定在灯位盒的缩口盖上（二维码9-27）。

（2）吊杆灯安装

① 灯具组装　软线加工后，与灯座连接好，将另一端穿入吊杆内，由法兰（导线露出管口长度不应小于150mm）管口穿出。

② 灯具安装　先固定木台，然后把灯具用木螺栓固定在木台上，也可以把灯具吊杆与木台固定后再一并安装。超过3kg的灯具，吊杆应挂在预埋的吊钩上。灯具固定牢固后再拧好法兰顶丝，应使法兰在木台中心，偏差不应大于2mm，安装好后吊杆应垂直，如图9-47所示（二维码9-28）。

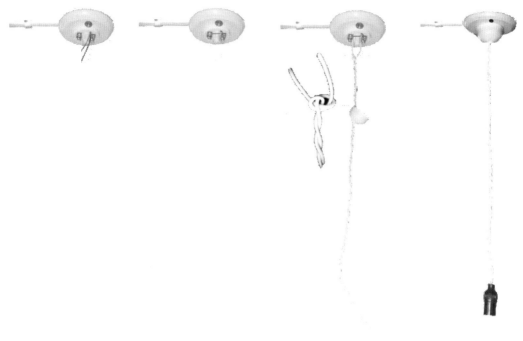

(a) 固定底座　　　　　　(b) 底座接线　　　　　　(c) 软线连接　　　　　　(d) 灯头接线

图 9-46　软线吊灯安装步骤

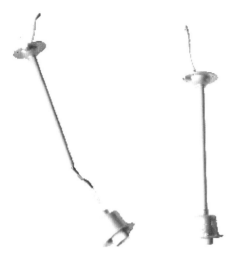

(a) 接线　　　　　(b) 固定灯头座　　　　　(c) 固定灯头　　　　　(d) 固定灯罩

图 9-47　吊杆灯安装步骤

二维码 9-27

软线吊灯安装步骤

二维码 9-28

吊杆灯安装步骤

（3）简易吊链式荧光灯安装

① 软线加工　根据不同需要截取不同长度的塑料软线，各连接线端均应挂锡。

② 灯具组装　把两个吊线盒分别与木台固定，将吊链与吊环安装为一体，并将吊链上端与吊线盒盖用U形铁丝挂牢，将软线分别与吊线盒内的镇流器和启辉器接线桩连接好。

③ 灯具安装　把电源相线接在吊线盒接线桩上，把零线接在吊线盒另一接线桩上，然后把木台固定到接线盒上。

④ 安装卡牢荧光灯管，进行管脚接线，宜把启辉器与双金属片相连的接线柱接在与镇流器相连的一侧灯脚上，另一接线柱接在与零线相连的一侧灯脚上，这样接线可以迅速点燃并可延长灯管寿命，如图9-48所示（二维码9-29）。

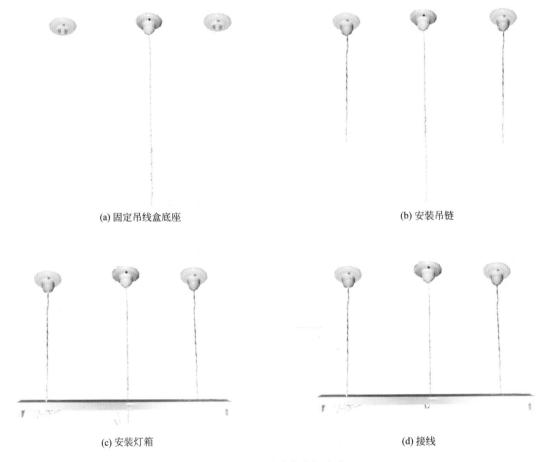

(a) 固定吊线盒底座　　　　　　　　　　(b) 安装吊链

(c) 安装灯箱　　　　　　　　　　(d) 接线

图9-48　吊链式荧光灯安装

（4）壁灯的安装

① 采用梯形木砖固定壁灯灯具时，木砖须随墙砌入，禁止采用木楔代替。

② 如果壁灯安装在柱上，将木台固定在预埋柱内的木砖或螺栓上，也可打眼用膨胀螺栓固定灯具木台。

③ 安装壁灯如需要设置木台时，应根据灯具底座的外形选择或制作合适的木台，把灯具底座摆放在上面，四周留出的余量要对称，确

二维码 9-29

吊链式荧光灯安装

定好出线孔和安装孔位置，再用电钻在木台上钻孔。当安装壁灯数量较多时，可按底座形状及出线孔和安装孔的位置，预先做一个样板，集中在木台上定好眼位，再统一钻孔。

④ 安装壁灯，可以将壁灯直接固定在八角盒上，注意对正灯位盒，紧贴建筑物表面，如图9-49所示（二维码9-30）。

(a) 底座螺栓安装

(b) 固定板安装

(c) 连接导线

(d) 灯具安装

图 9-49　壁灯安装步骤

⑤ 如果灯具底座固定方式是钥匙孔式，则需在木台适当位置上先拧好木螺栓，螺栓头部留出木台的长度应适当，防止灯具松动。

⑥ 同一工程中成排安装的壁灯，安装高度应一致，高低差不应大于5mm。

（5）吸顶灯安装

① 安装有木台的吸顶灯，在确定好的灯位处，应先将导线由木台的出线孔穿出，再根据结构的不同，采用不同的方法安装。木台固定好后，将

二维码9-30

壁灯安装步骤

灯具底板与木台进行固定。若灯泡与木台接近时，要在灯泡与木台之间铺垫3mm厚的石棉板或石棉布隔热。

② 质量超过3kg的吸顶灯，应把灯具或木台直接固定在预埋螺栓上，或用膨胀螺栓固定。

③ 当建筑物顶棚表面平整度较差时，可以不使用木台，而使用空心木台，使木台四周与建筑物顶棚接触，易达到灯具紧贴建筑物表面无缝隙的标准。

④ 在灯位盒上安装吸顶灯，其灯具或木台应完全遮盖住灯位盒，如图9-50所示（二维码9-31）。

二维码 9-31

吸顶灯安装

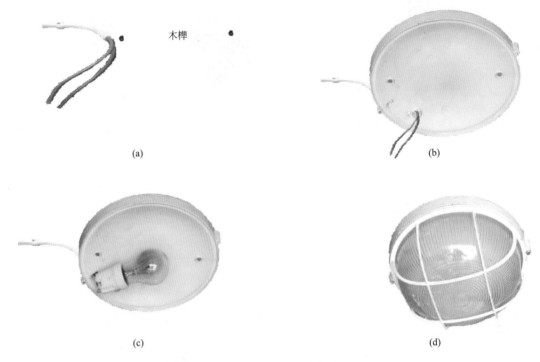

图 9-50　防水吸顶灯安装步骤

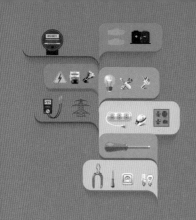

第十章

变频调速基本知识

10.1 变频调速的组成及调速原理

10.1.1 变频调速的基本原理

（1）异步电动机常用调速方法

从异步电动机的转速公式 $n=\dfrac{60f_1}{p}(1-s)$ 可知，它的调速方法主要有：改变磁极对数 p、改变转差率 s、改变电源频率 f_1 三种。

改变电源频率 f_1 时，转子转速 n 也随之改变，利用频率改变调节电动机的转速可以实现平滑调速，频率的改变是在专用设备上完成的。

（2）交-直-交变频器原理

交-直-交变频器也称通用变频器，它的基本结构是由整流器和无源逆变器组合。其基本原理就是由整流器将交流变为直流，然后无源逆变器把直流变换为可调的交流电。基本原理框图如图10-1所示。对于具有再生制动的变频器，图中的整流器和逆变器是互逆的。

交-直-交变频器按其与负载的无功功率交换所采用的储能元件不同，可分为电流型变频器（采用大电感作为直流中间环节）和电压型变频器（采用大电容作为直流中间环节）；按其输出电压调解方式分为脉冲幅值调解方式PAM和脉冲宽度调制方式PWM。脉冲宽度调制，根据载波的不同又可分正弦波的PWM方式和高频载波的PWM方式；按其采用的控制方式不同又可分为U/f控制型、转差频率控制型和矢量控制型。此外还可按所采用开关器件来分类。交-直-交变频器一般由主电路部分和控制电路部分组成。

① 主电路部分　主电路是由整流滤波和逆变回路组成，如图10-1所示的上半部分。整流部分可分为可控整流和不可控整流，根据输入电源的相数可分为单相（小型变频器）和三相桥式整流。它把交流变为脉动直流，再经过滤波器变为直流电。其中滤波器部分分为电容和电感两种。采用电容滤波具有电压不能突变特点，可使直流电的电压波动较小，输出阻抗比较小，相当于直流恒压源，这种变频器称为电压型变频器。而电感滤波具有电流不能突变

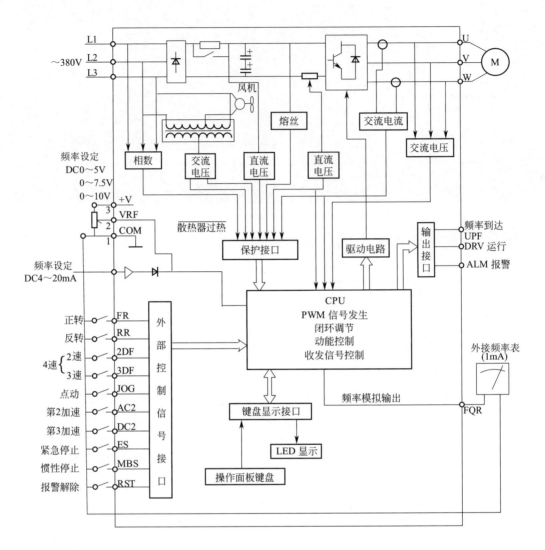

特点，可使直流电流波动比较小，由于串在回路中，输出阻抗比较大，相当于直流恒流源这种变频器称为电流型变频器。

图 10-1　变频器组成框图

直流电经过逆变器变换为频率可调的三相交流电，它是一个三相逆变桥电路，六个桥臂的电力三极管是由受控制电路控制其导通、关断，把直流变成频率可调的三相相位相差120°的交流电压或电流，提供给三相异步电动机。

此外，还有制动电路。对于再生制动，把能量反馈给电网的变频器，它是把上述的两个变流装置功能互为转换，整流器工作在有源逆变状态，而逆变器工作在整流状态，把电动机轴上动量转换为三相交流电送上电网，与上述变频过程相反。而对于整流器是不可控整流的，就无法进行有源逆变，这时在直流回路中，接入一个能耗电阻R，把上述逆变器处于整流工作状态输出的电能消耗在电阻上。控制三极管的开关频率，就可以控制能耗制动的大小。还有一种是电动机本身的能耗制动，这时逆变器输出一个直流电，使电动机进行能耗制动。

② 控制部分　变频器的控制电路多种多样。它依据电动机的调速特性和运动特性，对供电电压、电流、频率进行控制。按其控制方式来分，它可分为开环和闭环控制。开环控制是指V/F控制或称比例控制，而闭环控制是引入转速反馈。此外，它又可分为转差频率控制和矢量控制。

a．V/F控制方式（VVVF）。异步电动机的同步转速是由电源频率和极对数决定的。当采用变频调速器，若电动机电源频率改变，其内部参数也随着相应改变。根据 $\Phi_m = \dfrac{U}{4.44 f K N}$，当U不变时，$\Phi_m$ 就随f变化。f增加就会出现弱磁，使电动机转矩明显减小；当f减小时，磁路饱和，使电动机的功率因数和效率显著下降。可见，要保持电动机气隙磁通 Φ_m 基本不变，调节f时必须同时调节U，使得U/f的比例为常数，这样电动机在较大调速范围内，效率和功率因数保持较高水平。

b．转差频率控制要求。由于U/f控制，在负载发生变化时，电动机的转速也随着改变，故其精度比较低。为此，采用转速传感器，求出转差率 Δf，把它与给定转速的频率相叠加，作为新的负载下的给定值，来补偿转差率，使电动机在原给定转速，保证了系统的控制精度。由于能够任意控制与转矩、电流有直接关系的转差频率，它与U/f控制方式相比，其加减速特性和限制过流的能力提高。但是，采用转速传感器来求取转差频率，是针对某一具体电动机的机械特性调整参数，所以它只能单机运行控制。

c．矢量控制方式。矢量控制原理特点是根据交流电动机的动态数学模型，采用坐标变换，将定子电流分解成产生磁场的电流分量（励磁电流 i_{m1}）和与磁场垂直的产生电磁转矩的电流分量（转矩电流 i_{t1}），然后进行任意控制。即模仿自然解耦的直流电动机的控制方式，对电动机的磁场和转矩分别控制，从而获得像直流电动机的调速系统性能。因此，矢量控制是测量电动机定子电压和电流，计算出实际的励磁电流 i_{m1} 和转矩 i_{t1}，然后与给定值比较，经过高性能的调节器，输出信号作为励磁电流、转矩电流（或称有功电流）的设定值，经过门阵列电路来控制逆变器输出的频率和电压大小。

d．控制电路的组成与功能。变频器的控制电路目前都采用微机控制，与一般微机控制系统没有什么本质区别，它是专用型的，它一般有输入信号接口电路、CPU、存储器、输出接口电路及人机界面电路等。它要完成的功能有人机对话，接受从外部控制电路输入的各种信号，如正转、反转、紧急停车等；接受内部的采样信号，如主电路中电压、电流采样信号，各部分温度信号，各逆变管工作状态的采样信号等；完成SPWM调制，将接受的各种信号进行判断和综合运算，产生相应的SPWM调制指令，并分配给各逆变管的驱动电路；显示各种信号或信息；发出保护指令，进行保护动作；向外电路提供控制信号及显示信号。

10.1.2　富士（FRENIC5000）变频器的基本结构

（1）变频器的外观

变频器的外观如图10-2所示。

（2）控制端子

端子布置如图10-3所示。端子名称见表10-1。

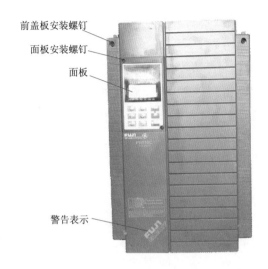

前盖板安装螺钉

面板安装螺钉

面板

警告表示

图 10-2　变频器外观

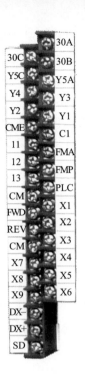

图 10-3　控制端子布置

表 10-1　端子名称

分类	端子标记	端子名称	端子用途
模拟量输入	13	电位器用电源	频率设定电位器（1～5kΩ）用电源（+10V DC）
	12	设定电压输入	（1）按外部模拟量输入电压命令值设定频率 ①DC0～+10V/0～100% ②按±极性信号控制可逆运行：0～+10V/0～100% ③反动作运行：+10V～0/0～100% （2）输入PID控制的反馈信号 （3）按外部模拟输入电压命令值进行转矩控制 输入阻抗22kΩ
	C1	电流输入	（1）按外部模拟输入电流命令值设定频率 ①4～20mA DC/0～100% ②反动作运行20～4mA DC/0～100% （2）输入PID控制的反馈信号 （3）通过增加外部电路可连接PTC电热 输入阻抗250Ω
	11	模拟输入信号公共端	模拟输入信号的公共端子
接点输入	FWD	正转运行命令	闭合（ON）正转运行；断开（OFF）减速停止
	REV	反转运行命令	闭合（ON）反转运行；断开（OFF）减速停止
	X1	选择输入1	按照规定，端子X1～X9的功能可选择作为电动机自由于外部报警、报警复位、多步频率选择等命令信号
	PLC	PLC信号电源	连接PLC的输出信号电源（额定电压24V DC）
	CM	接点输入公共端	接点输入信号的公共端子
模拟输出	FMA	模拟监视	
脉冲输出	FMP	频率值监视	

分类	端子标记	端子名称	端子用途
晶体管输出	Y1	晶体管输出1	变频器以晶体管集电极开路方式输出各种监视信号,如正在运行、频率到达、过载预报……信号。共有4路晶体管输出信号
	CME	晶体管输出公共端	晶体管输出信号的公共端子 端子CM和11在变频器内部相互绝缘
接点输出	30A、30B、30C	总报警输出继电器	变频器停止报警后,通过继电器接点输出 接点容量AC250V 0.3A cosφ=0.3 (低电压指令对应时为DC48V 0.5A) 可选择在异常时激磁
	Y5A、Y5C	可选信号输出继电器	可选择在Y1～Y4端子类似的选择信号作为其输出信号,接点总容量和总报警继电器相同
通信	DX＋、DX－	RS485通信输入/输出	RS485通信的输入/输出信号端子。采用菊花链方式可最多连接31台变频器
	SD	通信电缆屏蔽层连接端	连接通信电缆屏蔽层。此端子在电气上浮置

（3）总接线图

富士（FRENIC5000）变频器总接线图如图10-4所示。

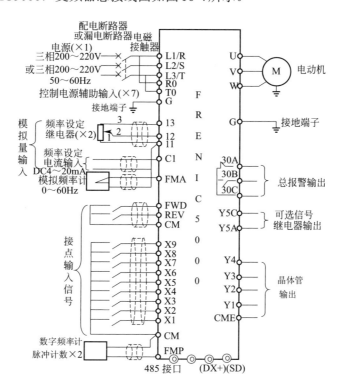

图10-4　富士（FRENIC 5000）变频器的总接线图

10.2　操作面板的使用

10.2.1　操作面板介绍

变频器安装有操作面板,面板上有按键、显示屏和指示灯,通过观察面板和指示灯来操

作按键，可以对变频器进行各种控制和功能设置，富士（FRENIC5000）变频器的操作面板
如图10-5所示。

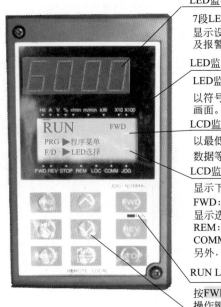

LED监视器

7段LED4位数显示
显示设定频率、输出频率等各种监视数据以
及报警代码等。

LED监视器的辅助指示信息

LED监视器显示数据单位、倍率等，下面
以符号■指示。符号▲表示后面还有其他
画面。

LCD监视器

以最低行轮换方式显示从运行状态到功能
数据等各种信息。

LCD监视器指示信号

显示下列运行状态之一：
FWD：正转运行 REV：反转运行 STOP：停止
显示选择的运行模式
REM：端子台 LOC：键盘面板
COMM：通信端子 JOG：点动模式
另外，符号▼表示后面还有其他画面

RUN LED：(仅键盘面板操作时有效)

按FWD或REV键输入运行命令时点亮
操作键

用于更换画面、变更数据和设定频率等

图 10-5 富士（FRENIC 5000）变频器的操作面板

操作键功能见表10-2。

表 10-2 操作键功能

名称	主要功能
PRG	由现行画面转换为菜单画面，或者在运行/跳闸模式转换至初始画面
FUNC DATA	LED监视更换，设定频率输入，功能代码数据存入
∧ ∨	数据变更，游标上下移动（选择），画面轮换
SHIFT ››	数据变更时数位移动，功能组跳跃（同时按此键和增/减键）
RESE	数据变更取消，显示画面转换，报警复位（仅在报警初始画面显示时有效）
STOP + ∧	通常运行模式和点动运行模式可相互转换切换（模式相互切换）。模式在LCD监视器中显示。本功能仅在键盘面板运行时（功能码F02数据为0）有效
STOP + RESET	键盘面板和外部端子信号运行方法的切换（设定数据保护时无法切换）。同时对应功能码F02的数据也相互在1和0间切换，所选模式显示于LCD监视器

10.2.2 操作面板的操作

（1）键盘面板操作体系（LCD画面、层次结构）

① 正常运行时　键盘面板操作体系（画面转换层次结构）的基本结构如图10-6所示。

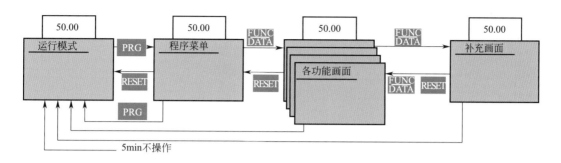

图 10-6　正常运行时键盘面板的操作

若5min不能操作的话自动转入运行模式。

② 报警发生时　保护功能动作，即发生报警时，键盘面板将由正常运行时的操作体系自动转换为报警时的操作体系。报警发生时出现的报警模式画面显示各种报警信息。至于程序菜单、各功能画面和补充画面仍和正常运行时的一样，但是由程序菜单转换为报警模式只能 PRG 键，此外5min不操作，会自动进入报警模式。见图10-7。

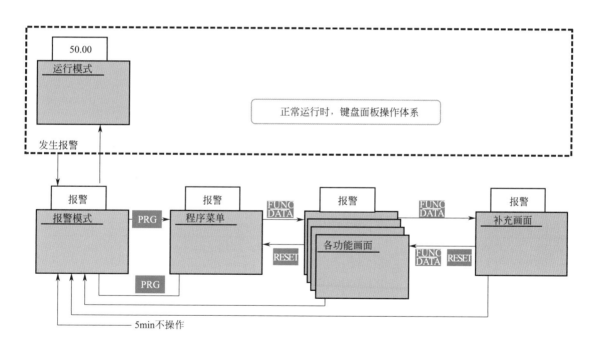

图 10-7　报警发生时键盘面板的操作

③ 各种层次显示内容概要（表10-3）

表10-3　各种层次显示内容概要

序号	层次名	内容
(1)	运行模式	正常运行状态画面，仅在此画面显示时，才能由键盘面板设定频率以及更换LED的监视内容
(2)	程序菜单	键盘面板的各功能以菜单方式显示和选择，按照菜单选择必要的功能，按 [FUNC DATA] 键，即能显示所选功能画面。键盘面板的各种功能（菜单）如下表所示

序号	菜单名称	概要
①	数据设定	显示功能代码和名称，选择所需功能，转换为数据设定画面，进行确认和修改数据
②	数据确认	显示功能代码和数据，选择所需功能，进行数据确认，可转换为何上述一样的数据设定画面，进行修改数据
③	运行监视	监视运行状态，确认各种运行数据
④	I/O检查	作为I/O检查，可以对变频器和选件卡的输入/输出模拟量和输入/输出接点的状态进行检查
⑤	维护信息	作为维护信息，能确认变频器状态、预期寿命、通信出错情况和ROM版本信息等
⑥	负载率	作为负载测定，可以测定最大和平均电流以及平均制动功率
⑦	报警信息	借此能检查最新发生报警时的运行状态和输入/输出状态
⑧	报警原因	能确认最新报警和同时发生的报警以及报警历史。选择报警和按 [FUNC DATA] 键，即可显示报警原因以及故障诊断内容
⑨	数据复写	能将记忆在一台变频器中的功能数据复写到另一台变频器中

序号	层次名	内容
(3)	各功能画面	显示按程序菜单选择的功能画面，借以完成功能
(4)	补充画面	作为补充画面，在单独的功能上显示未完成功能（例如变更数据、显示报警原因）

（2）键盘面板操作方法

① 运行模式　变频器正常运行面板包括一个显示器运行状态和操作指导信息，以及另一个由棒图显示运行数据的画面，两者可用功能E45进行切换，如图10-8所示。

a. 操作指导（E45=0）

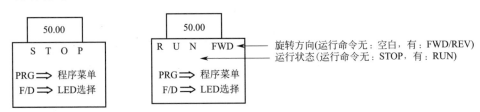

b. 棒图（E45=1）

图 10-8　运行模式

② 频率数字设定方法，显示运行模式画面，按 ∧ ∨ 键，LED显示设定频率值。开始时，按最小单位数据增加或减小，继续按着 ∧ ∨ 键，则增加或减小速度加快。

另外，可用 SHIFT》 任意选择要改变数据的位，直接改变设定数据，需要保存设定频率时，按 FUNC DATA 键将它存入存储器。

按 RESE PRG 键恢复运行模式。

若不选择键盘面板设定，则这时的频率设定模式将显示在LCD上。

当选用PID功能时，可根据过程值设定PID命令（详细参阅有关技术资料）。

注意：键盘面板的频率初始值为0.00Hz，要保存修改后的频率，要在修理频率设定后，在第7块LED高速闪烁的5s内按 FUNC DATA 键，这样设定频率会被保存在变频器内部，如果超过5s，即使按 FUNC DATA 键也无法保存修改后的频率。

a. 数字（键盘面板）设定时（F01=0或C30=0）（图10-9）。

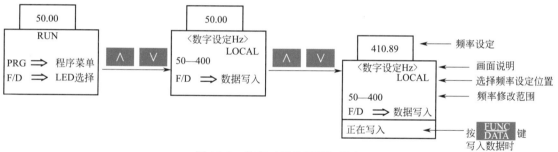

图 10-9　数字（键盘面板）设定

b. 非数字设定（图10-10）。

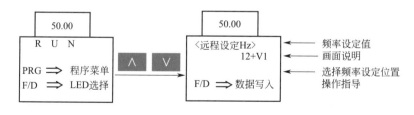

图 10-10　非数字设定

③ LED监视内容更换　在正常运行模式下，按 FUNC DATA 键，可更换LED监视器的监视内容。电源投入时，LED监视器显示的内容由功能（E43）设定（表10-4）。

表10-4 LED监视内容更换

E43	停止中		运行中（E44=0.1）	单位	备注
	（E44=0）	（E44=1）			
0	频率设定值	输出频率1（转差补偿后）		Hz	
1	频率设定值	输出频率2（转差补偿后）			
2	频率设定值	频率设定值			
3	输出电流	输出电流		A	
4	输出电压（命令值）	输出电压（命令值）		V	
5	同步转速设定值	同步转速		r/min	在于4位数时，丢弃低位数，由指示器的×10，100作为标识
6	线速度设定值	线速度		m/min	
7	负荷转速设定值	负载转速		r/min	
8	转矩计算值	转矩计算值		%	有±指示
9	输入功率	输入功率		kW	
10	PID命令值	PID命令值		—	仅当PID动作选择有效值时才显示
11	PID远方命令值	PID远方命令值		—	
12	PID反馈量	PID反馈量		—	

④ 菜单画面（图10-11）按 PRG 键，可显示以下菜单画面，一个画面只能显示一个项目。

按 ∧ ∨ 键，可移动游标，选择项目。

按 FUNC DATA 键，显示相应项目的内容。

只能同时显示4个菜单。

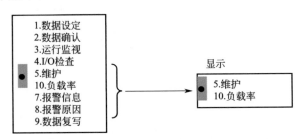

图 10-11 菜单画面

⑤ 功能数据设定方法（图10-12）从运行模式画面转到编辑菜单画面，选择"1数据设定"后，显示有功能码和名称的功能码选择画面，因此再选择所需功能码。

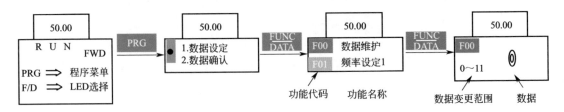

图 10-12 功能数据设定方法

功能码由字母和数字组成每个功能组由一组大写字母表示（表10-5）。

表10-5　功能码

功能码	功能	备注
F00 ～ T42	基本功能	
E01 ～ E47	端子功能	
C01 ～ C33	控制功能	
P01 ～ P09	电动机1参数	
H03 ～ H39	高级功能	—
A01 ～ A18	电动机2功能	
U01 ～ U61	用户功能	
o01 ～ o55	可选功能	仅在连接有选件卡时可选用

选择功能时，用 `»` + `∧` 或 `»` + `∨` 键可按功能组作为单位进行转换，便于大范围快速选择所需功能（图10-13）。

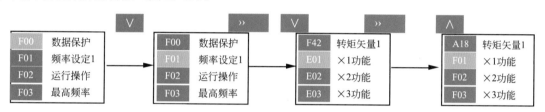

图 10-13　选择功能

选择所需功能按 `FUNC DATA` 键入数据设定画面。

在数据画面上，用 `∧` `∨` 功能，以LOD显示数据的最小单位增大或减小数据，持续按着 `∧` `∨` 键，数据变更将进位或退位，同时，变更的速度变快。

另外，`»` 可任意选择数位，直接设定数据，变更的数据和变更前的原始数据同时显示，可用于参考对照，一旦数据确定，可按 `FUNC DATA` 键将数据写入存储器。如考虑不要改变数据，则可在写入前 `RESE` 键，恢复功能选择画面，变更的数据用 `FUNC DATA` 键存入存储器后，将变为有效的运行数据，数据仅变更，不写入，将不影响变频器的运行。注意，在变频器处于数据保护状态或某些功能数据在变频器运行时不能变更等情况，变更数据必须变更条件，不能变更数据的原因和解除方法如表10-6所示。

表10-6　不能变更数据的原因和解除方法

显示	不能变更原因	解除方法
链接优先	RS-485链接选件正在写入功能数据	①输入取消由RS-485写入命令 ②终止链接选择写入动作
无许可信号（WE）	有扩展输入端子选择功能为数据变更允许命令	在功能E01 ～ E09中，对选择数据19（数据变更允许命令）的端子，使其为ON
数据保护	功能FOO选择数据保护	使功能FOO的数据改写为"0"
正在运行	变频器正在运行，该功能属于变频器运行时不允许改变数据的功能	停止变频器运行
有FWD/REV选择	FWD/REV指令有效间禁止变更的功能无法改变	断开FWD/REV运行命令

⑥ 功能数据确认方法（图10-14）　由运行模式画面转换为程序菜单画面，选择"2.数据确认"，然后，显示功能代码及其数据的功能选择画面，选择所需功能，确认其数据。

选择功能后再按 `FUNC DATA` 键，可转换为功能数据设定画面。

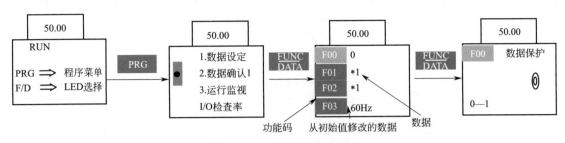

图 10-14　功能数据确认方法

⑦ 运行状态监视（图10-15）　运行模式画面转换为程序菜单画面，选择"3.运行监视"，显示变频器当时的运行状态，运行状态监视共有4个画面，可用 ∧　∨ 键进行变更，按各画面数据确认运行状态。

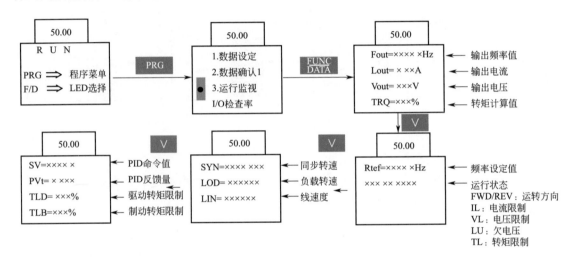

图 10-15　运行状态监视

10.3　变频器的应用与维护

10.3.1　变频器电路示例

（1）单向点动与连续运转电路

合上电源开关QF，如图10-16所示。点动时按下SB3电动机启动运行，松开SB3电动机停止运行。

连续时按下SB1中间继电器KA1得电并自保，电动机启动运行，按下SB2电动机停止运行。转速的调节通过改变电位器阻值实现。

（2）双向运转电路

合上电源开关QF，如图10-17所示。正向运转时按下SB1，中间继电器KA1得电并自保，电动机正向启动运行。

反向运转时按下SB2，中间继电器KA2得电并自保，电动机反向启动运行。按下SB3电动机停止运行。

电源通过故障信号动断触点接入，这样一旦变频器出现故障，控制电路断开，电动机停止运行。

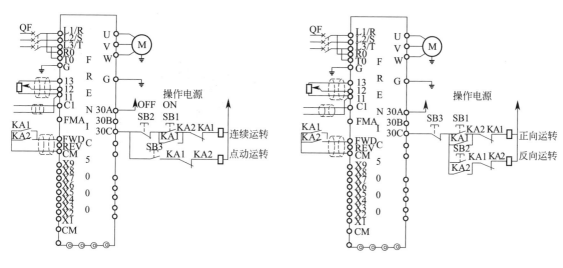

图 10-16　变频器控制的单向点动与连续运转电路　　　图 10-17　变频器控制的双向运转电路

10.3.2　变频器的拆卸（二维码10-1）

（1）键盘面板的拆卸

① 松开键盘面板固定螺钉。

② 手指伸入面板侧面的开口部位，慢慢将其取出，注意不要用力过猛，否则易损坏其连接器。如图10-18所示。

（2）拆卸前盖板

① 松开前盖板固定螺钉。

二维码 10-1

变频器的拆卸

(a) 拆卸螺钉

(b) 取下面板

图 10-18　变频器键盘面板的拆卸

② 握住盖板上部，取下盖板螺钉，卸下前盖板。如图10-19所示。

(a) 松开螺钉　　　　　　　　　　　(b) 取下盖

图 10-19　变频器前盖板的拆卸

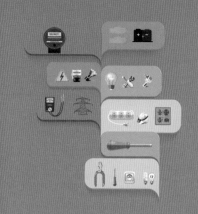

第十一章

可编程序控制器

11.1 可编程序控制器概述

可编程序控制器（PLC）吸收了微电子技术和计算机技术的最新成果，发展十分迅速。从单机自动化到整条生产线的自动化，乃至整个工厂的生产自动化，PLC均担当着重要角色。PLC的应用最普遍，它在工厂自动化设备中占据第1位。

11.1.1 PLC的特点

① 功能齐全　PLC具有开关量及模拟量输入/输出、逻辑和算术运算、定时、计数、顺序控制、PID闭环回路控制、智能控制、人-机对话、记录和图像显示、通信联网、自诊断等功能。

② 应用灵活　其标准的积木式硬件结构以及控制程序可变、很好的柔性，使得它不仅可以适应大小不同、功能繁杂的控制要求，而且可以适应各种工艺流程变更更多的场合。

③ 容易掌握　PLC采用梯形图编程，使用户可以十分方便地读懂程序和编写、修改程序。PLC带有完善的监视和诊断功能，对其内部的工作状态、通信状态、I/O点状态和异常状态均有显示；操作和维修人员可及时了解机器的工作状态或故障点。

④ 稳定可靠　PLC可适应恶劣的工业应用环境。一般PLC的硬件都采用屏蔽、电源采用多级滤波、I/O回路采用光电隔离等措施以提高硬件可靠性，软件方面采用了故障检测和自诊断等措施。

11.1.2 PLC的分类

PLC的可以按照规模、硬件结构、功能强弱三种方法进行分类，这里仅介绍按照I/O点数和程序容量分类法。

输入/输出（I/O）单元是PLC与被控对象间传递输入/输出信号的接口部件，输入部件是开关、按钮、传感器等，输出部件是电磁阀、寄存器、继电器。

一般将一路信号称作一个点，将输入点和输出点数的总和称为机器的点。按照点数的多少和程序容量，可将PLC分为微型、小型、中型、大型、超大型等几种类型。PLC按规模分类方法见表11-1。

表 11–1　PLC 按规模分类方法

类型	I/O 点数	存储器容量 /KB	机型举例
微型	64 点以下	1 ～ 2	三菱 FX-16、24、48，欧姆龙 C-20，A-B 公司 PLC-4Microtrol，IPM 公司 IP-1612
小型	64 ～ 128 点	2 ～ 4	三菱 FX-64、80，西门子 S11-100U MODICON984
中型	128 ～ 512 点	4 ～ 16	三菱 K- 系列、MODICON984-380，西门子 S11-15U，欧姆龙 C200H，A-B 公司 PLC-3/10
大型	512 ～ 8192 点	16 ～ 64	三菱 A 系列，MODICON984A、984B、984-780，欧姆龙 C200H
超大型	8192 点以上	64 以上	西门子 S11-155U

11.1.3　PLC 的主要性能指标

（1）存储容量

存储容量是指用户程序存储器的容量，它决定了 PLC 可以容纳用户程序的长短，一般以字为单位。中小型 PLC 的存储容量一般在 16KB 以下，超大型 PLC 的存储容量最多可达到 256KB ～ 2MB。

（2）输入 / 输出点数

输入（I）/ 输出（O）点数即 PLC 面板上的输入 / 输出端子的个数。I/O 点数越多，外部可接的输入、输出器件就越多，控制规模就越大。

（3）扫描速度

扫描速度是指 PLC 执行程序的速度，一般以扫描 1K 字所用的时间来描述扫描速度。

（4）编程指令的种类和条数

编程指令种类及条数越多，其功能越强，即处理能力、控制能力越强。

（5）内部器件的种类和数量

内部器件包括各种继电器、计数器 / 定时器、数据存储器等。其种类越多、数量越大，存储各种信息能力就越强。

（6）扩展能力

大部分 PLC 可以用 I/O 点数扩展，有的 PLC 可以使用各种功能模块进行功能扩展。

（7）功能模块的数量

功能模块指可以完成模拟量控制、位置和速度控制以及通信联网等功能的模块。功能模块种类的强弱是衡量 PLC 产品水平高低的一个重要指标。

（8）编程语言与编程工具

每种类型 PLC 都具有多种编程语言，具有互相转换的可移植性，但不同类型的 PLC 的编程语言互不相同、互不兼容。

11.2　PLC 的硬件结构及工作原理

11.2.1　PLC 的硬件结构及模块

（1）CPU 模块

PLC 硬件框图如图 11-1 所示。其 CPU 模块主要由微处理器（CPU）和存储器组成，CPU 是 PLC 的核心，是用来完成对不同类型的信息进行操作的单元。PLC 产品的 CPU 主要有双极型位片式系列芯片、各种类型通用微处理器或各种单片机等器件。

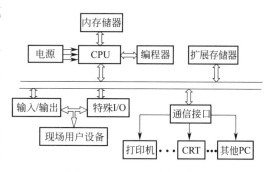

图 11-1　PLC 硬件组成框图

① 位片式 CPU　位片式 CPU 的主时钟频率可以达到 8 ～ 20MHz，指令执行周期为 50 ～ 115ms，主要用于大型 PLC。

② 通用 CPU　通常为中小型 PLC 所采用。大中型 PLC 除用位片式 CPU 外，大多采用 16 位、32 位或 64 位 CPU。一般大中型 PLC 多为双微处理器系统，一个是字处理器（芏主处理器），另一个是位处理器（布处理器）。

③ 单片微机　采用单片机构成的 PLC 在微型及小型 PLC 中较为流行。

PLC 中的内存储器使用两种类型存储器：ROM 和 RAM。

ROM 中的内容一般是由制造厂家写入的，并且永远驻留在 ROM 中，一般用于存放系统程序，例如检查程序、键盘输入处理程序、翻译程序、信息传递程序和监控程序等。ROM 为系统存储器。

RAM 中的内容有用户程序（用户程序也可固化在 EPROM、E^2ROM 中）、逻辑变量、工作单元等。RAM 需要锂电池之类作后备电池支持。RAM 为用户存储器，中小型 PLC 的 RAM 在 8KB 以下，大型 PLC 的 RAM 已达 256KB 及以上。

（2）I/O 系统

① 通用 I/O 模块（板）　开关量 I/O 模块的品种和规格。PLC 配有各种操作电平和各种输出驱动能力的开关量 I/O 模块供用户选用。一般来说 PLC 的 I 和 O 是分开的。典型开关量输入模块有 DC 输入模块、无电压接点输入模块、AC 输入模块、AC/D 输入模块，典型开关量输出模块有继电器输出模块、晶体管输出模块、晶闸管输出模块，实际使用产品的品种和规格见厂家说明书。

通常，直流输入模块的非屏蔽连线允许最大长度为 200 ～ 600m，屏蔽线的允许最大长度为 600 ～ 1000m。输出模块允许非屏蔽连线最大长度约为 400m。

② 智能 I/O 模块

a．模拟量 I/O 模块。模拟量 I/O 模块的任务是把工业过程中的模拟信号转换成数字信号后输入 PLC，或把 PLC 的数字输出信号转换成电流信号去控制执行机构。

b．位置模块。在 PLC 的指挥管理下具体处理定位等问题，特别适用于机床控制、点位直线伺服控制等。

c．温度传感器模块。温度传感器模块可直接与热电偶或铂电阻相连，在模块内部进行信号放大及 A/D 转换，最后以 BCD 码形式输出送给 PLC。

d．高速计数模块。高速计数模块是一种硬件计数器模块。是一种可逆计数单元，可直接连接旋转编码器或增量编码器。

e．ASCII/BASIC 模块。ASCII/BASIC 模块由中央处理器、EPROM、COM RAM 及通信端口等部件组成，用于 ASCII 进行信息处理及执行用户 BASIC 程序。一般有两种工作方式：一是通过端口与 PLC 连接使用，受 PLC 的控制而工作；二是作为独立的工业控制机使用，独立运行自己的程序，生成各种运行报告，并可送给上位计算机。

f．PID 调节模块。这种模块除了主机外，还具有模拟量输入（电流、电压或热电偶）、脉冲输入、开关量输入以及模拟量输出、开关量输出等部分。它可脱离PLC独立完成比例（P）、比例积分（PI）和比例积分微分（PID）调节。它也可以和PLC连接，作为控制机的从机。

g．中断看做模块。中断控制模块适合于要求快速响应的机器控制，当接收到一个中断输入信号时，能暂时停止运行中的正常顺序程序，按照不同中断源去执行不同的中断处理程序。中断启动条件可根据所连接设备类型通过内部开关进行选择，中断可在输入脉冲的前沿或后沿启动。

（3）接口模块

① 通信接口模块。通过这种模块，可与其他多个PLC、上级计算机进行通信。通常模块配有RS232/RS422接口。

② I/O接收器和发送器。I/O接收器和发送器是CPU框架与I/O扩展框架之间或各I/O扩展框架间的接口电路，通过I/O发送器可进行I/O信号的并行传输，其传输距离可达150m。

③ 远程I/O接收器和驱动模块。这种模块提供一个串行的全双工I/O数据通信链，借助于两对双绞屏蔽电缆，允许I/O信号串行传送（或接受）的距离达3～5km。

④ 打印接口模块。使用这种模块，可使中小型PLC接上打印机。

（4）编程器

① 简易编程器　这种编程器主要由操作方式选择开关、键盘、显示器等部分组成。显示器基本上为LED、液晶或电发光显示器，只能用语句形式输入和编辑指令表程序，一般插在PLC的编程器插座上，或者用电缆与PLC相连。简易编程器一般用来给小型PLC编程，或者用于PLC控制系统的现场调试和维修。

② 图形编程器　有液晶显示的便携式和阴极射线式两种。图形编程器既可以用指令语句进行编程，又可以用梯形图编程。既可以联机编程也可以脱机编程，还可与打印机、绘图仪等设备连接，操作方便、功能性强，通常用于大中型PLC。

11.2.2　PLC的工作原理

PLC工作的基本原理和计算机的工作原理是一样的，控制任务的完成是建立在PLC硬件的支持下，通过执行反映控制要求的用户程序来实现的。但是PLC对某些被控制对象的实现是有关逻辑关系的实现，并不一定有时间上的先后。因此，单纯像计算机那样工作，把用户程序由头到尾地顺序执行，并不能完全体现控制要求。

PLC采用对整个程序巡回执行的工作方式（也称巡回扫描），扫描从用户程序存储器0号地址开始，在无中断或转移情况下，按存储器地址号顺序逐条扫描用户程序，直到所编用户程序结束为止。从而构成一个扫描周期，并周而复始重复上述扫描程序。通过每一次扫描，完成各输入点状态采集或输入数据采集、用户程序的逻辑解读、各输出点状态的更新、自诊断等。巡回扫描过程如图11-2所示。

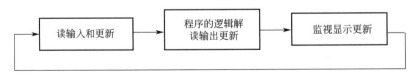

图 11-2　PLC 的巡回扫描过程

由于PLC采用循环扫描的工作方式，而且对输入和输出信号只在每个扫描周期的I/O更新阶段集中输入并集中输出，所以必然会产生输出信号相对输入信号的滞后现象。扫描周期越长，滞后现象越严重。对于慢速控制系统，由于扫描周期一般只有十几毫秒，最多几十毫秒，可以认为输入信号一旦变化就立即能进入输入映像寄存器中，其对应的输出信号也可以认为是及时的，对于快速响应控制系统就需要解决这一滞后问题。

11.2.3　PLC控制系统的构成

（1）单机控制系统

这种系统用一台PLC控制一台设备，输入/输出点数和存储器容量较小，系统构成简单。

（2）集中控制系统

这种系统用一台PLC控制多台地理位置比较接近且相互之间的动作有一定联系的被控设备，例如用于由多台设备组成的流水线。采用这种系统时，必须注意I/O点数和存储器容量选择余量大些，以方便增加控制对象。

（3）远程I/O控制系统

远程I/O控制系统就是I/O模块不与控制器存放在一起，而是远距离地放置在被控设备附近。远程I/O模块与控制器之间通过电缆连接传递信息。不同厂家的不同PLC所能驱动的电缆或光缆长度不同，应用时必须按系统需要选择。

一个控制系统需设置多少个远程I/O站，要视控制对象的分散程度和距离而定，同时亦受所选控制器能驱动I/O数的限制。

（4）PLC的链接与联网

PLC链接与联网的目的是实现计算机对控制的管理及提高PLC的控制能力和控制范围，使其从对设备级的控制发展到生产线级，以至于工厂级的控制。

11.3　PLC的编程

11.3.1　PLC的编程语言

（1）梯形图编程语言

梯形图编程语言是一种面向过程的编程语言，是PLC最常使用的一种语言。它是在原电气控制系统中常用的接触器、继电器梯形图基础上演变而来的，它与电气操作原理图相呼应，为工程技术人员所熟知。梯形图构成示例如图11-3所示。

① 梯形图格式（LD）　梯形图可由多个梯级组成，每个输出元素构成一个梯级，一个梯级可由多个支路构成。每条支路上可容纳多个编程元素。最右边的元素必须是输出元素。梯形图两侧竖线称作母线，梯形图从上到下按行绘制，每行从左至右，左侧总是安排输入接点，输入接点只用动合"╫"和动开"╫"，不计及其物理属性。输出线圈用圆形或椭圆形表示。每个编程元素应按一定规则加标可识别符号（由字母和数字组成）。

② 梯形图的特点

a. 梯形图中的继电器和输入接点均为存储器的一位，为"1"时，表示继电器线圈通电或动合接点闭合。梯形图中的继电器不是物理继电器。

b. 同一线圈编号在梯形图只能使用一次，但作为该线圈的接点则可像输入节点一样可以在梯形图程序中的任何网络多次使用。

　　c．梯形图中用户某段逻辑计算结果可用内部继电器暂存，并可为后面用户程序所用。

　　d．内部继电器不能直接驱动现场机构。

（2）指令表语言（IL）

　　它是一种与汇编语言类似的助记符编程表达式，用一个或几个容易记忆的字符来代表PLC的某种操作功能。每个生产厂家使用的助记符是各不相同的。三菱K系列助记符举例如下：读输入信号（LD）、与运算（AND）、与非运算（ANI）、或运算（OR）、或非运算（ORI）、输出运算结果（OUT）。

　　用三菱K系列的表达式编制图5-3的控制回路程序如下：

LD　　X001

OR　　Y005

ANI　　X002

ANI　　X003

ANI　　X010

OUT　　Y005

　　指令表语言的特点：

　　a．采用助记符来表示操作功能，具有容易记忆，便于掌握的优点。

　　b．在手持编程器的键盘上采用助记符表示，便于操作，可在无计算机的场合进行编程设计。

　　c．与梯形图有一一对应关系。其特点与梯形图语言基本一致。

（3）顺序功能流程图（状态转移图）语言（SFC）

　　顺序功能流程图语言是为了满足顺序逻辑控制而设计的编程语言，用方框表示，在方框内含有用于完成相应控制任务的梯形图逻辑。用于系统规模大，程序关系复杂的场合，简单的顺序功能流程图语言示意图如图11-4所示。

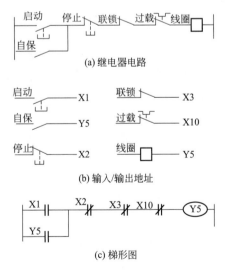

图 11-3　梯形图构成示例

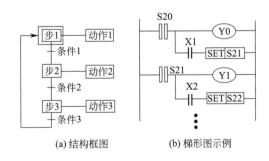

图 11-4　顺序功能流程图语言使用示意图

顺序功能流程图语言的特点：

a. 以功能为主线，按照功能流程的顺序分配，条理清晰，便于对用户程序理解。

b. 避免梯形图或其他语言不能顺序动作的缺陷，同时也避免了用梯形图语言对顺序动作编程时，由于机械互锁造成用户程序结构复杂、难以理解的缺陷。

c. 用户可以根据顺序控制步骤执行条件的变化，分析程序的执行过程，可以清晰地看到在程序执行过程中每一步的状态，便于程序的设计和调试。

（4）高级编程语言

在某些高档PLC产品（例如GE公司的SiRiES SiX）上已采用BASIC语言。随着PLC的发展，在许多场合要涉及数据处理的功能，使用高级语言将会更加方便。

11.3.2　器件及器件编号

PLC的指令一般可分为两类：一类只有操作命令，另一类是操作命令与PLC内部器件编号的组合指令。操作命令（操作码）表示CPU要完成的操作功能，器件编号表示参加操作的器件地址（或操作数）。PLC一般有如下各种操作器件：

（1）输入/输出继电器

输入继电器与PLC的输入端相连，它是一个经光电隔离的电子继电器，它不能由PC内部接点驱动，其所带动合及动开接点可以无限次使用。输出继电器的输出接点连接到PC的输出端上，输出继电器的线圈在一个程序中只能引用一次，但是其动合或动开接点却可以无限次引用。

（2）辅助继电器

PC带有若干辅助继电器，其线圈由PC内各器件的接点驱动。辅助继电器的接点也可无限引用，但不能直接驱动外部负载。辅助继电器一般具有停电保护功能。

（3）移位寄存器

移位寄存器一般由辅助继电器组成，多数以8位为一组，可串接增加位数。移位寄存器有3个输入端，即数据输入、脉冲输入及复位端，输出接点也可多次引用。移位寄存器一般用于步进控制。

（4）特殊辅助继电器

一般，PLC的特殊辅助继电器有如下几类：

① 运行监视继电器　跟随PC的运行/停止而呈通/断。

② 初始化继电器　当PC进入运行方式时，产生一个脉冲使计数器等部件复位。

③ 定时继电器　提供一定脉冲宽度和周期的连续定时脉冲。

④ 预警继电器　用作RAM存储器的支持电池电压过低的预警。

⑤ 故障保护继电器　它使所有输出继电器自动断开。当PC工作中发生异常时，用户可通过编程使这个继电器动作。

⑥ 标志继电器　有作算术逻辑运算结果的标志，也有编程错误标志。

（5）锁存继电器

这类继电器在停电时具有记忆功能，当电源恢复供电后，仍保持停电前的状态。

（6）定时器和计数器

定时器用来产生延时接收或延时断开信号，提供限时操作，定时时间由编程确定。计数器用来对外部发生事件（包括标准时间）计数，一般为减法型，计数值设定由程序完成，计数器的现行值一般在掉电时能保持住。

（7）器件编号

器件的编号与PLC的厂家有关，不同厂家生产的PLC，其编号是不同的。三菱FX系列PLC的编程元件及编号见表11-2。

表11-2 三菱FX系列几种常用型号PLC的编程元件及编号

PLC 型号		FX0S	FX1S	FX0N	FX1N	FX2N
输入继电器 X（按八进制编号）		X0～X17（不可扩展）	X0～X17（不可扩展）	X0～X43（可扩展）	X0～X43（可扩展）	X0～X77（可扩展）
输出继电器 Y		Y0～Y15（不可扩展）	Y0～Y15（不可扩展）	Y0～Y127（可扩展）	Y0～Y27（可扩展）	Y0～Y77（可扩展）
辅助继电器 M	普通用	M0～M495	M0～M383	M0～M383	M0～M383	M0～M499
	保持用	M496～M511	M0384～M511	M384～M511	M0384～M1535	M500～M3071
	特殊用	M8000～M8255				
状态继电器 S	初始状态	S0～S9				
	返回原点	—	—	—	—	S10～S19
	普通用	S10～S63	S10～S127	S10～S127	S10～S999	S20～S499
	保持用	—	S0～S127	S0～S127	S0～S999	S500～S899
	信号报警					S900～S999
定时器 T	100ms	T0～T49	T0～T62	T0～T62	T0～T199	T0～T199
	10ms	T24～T49	T32～T19962	T32～T62	T200～T245	T200～T245
	1ms	—		T63	—	—
	1ms 累积				T246～T24	T246～T249
	100ms 累积	T0～T199	T0～T199	T0～T199	T250～T255	T250～T255
计数器 C	16 位增计数（普通）	C0～C13	C0～C15	C0～C15	C0～C15	C0～C99
	16 位增计数（保持）	C14、C15	C16～C31	C16～C31	C16～C199	C100～C199
	32 位可逆计数（普通）	—	—	—	C200～C219	C200～C219
	32 位可逆计数（保持）	—	—	—	C220～C234	C220～C234
	高速计数器	C235～C255				
数据寄存器 D	16 位普通	D0～D29	D0～D127	D0～D127	D0～D127	D0～D199
	16 位保持	D30、D31	D128～D255	D128～D255	D128～D7999	D200～D7999
	16 位特殊	D8000～D8069	D8000～D8255	D8000～D8255	D8000～D8255	D8000～D8195
	16 位变址	V Z	V0～V7 Z0～Z7	V Z	V0～V7 Z0～Z7	V0～V7 Z0～Z7
指针 N、P、I	嵌套用	N0～N7				
	跳转用	P0～P63	P0～P63	P0～P63	P0～P127	P0～P127
	输入中断用	I00配～I30配	I00配～I50配	I00配～I30配	I00配～I50配	I00配～I50配
	定时器用	—	—	—	—	I6□配～I8□配
	计数器用	—	—	—	—	I010～I060
常数 K、H	16 位	K: －32768～32767 H:0000～FFFFH				
	32 位	K: －2147483648～2147483647 H:00000000～FFFFFFFFH				

11.3.3 FX2N编程指令及其功用

（1）基本指令及功用

① 取指令与输出指令（LD/LDI/OUT/LDP/LDF）　LD（取）是动合触点与左母线连接指令，LDI（取反）是动开触点与左母线连接指令。执行这两条指令后，接点状态被读入累加器。OUT（输出）是线圈驱动指令，用于驱动输出继电器、辅助继电器、定时器、计数器等。执行OUT指令后，把累加器状态写到指令编号的器件中。LDP（取脉冲上升沿）与左母线连接的动合触点的上升沿检测指令，仅在指定位元件的上升沿（OFF→ON时）接通一个扫描周期。LDF（取脉冲下降沿）与左母线连接的动开触点的下降沿检测指令。取指令与输出指令使用示例如图11-5所示。

② 触点串联指令（AND/ ANI/ANDP /ANDF）　AND（与）是单个动合接点串联指令，ANI（与反）是单个动开接点串联指令。执行这两条指令后，累加器内容与接点与（与反）运算结果送入累加器。ANDP（与脉冲上升沿）是进行上升沿检测串联连接指令。ANDF（与脉冲下降沿）是进行下降沿检测串联连接指令。触点串联指令使用示例如图11-6所示。

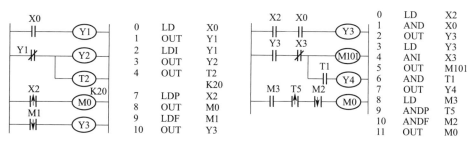

图 11-5　取指令与输出指令使用示例　　　图 11-6　触点串联指令使用示例

③ 触点并联指令 0R /ORI/ORP/ORF　OR（或）是单个动合接点并联指令，ORI（或反）是单个动开接点并联指令，执行这两条指令后，累加器内容与接点或（或反）运算结果送入累加器。ORP（或脉冲上升沿）是进行上升沿检测并联连接指令。ORF（或脉冲下降沿）是进行下降沿检测并联连接指令。触点并联指令使用示例如图11-7所示。

④ 块操作指令ORB/ANB　ORB（块或）是几个串联电路的并联指令，ANB（块与）是并联电路的串联指令，每个电路开始时使用LD或LDI指令，使用次数不得超过8次。这两条指令无需器件编号。块操作指令使用示例如图11-8和图11-9所示。

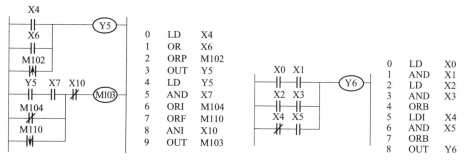

图 11-7　触点并联指令使用示例　　　图 11-8　块操作 ORB 指令使用示例

⑤ 置位与复位指令（SET/RST） SET（置位）是置位指令，它的作用是使被操作的目标元件置位并保持，目标元件为Y、M、S。RST（复位）是复位指令，它的作用是使被操作的目标元件复位并保持，目标元件为Y、M、S、T、C、D、V、Z，其还用来复位积算定时器和计数器。置位与复位指令使用示例如图11-10所示。

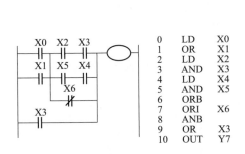

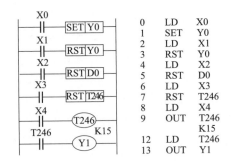

图 11-9　块操作 ANB 指令使用示例　　　　图 11-10　置位与复位指令使用示例

⑥ 微分指令（PLS/PLF） PLS（上升沿微分）在输入信号上升沿产生脉冲输出，而PLF（下降沿微分）在输入信号下降沿产生脉冲输出。使用PLS指令，器件Y、M仅在驱动输入接通后的一个扫描周期内动作；使用PLF指令，器件Y、M仅在驱动输入断开后的一个扫描周期内动作。微分指令使用示例如图11-11所示。

⑦ 主控指令（MC/MCR） MC（主控）是公共串连接点连接指令（主控开始），是控制一组电路的总开关，它在梯形图中与一般的接点垂直，是与母线相连的动合接点，占3个程序步。如果在一个MC指令区内再使用MC指令称为嵌套。嵌套级数最多为8级。MCR（主控复位）是MC指令的复位指令（主控结束），它使母线回到原来的位置。MC和MCR指令必须成对使用，主控指令使用示例如图11-12所示。

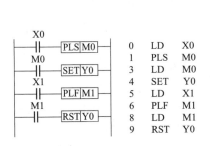

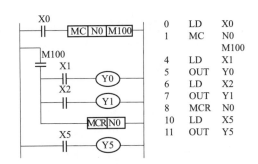

图 11-11　微分指令使用示例　　　　图 11-12　主控指令使用示例

⑧ 堆栈指令（MPS/MRD/MPP） 在FX系列PLC中有11个存储单元，专门用来储存程序运算的中间结果，称栈存储器。使用MPS（进栈）指令时，把当时的运算结果压入栈的第1段，栈中原来的数据依次向下移动；使用MPP（出栈）指令时，将第一段的数据读出，同时该数据从栈中消失，栈中数据依次向上移动。MRD（读栈）指令是把栈中第一段的数据读出的指令。读出时，栈内数据不发生移动。MRS及MPP必须成对使用，且连续使用次数不应高于11次。MPP指令必须用于最后一条分支电路。堆栈指令使用示例如图11-13所示。

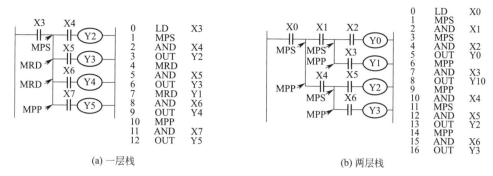

0	LD	X3
1	MPS	
2	AND	X4
3	OUT	Y2
4	MRD	
5	AND	X5
6	OUT	Y3
7	MRD	Y1
8	AND	X6
9	OUT	Y4
10	MPP	
11	AND	X7
12	OUT	Y5

(a) 一层栈

0	LD	X0
1	MPS	
2	AND	X1
3	MPS	
4	AND	X2
5	OUT	Y0
6	MPP	
7	AND	X3
8	OUT	Y10
9	MPP	
10	AND	X4
11	MPS	
12	AND	X5
13	OUT	Y2
14	MPP	
15	AND	X6
16	OUT	Y3

(b) 两层栈

图 11-13　堆栈指令使用示例

⑨ 跳步指令（CJP/EJP） CJP指令是条件跳步的开始，EJP指令是条件跳步的结束。目标器件号为700～777，CJP与EJP必须成对使用，它们的跳步目标必须一致。跳步指令使用示例如图11-14所示。

⑩ 反指令、空操作与结束指令（INV/OUT/RST） INV（取反）指令：其功能是将INV指令执行之前的运算结果取反。取反指令使用示例如图11-15所示。

END（结束）是程序结束指令，即在END以后的程序不再执行。NOP（空操作）是空操作指令，它的功能是使该步序作空操作。在程序中加入NOP指令，在改动或追加程序时可以减少步序号的改变。

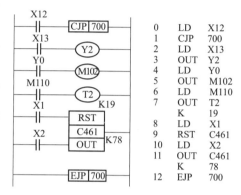

0	LD	X12
1	CJP	700
2	LD	X13
3	OUT	Y2
4	LD	Y0
5	OUT	M102
6	LD	M110
7	OUT	T2
	K	19
8	LD	X1
9	RST	C461
10	LD	X2
11	OUT	C461
	K	78
12	EJP	700

图 11-14　跳步指令使用示例

（2）功能指令及功用

功能指令同一般的汇编指令相似，也是由操作码和操作数两大部分组成。用功能框表示功能指令，即在功能框中用通用的助记符形式来表示，如图11-16所示。该图中X0动合触点是功能指令的执行条件，其后的方框即为功能指令。

0	LD	X0
1	INV	X1
2	OUT	Y0

图 11-15　取反指令使用示例

0	LD	X0
1	FNC	45
3		D0
5		D4Z0
7		K3

图 11-16　功能指令表示格式

功能指令都是以指定的功能号来表示，为了便于记忆，每个功能指令都有一个助记符。例如FNC45的助记符是MEAN，表示"求平均值"。这样就能见名知义。

图11-16中功能框第一段为操作码部分，表达了该指令做什么。功能框的第一段之后都是操作数部分，表达了参加指令操作的操作数在哪里。这里源操作数为D0、D1、D2，目标操作数为D4Z0（Z0为变址寄存器），K3表示有3个数，当X0接通时，执行操作为（（D0）+（D1）+（D2））/3→（D4Z0），如果Z0的内容为20，则运算结果送入D24中，当X0断开时，此指令不执行。

有的功能指令没有操作数，而大多数功能指令有1～4个操作数。FX2N的功能指令见表11-3。

表11-3　FX2N的功能指令

类型	FNC编号	指令符号	功能	类型	FNC编号	指令符号	功能
程序流向控制	00	CJ	条件跳转	数据处理	44	BON	位ON/OFF判定
	01	CALL	子程序调用		45	MEAN	平均值
	02	SRET	子程序返回		46	ANS	信号报警置位
	03	IRET	中断返回		47	ANR	信号报警复位
	04	EI	允许中断		49	FLT	二进制数据转换到浮点数
	05	DI	禁止中断	高速处理	50	REF	输入输出刷新
	06	FEND	主程序结束		51	REFF	调整输入滤波器的时间
	07	WDT	监视时钟		52	MTR	矩阵分时输入
	08	FOR	循环范围开始		53	HSCS	比较置位（高速计数器）
	09	NEXT	循环范围结束		54	HSCR	比较复位（高速计数器）
传送、比较	10	CMP	比较		55	HSZ	区间比较（高速计数器）
	11	ZCP	区间比较		56	SPD	脉冲速度检测
	12	MOV	传送（S）→（D）		57	PLSY	脉冲输出
	13	SMOV	BCD数位移位		58	PWM	脉宽调制
	14	CML	取反传送（S）→（D）		59	PLSH	可调速脉冲输出
	15	BMOV	成批传送	方便指令	60	IST	起始状态
	16	FMOV	多点传送		61	SER	数据搜索
	17	XCH	变换传送（D）=（D）		62	ABSD	绝对值式凸轮顺控
	18	BCD	BIN→BCD变换传送		63	INCD	增量式凸轮顺控
	19	BIN	BCD→BIN变换传送		64	TTMR	具有示教功能的定时器
四则运算与逻辑运算	20	ADD	BIN加法（S1）+（S2）→（D）		65	STMR	特殊定时器
	21	SUB	BIN减法（S1）-（S2）→（D）		66	ALT	交变输出
	22	MUL	BIN乘法（S1）×（S2）→（D）		67	RAMP	倾斜信号
	23	DIV	BIN除法（S1）/（S2）→（D）		68	ROTC	旋转台控制
	24	INC	BIN增量（D）+1→（D）		69	SORT	数据排序
	25	DEC	BIN减量（D）-1→（D）	外围I/O设备	70	TKY	十进制键入
	26	WAND	逻辑字与（S1）^（S2）→（D）		71	HKY	十六进制键入
	27	WOR	逻辑字或（S1）∨（S2）→（D）		72	DSW	数字开关、分时读出
	28	WXOR	逻辑字异或		73	SEGD	七段译码
	29	NEG	取补（D）+1→（D）		74	SEGL	七段分时显示
循环移位与移位	30	FOR	右循环移位		75	ARWS	方向开关控制
	31	ROL	左循环移位		76	ASC	ASCII码交换
	32	RCR	带进位右循环移位		77	PR	ASCII码打印
	33	RCL	带进位左循环移位		78	FROM	读特殊功能模块
	34	SFTR	右移位		79	TO	写特殊功能模块
	35	SFTL	左移位	F2外围功能单元	80	RS	串行数据转送
	36	WSFR	右移字		81	PRUN	八进制数据传送
	37	WSFL	左移字		82	ASCI	HEX→ASCII转换
	38	SFWR	先入先出（FIFO）写入		83	HEX	HEX→ASCII转换
	39	SFRD	先入先出（FIFO）读出		84	CCD	校验码
数据处理	40	ZRST	成批复位		85	VRRD	模拟量输入
	41	DECO	译码		86	VRSC	模拟量开关设定
	42	ENCO	编码		88	PID	PID运算
	43	SUM	位检查"1"状态的总数				

11.4 PLC的应用

11.4.1 PLC机型选择

一般选择机型要以满足功能需要为宗旨，可以从以下几个方面考虑。

（1）对输入/输出点的选择

首先要了解控制系统的I/O总点数，再按实际所需点数的15%～20%留出备用量后确定PLC的点数。

一些高密度输入点模块对同时接通的输入点数有限制（一般同时接通的输入点不得超过总输入点的60%），在选择输入点数时应予考虑。

PLC输出点数选择还要考虑输出点的电压种类和等级。PLC的输出点有共点式、分组式和隔离式几种接法供选择。

（2）根据输出负载的特点选择输出形式

对于频繁通断的感性负载，应选择晶体管或晶闸管输出型；对于动作不频繁的交直流负载，可以选择继电器输出型。

（3）对存储容量的选择

对仅有开关量的控制系统，可以用输入点数乘10字/点加输出总点数乘5字/点来估算；计数器/定时器按3～5字/个来估算；有运算处理时，按5～10字/个估算；在有模拟量输入/输出的系统中，可以按每输入（输出）一路模拟量为80～100字来估算，有通信处理时，按每个接口需200字以上估算，最后再留一定的裕量。

（4）对控制功能的选择

PLC的控制功能除了主控（带CPU）模块外，更主要的是能配接多个功能模块。一般主控模块能实现基本的、常规的控制功能。功能模块（包括多路A/D模块、D/A模块、多路高速计数模块、速度控制模块、温度检测与控制模块、轴定位及位置伺服控制模块、远程控制模块以及各种物理量转换模块等）则可以满足不同的要求。

（5）对I/O响应时间的选择

PLC的I/O响应时间包括输入电路延迟、输出电路延迟和扫描工作方式引起的时间延迟等，当PLC仅用于逻辑控制时，绝大部分的I/O响应时间都能满足要求；而对于一些具有实时控制要求的系统，则应考虑采用I/O响应快的PLC。具体应视实际系统的要求而定。

（6）根据性能价格比选择

通常中高档PLC机种的控制功能强，工作速度快，但主机及整机价格均较高。相对而言，普通的小型PLC机I/O点数较少，运行速度较低，控制功能一般，但整机价格低。PLC的性能价格比常以折合到每个I/O点的价格并结合PLC的控制功能和运行速度等性能指标，经和性能基本相同的机型比较及性能不同的机型比较来确定。

CPM1A的性能指标见表11-4、FX2N功能技术指标见表11-5。

表11-4 CPM1A的性能指标

项目	10点I/O型	20点I/O型	30点I/O型	40点I/O型
控制方式	存储程序方式			
输入输出控制方式	循环扫描方式和即时刷新方式并用			
编程语言	梯形图方式			

续表

项目		10点I/O型	20点I/O型	30点I/O型	40点I/O型
指令长度		1步/1指令，1～5步1指令			
指令种类	基本指令	14种			
	应用指令	79种，139种			
处理速度	基本指令	LD指令=17.2 μs			
	应用指令	MOV指令=16.3 μs			
程序容量/字		2048			
最大I/O点数	仅本体	10点	20点	30点	40点
	扩展时	—	—	50,70,90	60,80,100
输入继电器（IR）		IR00000～00915		不作为I/O继电器使用的通道可作为内部辅助继电器使用	
输出继电器（IR）		IR01000～01915			
内部辅助继电器（IR）		512点：IR20000～23115(IR200～231)			
特殊辅助继电器（SR）		384点：SR23200～25515（SR232～255）			
暂存继电器（TR）		8点：TR0～TR7			
保持继电器（HR）		320点：HR0000～1915(HR00～19)			
辅助记忆继电器（AR）		256点：AR0000～1515(AR00～15)			
链接继电器（LR）		256点：LR0000～1515(LR00～15)			
计数器/定时器（TIM/CNT）		128点：TIM/CNT000～127 100ms型：TIM000～127 10ms型：TIM000～127 减法计数器、可逆计数器			
数据存储器（DM）	可读/写	1002字：DM0000～0009，DM1022～1023			
	故障履历存入区	22字：DM1000～1021			
	只读	456字：DM6144～6599			
	PC系统设定区	56字：DM6600～6655			
停电保持功能		保持继电器（HR），辅助继电器(AR)，计数器（CNT），数据内存（DM）的内容保持			
内存后备		快闪内存：用户程序，数据内存（只读）（无电池保持） 超级电容：数据内存（读/写），保持继电器，辅助记忆继电器，计数器			
输入时间常数/ms		可设定1/2/4/8/16/32/64/128中的一个			
模拟继电器		2点（BCD：0～200）			
输入中断		2	4		
快速响应输入		与外部中断输入共用（最小输入脉冲宽度0.2ms）			
间隔定时器中断		1点（0.5～319968ms，单次中断模式或重复中断模式）			
高速计数器		1点单相5kHz或两相2.5kHz（线性计数方式）			
		递增模式：0～65535（16位）			
		递减模式：－32767～+32767			
脉冲输出		1点20～2000Hz（单相输出：占空比50%）			
自诊断功能		CPU异常（WTD），内存检查，I/O总线检查			
程序检查		无END指令，程序异常（运行时一直检查）			

表 11-5　FX2N 功能技术指标

项目			性能指标			注释	
控制操作方式			反复扫描程序			由逻辑控制器 LSI 执行	
I/O 刷新方式			处理方式（在 END 指令执行时成批刷新）			有直接 I/O 指令及输入滤波器时间长上常数调整指令	
操作处理时间			基本指令：0.74 μs／步			功能指令：几百微秒／步	
编程语言			继电器符号语言（梯形图）+步进指令			可用 SFC 方式编程	
程序容量/存储器类型			2K 步 RAM（标准配置） 4K 步 EEPROM 卡合（选配） 8K 步 RAM,EEPROM EPROM 卡合（选配）				
指令数			基本指令 20 条，步进指令 2 条，应用指令 85 条				
输入继电器			24V DC，7mA 光电耦合			X0 ～ X177（八进制）	I/O 点数 共 256 点
输出继电器	继电器		AC 250V，DC 30V,2A（电阻负载）			Y0 ～ Y177 八进制	
	双向晶闸管		AC 242C，0.3A/点，0.8A/4 点				
	晶体管		DC 30V，0.5A/点，0.8A/4 点				
辅助继电器	通用型					M0 ～ M499（500 点）	范围可通过参数设置来改变
	所存型		电池后备			M500 ～ M1023（524 点）	
	特殊型					M8000 ～ M8255（256 点）	
状态	初始化		用于初始状态			S0 ～ S9（10 点）	可通过参数设置改变其范围
	通用					S10 ～ S499（490 点）	
	所存		电池后备			S500 ～ S899（400 点）	
	报警		电池后备			S900 ～ S999（100 点）	
定时器	100ms		0.1 ～ 3276.7s			T0 ～ T199（200 点）	
	10ms		0.01 ～ 327.67s			T200 ～ T245（46 点）	
	1ms（累积）		0.01 ～ 32.767s	电池后备（保持）		T246 ～ T246（4 点）	
	100ms（累积）		0.1 ～ 3276.7s			T250 ～ T255（6 点）	
计数器	加		16bit 1 ～ 32767	通用型		C0 ～ C99（100 点）	范围可通过参数设置来改变
				电池后备		C100 ～ C199（100 点）	
	减		32bit －214748 ～ 214748	通用型		C200 ～ C219（20 点）	
				电池后备		C220 ～ C234（15 点）	
	高速		32bit 加减计数器	电池后备		C235 ～ C255（6 点）单相计数	
寄存器	通用数据寄存器	16bit	一对处理 32bit	通用型		D0 ～ D199（200 点）	范围可通过参数设置来改变
				电池后备		D200 ～ D511（312 点）	
	特殊寄存器	16bit				D8000 ～ D8255（265 点）	
	变址寄存器					V,Z（2 点）	
	文件寄存器	16bit（存于子程序中）		电池后备		D1000 ～ D2999，最大 2000 点，由参数设置	
指针	JUMP/CALL		—			P0 ～ P63（64 点）	
	中断		用 X0 ～ X5 作中断输入，定时器中断			I0 ～ I8（9 点）	
嵌入标志			主控线路用			N0 ～ N7（8 点）	
常数	十进制		16bit：－32767 ～ 32767，32bit：－2147473648 ～ 2147483648				
	十六进制		16bit：0 ～ FFFFH，32bit：0 ～ FFFFFFFFH				

11.4.2　PLC的安装

（1）PLC的安装方法

通常，PLC的使用说明书对安装上应注意的地方都有详细的说明，使用时应按照说明书中的要求来安装，通常应注意的地方如下：

① 安装是否牢固；

② 便于接线和调试；

③ 满足PLC对环节的要求；

④ 防止装配中残留的导线和铁屑进入；

⑤ 防止电击。

（2）接线

在对PLC进行外部接线之前，必须仔细阅读PLC使用说明书中对接线的要求，因为这关系到PLC能否正常而可靠地工作、是否会损坏PLC或其他电气装置和零件、是否会影响PLC的寿命。在接线中容易出现的问题如下：

① 接线是否正确无误；

② 是否有良好的接地；

③ 供电电压、频率是否与PLC所要求的一致；

④ 输入或输出的公共端应当接电源的正极还是负极；

⑤ 传感器的漏电流是否会引起PLC状态判别；

⑥ 过载、短路；

⑦ 防止强电场或动力电缆对控制电缆的干扰。

（3）PLC控制系统中接地的处理

地线如何处理是可编程控制器系统设计、安装、调试中的一个重要问题。处理方法如下：

① 一点接地和多点接地　一般情况下，高频电路应就近多点接地，低频电路中，布线和元件间的电感并不是什么大问题，然而接地形成的环路对电路的干扰影响很大，因此通常以一点作为接地点。但一点接地不适用于高频，因为高频时地线上具有电感，增加了地线阻抗，调试时各地线之间又产生电感耦合。一般来说，频率在1kHz以下，可用一点接地；高于10MHz时，采用多点接地；在1～10MHz之间可用一点接地，也可多点接地。根据这一原则，可编程控制器组成的控制系统一般都采用一点接地。

② 交流地与信号地不能共用　由于在一般电源地线的两点间会有数毫伏，甚至几伏电压。对低电平信号电路来说，这是一个非常严重的干扰，因此必须加以隔截和防止。

③ 浮地与接地的比较　全机浮空即系统各个部分与大地浮置起来，这种方法简单，但整个系统与大地的绝缘电阻不能小于50MΩ。这种方法具有一定的抗干扰能力，但绝缘下降就会带来干扰。

④ 将机壳接地其余部分浮空　这种方法抗干扰能力强，安全可靠，但实现起来比较复杂。

由此可见，可编程控制器系统还是以接大地为好。

⑤ 模拟地　模拟地的接法十分重要，为了提高抗共模干扰能力，对于模拟信号可采用屏蔽浮地技术。对于具体的可编程控制器模拟量信号的处理要严格按照操作手册的要求设计。

⑥屏蔽地 在控制系统中，为了减少信号中电容耦合噪声，以便准确检测和控制，对信号采用屏蔽措施是十分必要的。根据屏蔽目的不同，屏蔽地的接法也不一样。电场屏蔽解决电容问题，一般接大地；磁场屏蔽以防磁铁、电机、变压器、线圈等的磁感应、磁耦合，一般接大地为好。

11.4.3 实用电路

（1）PLC两台电动机顺序启动电路

如图11-17所示。按下SB₁，内部继电器（本节以下省略内部）Y0得电吸合并自锁，电动机M₁启动，同时时间继电器T得电，延时10s后，其动合触头闭合，此时方可启动电动机M₂，实现两台电动机的顺序启动控制。

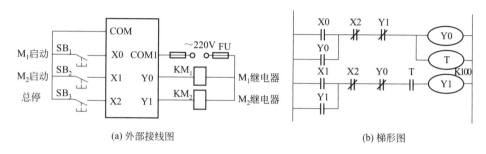

(a) 外部接线图　　　　　　　　　　(b) 梯形图

图 11-17　PLC 两台电动机顺序启动电路

（2）PLC小车自动往返电路

如图11-18所示。将限位开关的动合触头串在反向控制电路中，这样在小车碰触限位开关时，除了断开自身控制电路外，还要启动反向控制电路。

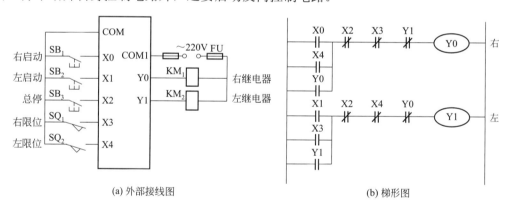

(a) 外部接线图　　　　　　　　　　(b) 梯形图

图 11-18　PLC 小车自动往返电路

（3）PLC与变频器控制的电动机双向运转电路

如图11-19所示。按下SB₁，输入继电器X1动作，输出继电器Y0得电并自保，接触器KM动作，变频器接通电源。

按下SB₄，继电器X4动作，输出继电器Y1得电并自保，变频器FWD接通，电动机正向启动并运行。

按下SB₅，继电器X5动作，输出继电器Y2得电并自保，变频器REV接通，电动机反向启动并运行。

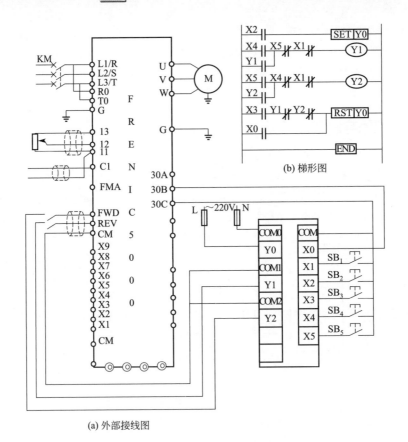

(a) 外部接线图

图 11-19　PLC 与变频器控制的电动机双向运转电路

在电动机运行过程中，如果变频器发生故障而跳闸，则X0动作，Y0复位，变频器切断电源。

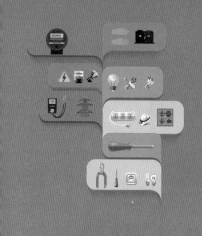

Chapter
12

第十二章

电气安全

12.1　安全用电常识

12.1.1　用电注意事项

① 不可用铁丝或铜丝代替熔丝，如图12-1所示。由于铁（铜）丝的熔点比熔丝高，当线路发生短路或超载时，铁（铜）丝不能熔断，失去对线路的保护作用。

② 电源插座不允许安装得过低和安装在潮湿的地方，插座必须按"左零右火"接通电源，如图12-2所示。

图 12-1　不能铜丝代替熔丝

图 12-2　插座左火是错误的

③ 应定期对电气线路进行检查和维修，更换绝缘老化的线路，修复绝缘破损处，确保所有绝缘部分完好无损。

④ 不要移动正处于工作状态的洗衣机、电视机、电冰箱等家用电器，应在切断电源、拔掉插头的条件下搬动，如图12-3所示。

监护，低压移动电器应装特殊型号的插头，以防误插入电压较高的插座上。

图 12-6　严禁用医用白胶布包缠绝缘

图 12-7　电线附近不能晒衣服

12.1.2　触电形式

（1）单相触电

变压器低压侧中性点直接接地系统，电流从一根相线经过电气设备、人体再经大地流回到中性点，这时加在人体的电压是相电压，如图12-8所示。其危险程度取决于人体与地面的接触电阻。

（2）两相触电

电流从一根相线经过人体流至另一根相线，在电流回路中只有人体电阻，如图12-9所示。在这种情况下，触电者即使穿上绝缘鞋或站在绝缘台上也起不了保护作用，所以两相触电是很危险的。

图 12-8　变压器低压侧中性点
直接接地单相触电示意图

图 12-9　两相触电示意图

（3）跨步电压触电

如输电线断线，则电流经过接地体向大地作半环形流散，并在接地点周围地面产生一个

⑤ 使用床头灯时，用灯头上的开关控制用电器有一定的危险，应选用拉线开关或电子遥控开关，这样更为安全。

⑥ 发现用电器发声异常或有焦煳异味等不正常情况时，应立即切断电源，进行检修。

⑦ 照明等控制开关应接在相线（火线）上，灯座螺口必须接零，如图12-4所示。严禁使用"一线一地"（即采用一根相线和大地做零线）的方法安装电灯、杀虫灯等，防止有人拔出零线造成触电。

图 12-3　拔掉插头搬家电

图 12-4　灯座螺口接零

图 12-5　站在木凳上换灯

⑧ 平时应注意防止导线和电气设备受潮，不要用湿手去摸带电灯头、开关、插座以及其他家用电器的金属外壳，也不要用湿布去擦拭。在更换灯泡时要先切断电源，然后站在干燥木凳上进行，使人体与地面充分绝缘，如图12-5所示。

⑨ 不要用金属丝绑扎电源线。

⑩ 发现导线的金属外露时，应及时用带黏性的绝缘黑胶布加以包扎，但不可用医用白胶布代替电工用绝缘黑胶布，如图12-6所示。

⑪ 晒衣服的铁丝不要靠近电线，以防铁丝与电线相碰。更不要在电线上晒衣服，如图12-7所示。

⑫ 使用移动式电气设备时，应先检查其绝缘是否良好，在使用过程中应采取增加绝缘的措施，如使用电锤、手电钻时最好戴绝缘手套并站在橡胶垫进行。

⑬ 洗衣机、电冰箱等家用电器在安装使用时，必须按要求将其金属外壳做好接零线或接地线的保护措施。

⑭ 在同一插座上不能插接功率过大的用电器，也不能同时插接多个用电器。这是因为如果线路中用电器的总功率过大，导线中的电流超过电线所允许通过的最大正常工作电流，导线会发热。此时，如果熔丝又失去了自动熔断的保险作用，就会引起电线燃烧，造成火灾，或发生用电器烧毁的事故。

⑮ 在潮湿环境中使用可移动电器，必须采用额定电压为36V的低压电器，若采用额定电压为220V的电器，其电源必须采用隔离变压器，金属容器（如锅炉、管道）内使用移动电器，一定要用额定电压为12V的低压电器，并要加接临时开关，还要有专人在容器外

相当大的电场，电场强度随离断线点距离的增加而减小，如图12-10所示。

图 12-10　跨步电压触电示意图

距断线点1m范围内，约有60%的电压降；距断线点2～10m内，约有24%的电压降；距断线点11～20m内，约有8%的电压降。

（4）雷电触电

雷电是自然界的一种放电现象，在本质上与一般电容器的放电现象相同，所不同的是作为雷电放电的两个极板大多是两块雷云，同时雷云之间的距离要比一般电容器极板间的距离大得多，通常可达数公里。因此可以说是一种特殊的"电容器"放电现象。如图12-11所示。

图 12-11　雷电触电示意图

除多数放电在雷云之间发生外，也有一小部分的放电发生在雷云和大地之间，即所谓落地雷。就雷电对设备和人身的危害来说，主要危险来自落地雷。

落地雷具有很大的破坏性，其电压可高达数百万到数千万伏，雷电流可高至几十千安，少数可高达数百千安。雷电的放电时间较短，只有50～100μs。雷电具有电流大、时间短、频率高、电压高的特点。

人体如直接遭受雷击，其后果不堪设想。但多数雷电伤害事故，是由于反击或雷电流引入大地后，在地面产生很高的冲击电流，使人体遭受冲击跨步电压或冲击接触电压而造成电击伤害的。

12.1.3　脱离电源的方法和措施

（1）触电者触及低压带电设备

① 救护人员应设法迅速脱离电源，如拉开电源开关或刀开关或拔除电源插头等，如图

12-12所示。或使用干燥的绝缘工具、干燥的木棒、木板等不导电材料解脱触电者。

(a) 拉开刀开关

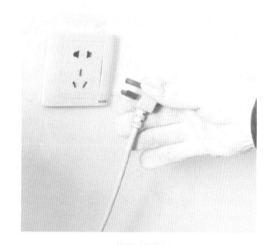
(b) 拔除电源插头

图12-12　拉开电源

② 戴绝缘手套或将手用干燥的衣物等包起绝缘后再解脱触电者，如图12-13所示。

③ 救护人站在绝缘垫上或干木板上，把自己绝缘后再进行救护。

④ 为使触电者与导电体解脱，最好用一只手进行。

⑤ 若电流通过触电者入地，并且触电者紧握电线，可设法用木板塞到身下，与地绝缘，也可用干木把斧子或有绝缘柄的钳子等将电线剪断，剪断电线要分相，一根一根地剪断。

（2）触电发生在架空杆塔上

① 如系低压带电线路，若可能立即切断线路电源的，应迅速切断电源，或由救护人员迅速登杆，用绝缘钳、干燥不导电物体将触电者拉离电源，如图12-14所示。

图 12-13　木板上拉开触电者示意图

图 12-14　木棒挑开电源示意图

② 如系高压带电线路又不可能迅速切断电源开关的，可采用抛挂临时金属短路线的方法，使电源开关跳闸。

③ 救护人使触电者脱离电源时，要注意防止高处坠落和再次触及其他线路。

12.2 触电救护方法

12.2.1 口对口（鼻）人工呼吸法步骤

（1）通畅气道

触电者呼吸停止，重要的是确保气道通畅，如发现伤员口内有异物，可将其身体及头部同时偏转，并迅速用手指从口角处插入取出，如图12-15(a)所示。

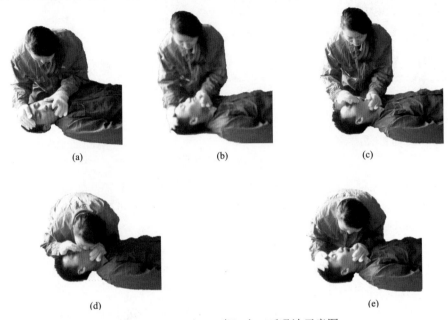

(a)　　　　　　　(b)　　　　　　　(c)

(d)　　　　　　　(e)

图 12-15　口对口（鼻）人工呼吸法示意图

（2）通畅气道

可采用仰头抬颏法，严禁用枕头或其他物品垫在伤员头下，如图12-15(b)所示。

（3）捏鼻掰嘴

救护人用一只手捏紧触电人的鼻孔（不要漏气），另一只手将触电人的下颌拉向前方，使嘴张开（嘴上可盖一块纱布或薄布），如图12-15(c)所示。

（4）贴紧吹气

救护人作深呼吸后，紧贴触电人的嘴（不要漏气）吹气，先连续大口吹气两次，每次1～1.5s，如图12-15(d)所示；如两次吸气后试测颈动脉仍无搏动，可判定心跳已经停止，要立即同时进行胸外按压。

（5）放松换气

救护人吹气完毕准备换气时，应立即离开触电人的嘴，并放松捏紧的鼻孔；除开始大口吹气两次外，正常口对（鼻）呼吸的吹气量不需过大，以免引起胃膨胀；吹气和放松时要注意伤员胸部应有起伏的呼吸动作。吹气时如有较大阻力，可能是头部后仰不够，应及时纠正，如图12-15(e)所示。

（6）操作频率

按以上步骤连续不断地进行操作，每分钟约吹气12次，即每5s吹一次气，吹气约2s，呼气约3s，如果触电人的牙关紧闭，不易撬开，可捏紧鼻，向鼻孔吹气。

12.2.2 胸外心脏按压法步骤

（1）找准正确压点

① 右手的中指沿触电者的右侧肋弓下缘向上，找到肋骨和胸骨接合处的中点，如图12-16(a)所示。

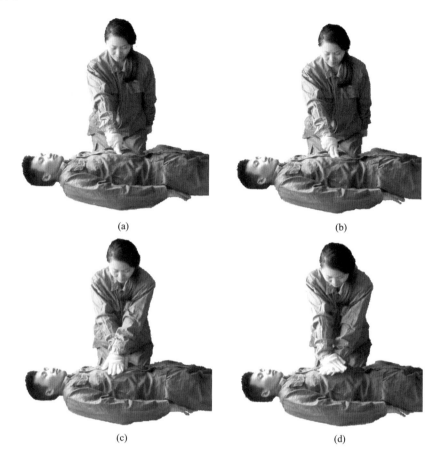

(a)

(b)

(c)

(d)

图 12-16　胸外心脏按压法示意图

② 两手指并齐，中指放在切迹中点（剑突底部）食指平放在胸骨下部，如图12-16(b)所示。

③ 另一只手的掌根紧挨食指上缘置于胸骨上，即为正确的按压位置，如图12-16(c)所示。

（2）正确的按压姿势

① 使触电者仰面躺在平硬的地方，救护人员站立或跪在伤员一侧肩旁，两肩位于伤员胸骨正上方，两臂伸直，肘关节固定不屈，两手掌根相叠，手指翘起，不接触伤员胸壁，如图12-16(d)所示。

② 以髋关节为支点，利用上身的重量，垂直将正常成人胸骨压陷3～5cm（儿童及瘦弱者酌减）。

③ 按压至要求程度后，立即全部放松，但放松时救护人的掌根不得离开胸壁。

④ 按压必须有效，其标志是按压过程中可以触及到颈动脉搏动。

（3）操作频率

胸外按压应以均匀速度进行，每分钟80次左右，每次按压与放松时间相等。

参考文献

[1] 乔长君. 画说电工技能. 北京：化学工业出版社，2016.

[2] 乔长君. 全彩图解维修电工技能. 北京：中国电力出版社，2015.

[3] 乔长君. 怎样看电气图. 北京：中国电力出版社，2011.

[4] 杨清德. 零起点学电工. 北京：化学工业出版社，2017.

[5] 邱勇进. 电工基础. 北京：化学工业出版社，2016.